贵金属冶金技术

主　编　杜新玲　邢相栋
副主编　王红伟　刘　伟　王光忠

中南大学出版社
www.csupress.com.cn
·长沙·

内容提要

本书主要介绍了贵金属金、银、铂、钯、铱、铑、锇、钌的性质、用途、提取工艺原理、设备以及二次资源的回收及精炼等内容。

本书可作为冶金技术专业的专科教材、本科少学时或选修课教材、冶金企业工人的培训教材，也可供从事贵金属冶金、生产、管理的人员参考。

图书在版编目(CIP)数据

贵金属冶金技术 / 杜新玲，刑相栋主编. —长沙：中南大学出版社，2012.4(2022.4 重印)

ISBN 978-7-5487-0473-7

Ⅰ. ①贵… Ⅱ. ①杜… ②刑… Ⅲ. ①贵金属冶金 Ⅳ. ①TF83

中国版本图书馆 CIP 数据核字(2012)第 029298 号

贵金属冶金技术

主编 杜新玲 刑相栋

□ 出 版 人　吴湘华
□ 责任编辑　史海燕
□ 责任印制　唐　曦
□ 出版发行　中南大学出版社
　　　　　　社址：长沙市麓山南路　　　　邮编：410083
　　　　　　发行科电话：0731-88876770　　传真：0731-88710482
□ 印　　装　长沙艺铖印刷包装有限公司

□ 开　　本　787 mm×1092 mm　1/16　□印张 13.25　□字数 327 千字
□ 版　　次　2012 年 4 月第 1 版　□印次 2022 年 4 月第 3 次印刷
□ 书　　号　ISBN 978-7-5487-0473-7
□ 定　　价　45.00 元

前 言

贵金属包括金、银以及铂族金属(铂、钯、铱、铑、锇、钌)共8种有色金属。它们之所以被誉为贵金属是由于其物理和化学性质稳定、色泽瑰丽、在人类生活中常被用作贵重首饰或货币;在地球上资源极为稀少且分散;在现代高科技中,具有优良的性质而被广泛应用,但加工提取难度大,成本高,因而格外珍贵。

随着科学技术的发展,贵金属在电子、电器、航天、航海、导弹、火箭、原子能、军工、化工、医疗、汽车尾气净化等领域得到越来越广泛的应用,贵金属在众多领域中的关键作用,使它们获得了"首要高技术金属"、"现代工业的维生素"、"现代新金属"等美誉。

我国是世界上最早提炼和使用金、银的文明古国之一,黄金、白银的生产在世界上也是名列前茅。科技与生产的发展,都要求我们不断地更新知识,以进一步促进生产与科技的进步。应中南大学出版社之邀,我们在广泛征集各贵金属冶炼企业、各大专院校对贵金属教学要求的基础上,编写了《贵金属冶金技术》一书。

全书共分5篇,第1篇主要介绍贵金属的性质、用途和资源;第2篇介绍原生贵金属冶金,其中以氰化法为主,简单介绍了混汞法和硫脲法;第3篇和第4篇主要介绍从冶金副产品及二次资源中回收贵金属;第5篇介绍贵金属精炼工艺及方法。

全书共分18章,分别由杜新玲(第1~3章、第15~17章)、王红伟(第4~6章)、王光忠(第7~8章)、邢相栋(第9章)、刘伟(第10~14章)编写。全书由杜新玲进行整理、修改和定稿。

本书主要作为冶金技术专业的大专及高职教材,也可以作为从事贵金属工作的职工培训用书和工程技术人员的参考用书。

在本书的编写过程中,对许多专家、前辈的研究成果、流程等进行了引用,除在参考文献中列举外,在此亦谨致由衷的谢意!同时由于编者学识水平及见闻经历有限,书中错误在所难免,敬请各位同行及读者指正,以便在本书再版时修正,编者将不胜感谢。

编 者

目　　录

第一篇　贵金属冶金基础

第二篇　原生贵金属提取

第三篇　冶金副产品中贵金属的回收

第一篇　贵金属冶金基础

第 1 章　贵金属矿物资源

金（Au）、银（Ag）、铂（Pt）、钯（Pd）、铑（Rh）、铱（Ir）、锇（Os）、钌（Ru）8 种元素，通称为贵金属。这 8 种元素在周期表上的位置如表 1-1 所示：

表 1-1　贵金属元素在周期表中的位置

周期	Ⅷ族			IB 族
4	26 Fe 3d⁶4s² 铁 55.84	27 Co 3d⁷4s² 钴 58.93	28 Ni 3d⁸4s² 镍 58.7	29 Cu 3d¹⁰4s¹ 铜 63.54
5	44 Ru 4d⁷5s¹ 钌 101.1	45 Rh 4d⁸5s¹ 铑 102.9	46 Pd 4d¹⁰ 钯 106.4	47 Ag 4d¹⁰5s¹ 银 107.87
6	76 Os 5d⁶6s² 锇 190.2	77 Ir 5d⁷6s² 铱 162.2	78 Pt 5d⁹6s¹ 铂 195.0	79 Au 5d¹⁰6s¹ 金 196.97

金、银与铜位于周期表 IB 族，通常称为铜族元素；位于第Ⅷ族的 9 个元素中第四周期的铁、钴、镍，称为铁系元素，第五、六周期的钌、铑、钯、锇、铱、铂 6 个元素，称为铂系元素，或称铂族金属。铂族金属，又称稀贵金属。铂族金属中属于第五周期的钌、铑、钯的密度约为 12 g/cm³，称轻铂族金属；属于第六周期的锇、铱、铂的密度约为 22 g/cm³，称重铂族金属。铂族金属中铂、钯在地壳中相对另外 4 种元素含量多且应用广泛，称为"主铂族金属"，而钌、铑、锇、铱则称为"副铂族金属"或"稀有铂族金属"。相比贵金属，其他有色金属和黑色金属通常称为贱金属。

1.1　贵金属的命名

金、银及铂族金属之所以命名为贵金属，主要依据下列几点：
(1)这些金属，特别是金，化学性能稳定，不易氧化，不易与一般试剂起作用，能较长时间保持其性质及瑰丽的色泽，是理想的首饰、美术工艺品及货币的材料。

（2）地壳中含量少，平均浓度如表 1-2 所示：

表 1-2　贵金属在地壳中的平均浓度

元素	Ag	Pd	Pt	Au	Rh	Ir	Ru	Os
平均浓度/$(g \cdot t^{-1})$	0.1	0.01	0.005	0.005	0.001	0.001	0.001	0.001

它们不仅含量少，而且非常分散，很少有集中矿床，这就使开采、提炼这些金属相当困难，因而成本高，价格贵。

（3）有特殊的使用性能。除了前述的化学性能稳定外，贵金属及其合金中，有的对电、热、光有特殊的效应，有的对某些气体有很大的吸收能力，有的具有在某些特定条件下所要求的优良性能。所以，在现代科学、尖端技术领域中，得到广泛应用，成为十分贵重的金属材料。铂族金属被誉为"先驱材料"。

（4）有良好的加工性能。贵金属中多数能轧成极薄的箔、极细的丝，可加工成任何形状的零件，还可制成各种浆料，且在加工过程中不改变其使用性能。

当然，上述各点是相对的，如化学性能稳定，但也有些贵金属较易氧化；有些贵金属在地壳中的含量也不算少；也有些贵金属的加工性能不太好。但总的来说，贵金属是因其具有优异的使用性能和昂贵的价格而得名的。

1.2　贵金属的发现

贵金属中的金、银，早就被人类所发现，被称为古代金属；铂族金属则从 18 世纪才陆续被发现，故称为近代金属。

金，素有"百金之王""五金（金、银、铜、铁、锡）之长"之称。这一方面说明金是各种金属的贵重者，另一方面说明金是发现最早者。公元前 3000 年，埃及人已经采集金、银，制成饰物。我国古代就认识金、银，黄金的淘洗和加工技术在商代前就有所发现，距今已有 5000 年。

至于铂族金属，则发现较晚，只有 200 多年的历史。公元 1735 年，西班牙人尤罗阿（Ulloa）作为科学考察团成员赴秘鲁，在那里的平托（Pinto）河地方金矿中发现了铂，给它起了一个名字叫"Pahina"（天然铂），意为"平托地方的银"。但铂作为新元素，是尤罗阿将这种"平托地方的银"带回欧洲，经英国人华生（Watson）的研究，于 1748 年被确认的。

1803 年，英国人沃拉斯顿（Wollaston）在处理铂矿时，将粗制得的铂块用王水溶解，然后蒸去多余的酸，再滴入氰化亚汞，发现乳黄色沉淀 $Pd(CN)_2$，将它洗涤灼烧后，得到一种银白色海绵状金属，它的性质与铂不同，被认定为新元素。他为纪念当时新发现的小行星——武女星（Pallas），将这个新元素命名为钯（Palladium）。

同年，沃拉斯顿在处理铂矿过程中，得到一种鲜艳的玫瑰红色的结晶，他把这种结晶放在氢气流中还原，得到一种金属粉末。他借用希腊文玫瑰花之意，命名这种新元素为铑（Rhodium）。

锇和铱的主要发现者是英国人坦内特(Tenant)。1803 年,他将粗铂溶于王水中,发现有一些黑色沉淀物。这一现象,前人也发现过,但均误认为是石墨而未加研究。而坦内特于 1804 年进行了研究,用酸和碱交替处理该黑色沉淀物,分离出两种元素。他把从红色沉淀物提取出来的元素,借希腊文"虹"之意,命名为铱(Iridium);把提取过程发生臭气的元素,借希腊文"臭味"之意,命名为锇(Osmium)。

钌是铂族金属中发现最晚者,在铂被发现一百年后,即 1840 年,俄国人克劳斯(Klaus)在研究用王水处理铂矿的残渣时,将蒸馏所得的残渣用氯化铵处理,制得了氯钌化铵,煅烧之后得到海绵状金属。他把这个金属借用"俄罗斯"之意,命名为钌(Ruthenium)。

1.3　金银矿物资源

1.3.1　金银矿物的分布

贵金属在地壳中含量甚少,且分布很不均衡。世界上为数不多的大型资源都集中在少数几个国家,如南非、苏联、美国、加拿大、巴西等国的储量占世界总储量的 84.3%,其中,南非的储量居世界首位,其次是苏联、加拿大、美国、中国等。

南非的威特沃斯兰德金矿床是世界上最重要的金矿资源,自 1883 年发现以来,已开采了 100 多年,至今仍是世界最大的金矿山;其次是苏联,主要产于远东和东西伯利亚的砂金矿;美国、澳大利亚、加拿大等主要产金国也都有一批超大型金矿床。我国的黄金总储量次于南非、苏联、美国,居世界第四位,但仅占世界总储量的 3.3%。

银的矿产资源基本上为两种类型:①伴生矿,主要为镍、铜、钼、铅、锌、金和其他金属,银仅是副产物;②银矿,以银为主要的工业金属。目前银矿产资源以前者为主。据统计,从有色金属矿回收的银占总产量的 80%。目前,银产量居于世界前列的国家是:墨西哥、秘鲁、美国、澳大利亚、智利、独联体、中国和波兰等。

1.3.2　金银矿物的种类

1. 金的矿物

目前在自然界中已发现的金矿物有 98 种,但常见的只有 40 余种,而在工业上有价值的仅有十余种。其中自然金、银金矿和金银矿最具有工业意义。由于金的化学惰性,矿石中金几乎均为单质的自然金。自然金总是不纯的,其化学成分变化范围相当大,杂质主要是银、铜、铁。自然金含 Au 75%~90%,Ag 1%~10%(有时 20%,甚至 40%),铜和铁 1%。根据我国各地的习俗,通常将重 5 g 以上的自然金块称做"狗头金"。依照史料记载和民间传说,我国已发现的狗头金达千块之多。据说我国历史上最大的金块是 1909 年四川盐源采金人采得重 31 kg 的金块。世界最重的金块为 1872 年在澳大利亚发现的"板状霍尔特曼",重 285 kg,含金 93.3 kg。

化合物的金矿物主要有碲金矿($AuTe_2$、$AuAgTe_4$、$AuAgTe_2$、Ag_3AuTe_2)、锑金矿($AuSb_2$)、硫金银矿(Ag_3AuS_2)等。虽然种类较多,分布较广,但数量不多,经济价值不大。

2. 银的矿物

在自然界发现的独立银矿物达 100 余种,有自然银,但大多数是以各种化合物形式存在的，由于银具有较强的亲硫性、亲铁性和亲铜性，故有80%的银矿物是硫化物和含硫盐类矿物，大致可分为六大类：

（1）自然银和银金天然合金。

（2）硫化物，如辉银矿（Ag_2S）、银铜矿（AgCuS）。

（3）硫代酸盐，如深红银矿（$AgSbS_3$）、淡红银矿（Ag_3AsS_3）、脆银矿（Ag_5SbS_4）。

（4）砷化物、锑化物，如锑银矿（Ag_3Sb）。

（5）碲化物、硒化物，如碲银矿（Ag_2Te）、硒银矿（Ag_2Se）、碲金银矿（Ag_2AuTe_2）等。

（6）卤化物、硫酸盐，如角银矿（AgCl）、银铁矾[$AgFe_3(OH)_6(SO_4)_2$]等。

最具有工业价值的是自然银和银金合金、辉银矿、淡红银矿和角银矿。此外，银常常广泛存在于有色金属硫化物（如方铅矿）中。

1.4 铂族金属矿物资源

1.4.1 铂族金属的分布

南非德兰士瓦地区的布什维尔德杂岩体是铂族金属的巨大资源，以铂族金属为主要回收对象（据2000年2月市场价格估算，约占矿石总价值的90%）。其次是俄罗斯西伯利亚西北部的诺里尔斯克，为含铂的岩浆熔离矿床，以镍、铜为主（镍、铜与铂族的价值比约为5:1），铂族产量曾占该国的90%。储量、产量都长期处于第三位的是加拿大安大略省的萨德伯里含铂岩浆熔离铜镍矿床，矿石以铜、镍为主要回收对象（镍、铜与铂族的价值比约为8:1），含铂约0.8 g/t。

1937年发现的美国蒙大拿州斯蒂尔瓦特杂岩体中含铂硫化铜镍矿储量估计约9000 t，含镍、铜很低，以钯为主，典型矿石铂钯品位约22.3 g/t，钯铂比为3.5:1，是近年来发现的重大资源，已工业生产，1999年精炼铂族金属12.7 t。紧靠南非的津巴布韦也在Great Dyke联合矿区发现大型资源，在高品位铬铁矿山中含（g/t）Pt 2.6，Pd 1.8，Rh 0.1，可采矿石中含铂族金属超过234 t。

中国已发现的铂族金属资源较少，集中在甘肃省的金川硫化铜镍矿床，铂族金属平均品位约0.4 g/t（Pt:Pd=2:1，贵金属约占矿石总价值的5%）。其次为云南金宝山钯铂矿（Pd:Pt=1.7:1）。此外则多为中小型资源，90%与硫化铜镍矿伴生，但品位及综合利用价值皆较低，短期内难于开发利用。

1.4.2 铂族金属的矿物

目前已发现的铂族矿物有200余种，可分为三大类：

（1）自然金属及金属化合物如自然铂、钯铂矿、锇铱矿、钌锇铱矿，以及铂族金属与铁、镍、铜、金、银、铅、锡等以金属键结合的金属化合物。

（2）半金属化合物铂、钯、铱、锇等与铋、碲、硒、锑等以金属键或具有相当金属键成分的共价键形成的化合物。

（3）硫化物与砷化物

工业矿物主要有砷铂矿、自然铂、碲钯矿、砷铂锇矿、碲钯铱矿及铋碲钯镍矿等。

1.5　金的计量和成色

当今世界黄金的计量单位是盎司，1 盎司等于 31.104 g。我国黄金的计量单位为 kg 或 t，但多年来习惯用"两"计量，1 两等于 31.25 g。

金的纯度可用试金石鉴定，称"条痕比色"。所谓"七青、八黄、九紫、十赤"，意思是条痕呈青、黄、紫和赤色金的含量分别为 70%、80%、90% 和纯金。黄金制品的纯度常见有三种表示方法：

（1）百分率表示法，即在黄金制品每 100 份中纯金所占的比例。

（2）成色表示法，即在黄金制品每 1000 份中纯金所占的比例。

（3）K 金表示法，即在黄金制品每 24 份中纯金所占的比例。

我国黄金制品、各种首饰等常用 K 金表示法。24K 金就是说黄金制品含金 100%，18K 金就是说黄金制品含金 75%。

自然金纯度常用成色表示法表示。自然金的成色与其中杂质含量有关，常见的杂质主要是银，而其他杂质（如铁、铜、铂等）含量甚低，所以金的成色计算可表示为：

$$金的成色 = \frac{w(\text{Au})}{w(\text{Au}) + w(\text{Ag})} \times 1000‰$$

第 2 章　贵金属的性质和用途

2.1　贵金属的性质

2.1.1　贵金属的物理性质

纯净的金为黄色、银为白色，俗称黄金、白银。铂族金属除锇为蓝灰色外，其余均为银白色，它们均为高熔点、高沸点金属，都具有较大的密度，其中铱是所有金属中密度最大的；均是热和电的良导体，其中银是最好的导体；均易形成合金，金银还具有良好的可锻性和延展性。金的延展性在任何温度下都比其他金属好。可将金碾成千分之一毫米的金箔，

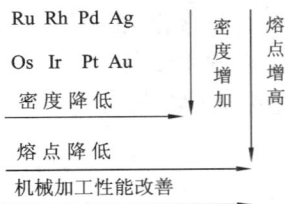

图 2-1　贵金属的主要物理性质变化规律

拉成比头发丝还细的金丝。但当金中含有铅、铋、碲、镉、锑、砷、锡等杂质时会变脆，如金箔中含铋达 0.05% 时，甚至可以用手搓碎。铂钯易于机械加工，纯铂可冷轧成厚为 0.0025 mm 的箔。铑铱可以加工但很困难。钌锇硬度高且脆，不能承受机械加工，仅能用来生产合金。贵金属的主要物理性质变化规律如图 2-1 所示。

贵金属对气体的吸附能力很强，熔融态的银可溶解超过其体积 20 倍的氧气，但凝固时氧逸出形成沸腾状，俗称"银雨"。450℃时，金能吸附约为其体积 40 倍的氧气，在熔化状态下吸收的氧更多。制成碎粒或海绵状的铂，能吸附气体，常温时可吸收超过其本身体积 114 倍的氢，温度升高时吸附气体的性能更强。钯可制成非常稳定的胶体悬浮物及固定制剂，后者对氢有极强的吸附性能，能吸附 3000 倍体积的氢，吸氢后密度变小，导电率、磁化率及抗拉强度也相应下降；升温时，又可放出氢气。

钯还具有只让氢气选择性透过的能力，这一特征使钯成为贮氢和透氢的重要材料（用于高纯氢的制备）。铱和铑能抗多种氧化剂的侵蚀，有很好的机械性能。熔融的铑具有高度溶解气体的性能，凝固时放出气体。铑黑由于制备的方法不同，能吸附氢的体积可为铑黑的 165～206 倍。锇、钌吸附少量的氢并生成化合物。钌能与氨结合，但不起化学反应，类似某些细菌所特有的性能。锇、钌都易氧化，其氧化物有刺激性、毒性大等特点。

铂系元素的高度催化活性是和它们吸收气体的性质密切相关的。它们或多或少或强烈地加速着很多化学反应，特别是对有气态氢参加的反应更为显著。例如在钯存在的情况下，即使在冷态和黑暗中氢也能还原氯、溴、碘和氧，使 SO_2 变成 H_2S，ClO_3^- 变成 Cl^-，$FeCl_3$ 变成 $FeCl_2$ 等。当氧和水同时存在时，为氢饱和的钯能使 N_2 变成 NH_4NO_2，即在常温常压下可固定自由氮。

贵金属的主要物理性质如表 2-1 所示：

表 2-1　贵金属的主要物理性质

性　质	金	银	铂	钯	铑	铱	锇	钌
原子序数	79	47	78	46	45	77	76	44
原子量	196.97	107.87	195.08	106.42	102.91	192.22	190.23	101.07
熔点/℃	1063	961	1770	1550	1966	2454	3027	4199
沸点/℃	2808	2164	3824	2900	3727	4500	5020±100	4119
密度/(g·cm^{-3})	19.32	10.49	21.45	12.02	12.41	22.65	22.61	12.45
硬度(金刚石=10)	2.5	2.5		5		6.5	7	6.5
电阻率/(μΩ·cm^{-1}·℃$^{-1}$)	2.06	1.59	9.85	9.93	4.33	4.71	8.12	6.8

2.1.2　贵金属的化学性质

1. 金的化学性质

作为贵金属，金最重要的特征是化学活性低。在空气中，即使在潮湿的环境下金也不起变化，故古代制成的金制品可保存到今天。在高温下，金也不与氢、氧、氮、硫和碳反应。

金和溴在室温下可起反应，而和氟、氯、碘要在加热下才反应。

金在水溶液中的电极电位很高：

$$Au \longrightarrow Au^+ + e, \quad \varphi^\ominus = +1.73\ V$$
$$Au \longrightarrow Au^{3+} + 3e, \quad \varphi^\ominus = +1.58\ V$$

因此，无论在碱中还是在硫酸、硝酸、盐酸、氢氟酸以及有机酸中，金都不溶解。

在有强氧化剂存在时，金能溶解于某些无机酸中，如碘酸(H_5IO_6)、硝酸；有二氧化锰存在时金溶于浓硫酸。金也溶于加热的无水硒酸 H_2SeO_4(非常强的氧化剂)中。

金易溶于王水(三份盐酸和一份硝酸的混合剂)、饱和氯的盐酸、含有氧的碱金属和碱土金属的氰化物水溶液中。在所有场合下金溶解都是形成相应的配合物，而不是以 Au^+ 或 Au^{3+} 的简单离子出现的。

金在化合物中常以一价和三价的状态存在。金的所有化合物都相当不稳定，易还原成金属，甚至灼烧即可成金。与提取金有关的主要化合物为金的氯化物和氰化物。

金的氯化物有 AuCl 和 $AuCl_3$，它们可呈固态存在，但在水溶液中都不稳定，会分解生成配合物。

金粉与氯气作用生成 $AuCl_3$，$AuCl_3$ 溶于水而生成含氧的 H_2AuCl_3O。这是水溶液氯化法(简称液氯化法)提取金的基础。

$$2Au + 3Cl_2 = 2AuCl_3$$
$$AuCl_3 + H_2O = H_2AuCl_3O$$
$$H_2AuCl_3O + HCl = HAuCl_4 + H_2O$$

金粉与 $FeCl_3$ 和 $CuCl_2$ 作用也能生成 $AuCl_3$。在湿法冶金中有时也利用这些反应。

金溶于王水，再加稀盐酸加热让其缓慢蒸发，就很容易获得 $HAuCl_4$，故王水分解法亦是提取金的重要方法，其反应式为：

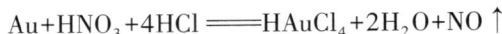

$$Au+HNO_3+4HCl =\!=\!= HAuCl_4+2H_2O+NO\uparrow$$

氯氢金酸可呈黄色针状结晶（$HAuCl_4\cdot3H_2O$）产出，当将它加热至120℃时即转化为 $AuCl_3$。$AuCl_3$ 易溶于水和酒精；当加热至150~180℃时即分解出 $AuCl$ 和 Cl_2，加热至220℃以上便分解出金和氯气。

氯化亚金（$AuCl$）不溶于水，而易溶于氨液或盐酸溶液中。将它置于常温下亦能缓慢分解（加热更易分解）出金：

$$3AuCl =\!=\!= 2Au+AuCl_3$$

溶于氨液中的 $AuCl$ 遇盐酸便生成 $AuNH_3Cl$ 沉淀。$AuCl$ 与盐酸作用则生成亚氯氢金酸（$HAuCl_2$）。

水溶液中的三价金可用二氧化硫、亚铁盐和草酸等多种还原剂还原成粉状金。

金的氰化物有 $AuCN$ 和 $Au(CN)_3$，但 $Au(CN)_3$ 不稳定，没有实际意义。在氧存在下，碱金属氰化物可以溶解金：

$$4Au+8NaCN+2H_2O+O_2 =\!=\!= 4NaAu(CN)_2+4NaOH$$

这个反应是氰化法从矿石中提取金的基础。

$Au(CN)_2^-$ 的钠盐、钾盐和钙盐，都可用比金负电位的金属（通常用锌）置换还原。这是从氰化液中回收金的常规方法，至今仍为一些提金厂所采用。氰化炭浆法和树脂浆法，则使用活性炭或阴离子交换树脂吸附回收金。

金在氧化剂（如 Fe^{3+} 和氧等）的参与下，可溶于酸性硫脲溶液中，这是硫脲法从矿石或精矿中浸出金的基础。

金与银可以任意比例形成合金，但合金中的含银量只有在接近或大于70%时，硫酸或硝酸才可以溶解其中的全部银，残留的是呈海绵状的金。当用王水溶解金银合金时，由于所生成的氯化银覆盖于合金的表面，而使金的溶解停止。

金与铜可以任意比例形成合金。此合金的弹性强，但延展性较差。往金铜合金中加入银还可炼制成金银铜合金。

金与汞能以任意比例形成合金，金汞合金称为金汞齐。金汞齐因金、汞比例不同可呈固体或液体状态。这是混汞法提金的基础。

2. 银的化学性质

银的化学性质比较稳定，常温下不氧化。白银置于空气中，其颜色基本不变，银器表面颜色变黑是银与空气中的硫化氢作用生成硫化银之故。

银在水溶液中的电极电位是：

$$Ag =\!=\!= Ag^++e,\ \varphi^{\ominus}=+0.8\ V$$

因此，银像金一样，不能从酸性水溶液中析出氢，不与碱起作用。但银易溶于硝酸和热的浓硫酸中，微溶于热的稀硫酸，不溶于冷的稀硫酸中。盐酸和王水只能使银的表面生成氯化银薄膜。银与食盐共热易生成氯化银。银与硫化物接触易生成黑色的硫化银。银粉易溶于含氧的氰化物溶液和含氧的酸性硫脲液中。

银在化合物中通常呈一价。银可与多种物质作用生成化合物。在提银工艺中应用的银化合物主要有硝酸银、氯化银、硫酸银和氰化银等。

硝酸银无色、易溶于水，是最重要的一种银盐。从含银物料中提取银，常常利用银易溶于硝酸而生成 $AgNO_3$ 的反应：

$$3Ag+4HNO_3 \Longrightarrow 3AgNO_3+NO\uparrow+2H_2O\text{（在稀硝酸中）}$$
$$Ag+2HNO_3 \Longrightarrow AgNO_3+NO_2\uparrow+H_2O\text{（在浓硝酸中）}$$

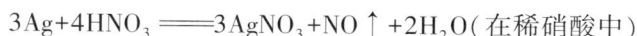

硝酸银溶液中的银离子，可在加热下用金属置换还原，还可用亚硫酸钠等还原剂使其还原。

硫酸银无色、易溶于水，银溶于热的浓硫酸中可生成 Ag_2SO_4：

$$2Ag+2H_2SO_4 \Longrightarrow Ag_2SO_4+2H_2O+SO_2\uparrow$$

银溶于浓硫酸，还可结晶出酸式硫酸银（$AgHSO_4$），此盐遇水极易分解成 Ag_2SO_4。这些反应常发生于浓硫酸浸煮作业中。在加热的稀硫酸浸出过程中部分银也会溶解。进入溶液中的银，可用金属置换法或氯化物沉淀法回收。

氯化银为白色粉状物，当加热生成沉淀的氯化银水溶液时，这些沉淀物便会凝结成块，便于过滤。沉淀物于空气中长时间放置后，其表面会因氧化而变黑。

氯化银微溶于水（在 25℃时的溶解度为 2.11×10^{-4}%，100℃时增加 10 倍），但可溶于饱和的氯化钠或硫代硫酸钠、酒精及氰化物溶液中。向硫代硫酸钠银液中加入硫化物，便会生成硫化银沉淀。这是从废定影液中回收银的方法之一。氯化银溶于盐酸会生成酸性的 $HAgCl_2$ 配合物。氯化银极易溶于氨水而生成配合物，这一反应在提取银的作业中得到广泛应用，其反应为：

$$AgCl+2NH_4OH \Longrightarrow [Ag(NH_3)_2]Cl+2H_2O$$

氯化银与碳酸钠共熔，即分解获得金属银，其反应为：

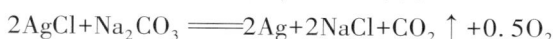

$$2AgCl+Na_2CO_3 \Longrightarrow 2Ag+2NaCl+CO_2\uparrow+0.5O_2$$

在用火法还原氯化银的过程中广泛利用这种反应。但采用火法还原小批量氯化银时，尚未还原的氯化银会和浮渣一起上浮，还原终点不易判断，而易造成银随渣损失，降低回收率。为此，可先将氯化银加入稀盐酸酸性液中浆化，再加铁屑静置还原成粗银后再熔炼。

氰化银也是银的一种重要化合物。有氧存在时，银可与碱金属氰化物作用生成复盐：

$$4Ag+8NaCN+2H_2O+O_2 \Longrightarrow 4NaAg(CN)_2+4NaOH$$

此反应是氰化法从矿石中提取银的基础。

与金一样，银在氧化剂的参与下，也可溶于酸性硫脲溶液中。实验证明硫脲溶解银的速度比溶解金还要快些。

3. 铂族元素的化学性质

铂族元素的主要氧化态及其稳定性的递变规律如图 2-2 所示。贵金属元素的化学活动性依次增加规律如图 2-3 所示。

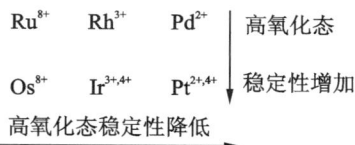

图 2-2　铂族元素的主要氧化态及稳定性的递变规律　　　图 2-3　贵金属元素的化学活动性增加规律

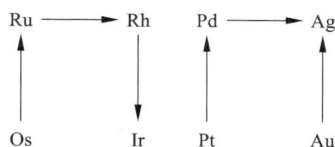

铂族元素对酸的化学稳定性比所有其他金属都高，其中钌和锇、铑和铱对酸的化学稳定性特别高，不仅不溶于普通酸，甚至也不溶于王水。钯和铂能溶于王水。钯是铂族元素中最

活泼的一个，可溶于浓硝酸和热硫酸。

铂族元素抗氧化性都强，在常温下对空气和氧都是稳定的，只有粉状锇在室温下会慢慢氧化生成有毒的挥发性 OsO_4，若在空气中加热会迅速氧化为 OsO_4。铱是唯一可在氧化性气氛下应用到 2300℃ 而不发生严重损坏的金属。铑有良好的抗氧化性，在一般温度和所有气氛下铑镀层均很光亮。铂是唯一能抗氧化直到熔点的金属。钌在空气中加热到 450℃ 以上会缓慢氧化，生成稍带挥发性的 RuO_2。在空气中，350～790℃ 下钯会生成氧化膜，高于此温度又分解为钯和氧。铱和铑在 600～1000℃ 的空气中会氧化，在更高温度氧化物消失，又恢复其金属光泽。

2.2　贵金属的用途

2.2.1　金的用途

1. 首饰和货币

金、银及铂族金属因化学性质稳定，色彩瑰丽，久藏不变，易于加工，自古以来就是首饰、美术工艺及装潢等的理想原料。

金是人类较早发现和利用的金属，作为"百金之王"和"五金之长"享有其他金属无法比拟的盛誉，其显赫的地位几乎永恒。正因为黄金具有这一"贵族"地位，一直被视作个人社会地位和财富的象征。许多世纪以来金一直用作货币，至今仍无其他商品可代替黄金作"国际货币"使用。但今天已很少用金币、银币作流通手段，而大量用作储备、支付手段。在人类已产出的 150 kt 黄金中，大约有 32 kt 用作各国的金融储备，96 kt 以金币、金条和首饰形式为私人所拥有。

2. 航空工业和电器电子工业

黄金具有熔点高、耐强酸、导电性能好等特点，加之它的合金(如金镍合金、金钴合金、金钯合金、金铂合金等)具有良好的抗弧能力和抗拉抗磨能力，因此黄金被大量用于航空工业和电气、电子工业中。宇宙飞船、卫星、火箭、导弹、喷气飞机中的电气仪表，微型电机的电接点等关键部件几乎全部采用黄金及其合金制造。

镀金用在各种宇宙仪表上可防止太阳的辐射。如美国"阿波罗"号宇宙飞船上的仪表等均采用镀金处理，喷气式发动机的油嘴及宇航飞行器的燃料供给系统的部件上均镀有金。金也用在喷气发动机和火箭发动部件涂金防热罩或热遮护板。

黄金在电气、电子工业中广泛用于制造各种接触器、插销、继电器、电子计算机及某些装置上的高速开关。将黄金包在绝缘材料(如石英、压电石英、玻璃、塑料等)的表面上用作导电膜或导电层。

3. 光学材料

金箔具有非常特殊的光学性能，对红外线有强烈的反射作用。如 0.3 mm 的金箔膜对红外线的反射率达 98.44%。因此，可将黄金加工成不同厚度的金箔，使其具有不同的光泽和反射率，用于军事设施的红外线探测仪和反导弹装置中，贴在玻璃上的金箔能有效反射紫外线和红外线，可制作特殊的滤光器。

4. 核工业

黄金以它特有的核性能应用于原子能工业中。由于它有极好的抗化学腐蚀性能，在核反应堆的部件表面镀一层光滑无孔的金层（厚度为 $50\sim127$ μm）以防止零件腐蚀。在原子反应堆的铀棒上镀金，可抗辐射。金在释放中子的能量为 5 eV 时，捕获截面积大得反常，达到 2000 靶，人们通常利用这一特性来确定核子反应中具有低能量的中子流。核反应堆的火花室要求抗辐射、耐高温、耐腐蚀等特性，可用金和金的合金作点火材料。

5. 医疗

金及其化合物，广泛应用于制药、理疗和镶牙上。

现代牙科用金量很大，世界每年用金约 50 t。除包金齿套外，还多使用由金、钯、铂、银、铜、铟、锌等配制合金人造瓷牙。

金的巯基化合物（金诺芬）主要用于治疗风湿性关节炎，Au(Ⅲ)的某些配合物，能在一定程度上抑制细胞分裂，表明 Au(Ⅲ)配合物可能具有抗癌特性。金用于临床放射治疗，以颗粒或胶体形式放在照射区中。胶体金(^{198}Au)用于放射治疗胸膜或腹膜的渗出物和膀胱癌；胶体金也被用于各种诊断，例如骨髓扫描或肝脏造影，即将胶体金充入要检查的器官后，再用照相法进行观察；金箔用于治疗皮肤的烧伤；金蒸气激光用于胃癌、肺癌的治疗。由于金具有高度化学稳定性、良好的生物相容性和适中的力学性能，因此它是重要的人工器官材料和外科种植材料，如神经的修复、心脏起搏器等都使用金及其合金材料。

2.2.2　银的用途

银也是人类发现和使用最早的金属之一，其重要用途之一是作为货币，行使国际货币的职能。铜银合金用于铸造银币，美国、苏联、法国、意大利、德国、比利时和瑞士生产含银为 90% 的银币，英国生产含银 92.5% 的银币，旧中国的银币含银 95.83%。

但白银在许多年前就已经基本丧失了货币职能，而仅是一种工业金属，主要用于工业、摄影以及首饰和银制品三个方面。

1. 感光材料

卤化银感光材料是以卤化银包括氯化银、溴化银为光敏物质，将它们的微晶分散于明胶介质中形成感光乳剂，并将其涂布在支持体（胶片或纸基）上而制成。

卤化银感光材料是用银量最大的领域之一。目前生产和销售量最大的几种感光材料是摄影胶卷、相纸、医用 X-光胶片、工业用 X-光胶片、缩微胶片、荧光信息记录片、电子显微镜照相软片和印刷尖胶片。20 世纪 90 年代，世界照相业用银量在 $6000\sim6500$ t，医用 X-光胶片（包括 CT 片）比工业用 X-光胶片的产量大 10 倍，缩微胶片的用量也大增。

2. 首饰和银器

银和金有相似的特点，拥有极好的反射性和最好的抛光性。因此银匠的目的就是将已经很亮的银的表面打磨得更加明亮。纯银（99.9%）不容易失去光泽，但为了增加耐用性，在制作首饰时通常加入少量的铜。此外银还被大量用于生产金银合金。自 14 世纪开始纯度为 92.5% 的先令银就成为了银器的标准。

银具有诱人的白色光泽，对可见光的反射率为 91%，深受人们（特别是妇女）的青睐，因此有"女人的金属"之美称。银因其美丽的颜色、较高的化学稳定性和收藏观赏价值，广泛用作首饰、装饰品、银器、餐具、敬贺礼品、奖章和纪念币。

最常用的银基装饰合金有 Ag-Cu 合金、Ag-Pd 合金以及通过添加少量其他金属元素制成的硬化银合金。Ag-Cu 合金中 Cu 含量为 7.5%～2.0%。在英国，925 合金又称斯特林银（Sterling Silver），含 Cu 为 7.5%，一直是唯一的货币合金，也是饰品合金。Ag-10%Cu 合金（900 合金）称为货币银，饰品一般用 800 或 800 以上的合金。Ag-(7.5%～20%)Cu 的合金也可作餐具。首饰用低钯含量银合金通过加入少量 Au 或 Pt 以增加耐腐蚀性。加入 Cu、Zn、Sn 可改善可铸性。纯 Ag 中通过加入 Mg、Ni 等，然后进行内氧化可以使合金硬化，且保持银纯度达 99% 以上。加 Au 的 Ag 和 Pd 合金形成银白色合金。以 Ag 为基体，加 10%～20% 的 Ni 或 Zn 及 12% 的 Pd 也可以产生"白金"合金。

3. 催化剂

银在催化剂中有许多特别的应用。如：

（1）Ag/Al$_2$O$_3$ 用于氧化乙烯制造环氧乙烷或乙二醇。银催化剂把乙烯转化成氧化乙烯制造聚酯纤维，用于制造冬天保温的毛衣、围巾、外套、披肩和其他流行的衣料。

（2）金属 Ag 和 Pd 组成的催化剂可以大大改善甲醛的生产。

（3）Ag/沸石催化剂用于甲醛、冰醋酸、尼龙、乙醛等的生产；含钇的银催化剂可用于改善和改进香料和食品芳香剂、牙膏、口香糖和香烟的香味以及药物的合成等。

（4）银催化剂可用于处理含硫化物的工业废气。

（5）银催化剂可把 H$_2$ 和 CO$_2$ 转变成合成甲烷和乙醇（汽车燃料）。

（6）金属银催化剂能将有机物氧化成 CO$_2$ 和水。

4. 能源工业

（1）银-锌电池

在化学电源中，有银-镉电池、银-铁电池、银-镁电池及银-锌电池。目前主要应用的是银-锌电池，即锌-氧化银电池。这种电池以 Ag$_2$O 或 AgO 为正极、锌为负极，氢氧化钾为电解液。银-锌电池在飞机、潜水艇、导弹、空间飞行器和地面电子仪表等军事及特殊用途中，始终保持长盛不衰的态势。

（2）太阳能的利用

利用银的高反射率可作太阳能聚光镜、太阳能电池用银浆、银铝浆等。

（3）核能

AgInCd 合金是重要的中子控制棒材料。Pd-Ag、Pd-Ag-Au-Ni 多元氢气净化材料可用于热扩散型氢氧净化装置和核聚变反应堆中同位素纯化和分离。

5. 医疗

（1）外科用银

包括针灸用银针、银线缝合伤骨和结缔组织、银引流管。银合金可用于骨更换（特别是颅骨）。银箔敷盖新鲜创面可加快开放性伤口愈合等。Ag-Pd 合金广泛用于视神经修复、耳箔神经刺激、大小便失禁者用脊髓刺激、小儿脊髓弯曲纠正等装置中。通过采用电的生物刺激，用银可促进骨头和皮肤的生长等。

（2）牙科材料

可分为牙科铸造合金和牙科汞齐。铸造银基牙科合金有：Ag-Cu-Sn、Ag-Cu-Sn-Zn、Ag-Cu-Zn-Ni、Ag-Pd、Ag-Pd-Au、Ag-In-Zn-Pd 等多种材料。牙科汞齐合金是牙齿修补的填充材料，现多用 Ag-Cu-Sn 汞齐。

（3）诊断和分析

银可用在胎儿畸形诊断和病态监测、致病生理的变化、遗传病染色体的诊断、荷尔蒙和尿中多肽水平的鉴别和药物治疗的评估，还可用于天然食物的分析。硝酸银用来测定嗜雌激素以诊断早期乳腺癌。用 Ag 制成薄膜来测定尿中的葡萄糖浓度，对糖尿病进行诊断。

（4）银在药物中的应用

①中药中的银：一些中药配方组成中有银箔，一些中草药中也含有微量元素银，如生黄芪中银含量为 4.615 $\mu g/g$。②可溶性银盐：常用的可溶性银盐是硝酸银，它可用于制备收敛性的药物。固态棒状的氯化银（含 1%~3% AgCl）或不同浓度的硝酸银溶液，可用于去除疣、肉赘、肉芽等。柠檬酸银可以用于治疗烧伤和皮肤病。使用 1% 的硝酸银溶液滴眼，可预防新生儿的眼黏膜被链球菌感染。③不溶性化合物：如氧化物，卤化物（氯化物、碘化物）。可用胶态银作成药膏用于治疗烧伤和皮肤感染。④磺胺嘧啶银和氟哌酸银：这是一种主要的医用银化合物，用于治疗烧伤和非洲昏睡病。

2.2.3　铂族金属的用途

铂族金属早期主要用作首饰，现在铂及钯的相当大的一部分仍然用于珠宝业。20 世纪 50 年代后铂族金属开始大量应用于石油、汽车、电子、化工、原子能以及环境保护等行业。铂族金属在工业应用领域中的用量不大，但起着关键作用，故素有"工业维生素"之称。目前，铂族金属的主要应用领域有汽车尾气净化催化剂、硝酸、牙科、硬盘、电子元件、坩埚、燃料电池、玻璃、珠宝、手表、医药、传感器、石油和投资等。

第3章 贵金属提取的原料及方法

用于生产贵金属的原料主要是开采出的金银矿物，其次是有色重金属选矿和冶金产出的副产金、银等贵金属原料，以及各种含金、银等贵金属的废旧原料。从有色重金属矿床选出的精矿和冶金工厂的冶炼副产物中回收贵金属，近几十年逐年上升，已成为生产贵金属的一项重要资源。

3.1 贵金属提取的原料

3.1.1 矿物原料

1. 金矿物

金在地壳中的平均含量为 $5 \times 10^{-7}\%$。矿石中的金主要以单质的自然金形态存在于自然界。

在原生条件下，金矿物常与黄铁矿、毒砂等硫化矿物共生。与金共生的主要金属矿物为黄铁矿、磁黄铁矿、辉锑矿和黄铜矿等，有时还含方铅矿和其他金属硫化矿及有色金属氧化矿物，脉石矿物主要为石英。

根据含金矿石的矿物组成及可选性，可将含金矿物分为砂金(次生金)矿和脉金(又称矿金，原生金)矿两大类。1850 年以前世界上以开采砂金矿为主，20 世纪初开始大量开采脉金矿，目前脉金产量占总金产量的 $65\% \sim 75\%$。砂金矿主要采用重选法和混汞法，脉金矿主要用重选、浮选、混汞和氰化等方法处理。

2. 银矿物

地壳中银的含量为 $1 \times 10^{-5}\%$，除少数呈自然银、银金矿及金银矿存在外，主要呈硫化矿物的形态存在。最主要的银矿物是自然银、辉银矿、深红银矿、淡红银矿、黝铜银矿、角银矿等。我国白银产地多，但单一银矿少，绝大部分产于铜铅锌多金属矿中。我国伴生金和白银的生产比例约为 $1:100$。

3. 铂族金属矿物

铂族金属在矿石中品位很低，通常小于 $10 \, \text{g/t}$，其余大部分为脉石或其他有色金属。因此，一般无法从矿石中直接提取铂族金属，往往需要经过复杂、冗长的处理过程，逐步富集，获得含铂族金属较高的精矿(或富集物)，再进一步富集、分离、提纯得到纯金属。

铂族金属的矿物可分为砂铂矿和脉铂矿，其中脉铂矿又可分为共生矿和原生矿。共生矿中，铂族金属与贱金属(如镍、铜)共生，其价值以贱金属为主；原生矿中少量贱金属与铂族金属伴生，价值以铂族金属为主。

3.1.2 有色重金属冶金副产品

事实上，几乎全部银、半数以上的铂族金属和相当数量的金，是作为有色冶金的副产品，在提取主要金属的过程中附带回收的。据报道，20 世纪 70 年代以来，副产金占世界产金量的 1/10 以上。全世界约 80%的银产自含银的铅、锌、铜硫化矿和金矿副产品。一半以上的铂族金属是在硫化铜镍矿冶过程中综合回收的。

从有色重金属副产物中生产贵金属的方法，通常称为有色重金属冶炼副产法。

生产实践证明，铜、镍、铅、锌、铋、锑等的硫化矿床和铬矿床都含有贵金属。但由于矿床的成矿条件和矿物的共生组合不同，贵金属的含量和所含贵金属的种类则有很大的差别。一般来说，硫化铜矿床含金、银较多，硫化镍、铬矿床常含有少量的金、银和较多的铂族金属。硫化铅、锌和铋矿床通常含有大量的银，而锑、砷、碲矿床常与金共生形成金锑矿床、金毒砂矿床和金碲矿床等。此外，许多有色重金属矿床正是因为含有相当量的贵金属，才具有开采价值。近代铜、镍、铅、锌等金属的精炼之所以普遍采用电解法，一方面固然是因为该法比较简便，易于操作和控制；而另一方面，也是由于从电解法的副产物（阳极泥）中可以回收粗金属中几乎所有的贵金属，这些贵金属的价值往往大大超过昂贵的电解费用。

有色重金属冶炼副产法，主要从下列副产原料中回收贵金属：

（1）铜电解阳极泥及湿法炼铜浸出渣；

（2）镍电解阳极泥；

（3）铅电解阳极泥或火法精炼铅产出的银锌壳；

（4）火法蒸锌的蒸馏渣或湿法炼锌的浸出渣；

（5）黄铁矿的烧渣；

（6）锡、锑、铋、汞、铬等矿石冶金产出的含贵金属副产物。

3.1.3　二次资源

二次资源是指矿产资源以外的各种再生资源，如生产、制造过程中产生的废料或已丧失使用性能而需要重新处理的各种物料。含贵金属的废料品种繁多，组分有的简单、有的复杂，往往需要根据原料的组分和特性选用适当的回收工艺。供回收金、银等贵金属的主要废旧原料有金银首饰、废旧器皿、工具、合金、车削碎屑、工业废件、废液、废渣、各种废胶卷（片）和定影液、制镜废片、热水瓶胆碎片，以及金笔尖、金字招牌、对联和催化剂等。

3.2　贵金属提取的方法

贵金属在地壳中含量少且比较分散，除金、银外，几乎没有集中矿床，多数与其他金属矿（主要是重有色金属矿）共生，故其开采和提炼过程都比较复杂。由于所采用原料的特性和组成不同，提取贵金属的方法也各不相同。

3.2.1　原生贵金属提取的方法

从金银矿物中提取金银的方法普遍采用的有混汞法、氰化法、硫脲法等。

1. 混汞法

混汞法提金是基于汞能选择性地润湿金粒表面，进而向金粒内部扩散生成汞齐这一原理，使金与其他金属矿物及脉石相分离。混汞法是一种古老的提金方法，主要用来回收矿石中呈游离态或单体解离的自然金。混汞法适于处理中等粒度以上的含金石英脉石或含金石英硫化矿石,可回收 50%~80% 的金,对于含金硫化矿(硫化物 10%~20%)可回收 20%~40% 的金。适合于混汞法的金粒粒度一般在 0.015 至 0.2 mm 之间。

混汞法提金工艺过程简单、操作容易,成本低廉,其在选金流程中提前拿出一部分粗粒金,能极大地降低金在尾矿中的损失,可实现就地炼金,有利于企业流动资金的周转,因此在近代黄金生产中仍占有十分重要的地位。但该法的缺点是汞毒危害工人的身体健康。为了避免汞毒对环境的污染,一些选金厂逐渐采用跳汰选矿代替混汞,跳汰对粗粒金的回收率与混汞相当。

2. 氰化法

金在稀薄的碱性氰化物溶液中,如有氧(或氧化剂)存在时,可生成一价金的配合物而溶解,这一提金方法称为氰化法。氰化法是从金矿石中提取金的主要方法之一,它具有回收率高、对矿石适应性强、能就地产金的优点。80 年代以来,随着世界范围内新的采金热的形成,氰化法提金工艺已发展到了一个新的阶段。当前氰化法提金主要有锌置换法(CCD)、炭浆法(CIP)、炭浸法(CIL)、树脂矿浆法(RIP)、堆浸法和渗滤氰化法等。

3. 硫脲法

用酸性硫脲作溶剂,在有氧化剂存在的条件下浸出矿石中的金、银并加以回收的方法,称为硫脲法。

近 20 年国内外对硫脲法从含金矿石中回收金做了详细的试验研究工作,取得了良好的结果,在 30 min 内可以完成浸出,金回收率大于 96%。硫脲法是目前最具工业化价值的无毒提金新工艺。

除上述的三种提取金银的方法外,还有比较有前途的提金方法,如细菌浸出法、硫代硫酸盐法、氯化法、溶液萃取法等。

3.2.2　从有色重金属冶金副产品中回收贵金属的方法

从阳极泥中回收贵金属的主要方法有:传统方法(火法工艺)、湿法工艺以及选冶联合工艺流程。

1. 传统工艺

处理阳极泥的传统流程是:硫酸化焙烧蒸硒—稀硫酸浸出脱铜—还原熔炼—氧化精炼—金银电解精炼—铂钯回收。该流程工艺成熟、易于操作控制、对物料适应性强、适于大规模集中生产。但生产周期长、积压资金,烟害环保问题不易解决。

2. 湿法工艺

所谓阳极泥的湿法处理工艺,是指阳极泥经过预处理后,采用合适的溶剂将金、银溶解进入水溶液中,再将溶液中的金、银还原出来的方法。主要包括阳极泥的焙烧脱除贱金属杂质、分银、分金、从金还原后液中回收铂钯。湿法流程具有环境污染小、效率高、成本低等优点。

3. 选冶联合工艺

选冶联合流程是国外首先采用的新工艺,我国有关工厂于 1976 年应用于工业生产。该工艺的特点是:阳极泥首先采用湿法冶金的方法分离铜、硒、碲,再用浮选法初步分离贵、贱金属,富集比可达 3 以上;浮选所得含银 40%~50% 的精矿经分银炉熔炼,铸成金银合金阳极板进行银电解,得到电银;从银电解阳极泥中再提取金、铂、钯。当处理的阳极泥是铅、锡含量较高、贵金属品位较低的杂铜阳极泥时,贵金属富集比达 10~20。浮选所得的尾矿可进一步提取铅、锡等金属。

从其他有色重金属冶金副产品中回收金银的方法如表 3-1 所示。

表 3-1　有色重金属冶金副产品中回收金银的方法

有色重金属冶金副产品	回收金银的方法
银锌壳	蒸馏除锌法 银锌壳的熔析—电解法 富铅灰吹法
黄铁矿烧渣	浮选硫精矿焙烧—酸浸—氰化法
湿法炼锌渣	酸性硫脲溶液直接浸出法提金银 浮选—精矿焙烧—焙砂浸出法 硫酸化焙烧—水浸法
湿法炼铜渣	选矿—氰化法

3.2.3　从二次资源中回收贵金属的方法

贵金属废料的来源广泛，成分复杂，不同的原料处理方法不同。主要含金二次资源的种类及重要处理方法如表 3-2 所示。

表 3-2　主要的含金废旧原料的种类及重要处理方法

种类	处理方法	种类	处理方法
首饰、装饰品、货币铸造及加工碎屑、毛刺、电镀残屑及废料、镀金电子元器件、可控硅接点、硬盘、牙科齿套、合金、金笔尖	1. 火法富集 2. 氯化熔炼 3. 水氯化后置换 4. 阳极电溶	铂铑热电偶丝 金铂喷丝头 铱金笔尖 金、铂、钯、铱合金	1. 火法富集 2. 王水溶解后分离提纯
镀金集成电路板 镀金印刷线路板 金字对联 金字招牌 牙科材料	焚烧后火法富集或湿法浸出	含金硅质电子元件	1. 火法富集 2. 硅腐蚀剂除硅
		炼金坩埚 耐火炉衬 光学金属玻璃 金属陶瓷 电阻、电容器	破碎筛分后分类熔炼
电镀阳极泥	火法富集或湿法浸出	氰化液 氯化液 王水液 各种洗液	1. 锌、铜置换(或亚铁还原) 2. 活性炭吸附 3. 离子交换 4. 溶剂萃取

第二篇　原生贵金属提取

第4章　金银提取的矿石准备

原生贵金属系指在自然界里发现的游离金属，或以各种化合物如氧化物，或与另一种金属形成合金的形式存在的贵金属。例如金，可能以游离态（很少是纯的），如以金块、金片或很细的胶状颗粒的形式被发现，亦可能以碲化合物的一种组成部分存在。

原生贵金属提取的原料主要为金银矿物。

4.1　提取金、银的一般原则

从矿物原料中提取金、银的工艺流程是多种多样的，选用何种流程取决于以下因素：

(1) 金的粒度及赋存形态；

(2) 矿石的物质组成；

(3) 与金结合的矿物（一般是石英和硫化物）特征，如氧化程度、泥质等；

(4) 矿石中其他有价成分；

(5) 使处理工艺复杂化的组成（如碳、砷、锑等）。

金的粒度是其最重要的工艺性质之一。根据工艺操作中金的行为，可把金的粒度分成粗粒（+70 μm）、细粒（−70～+1 μm）和微细粒（−1 μm）三种，有时将大于 0.5 mm 金粒称为特粗粒金。对硫化矿来说，一般比较典型的是微细粒。

粗粒金在磨矿时便与矿物分离，形成的游离金粒用重选法容易回收，但浮游性能不好，在氰化时溶解慢。细粒金在磨碎的矿石中有一部分呈游离状态，另一部分则与其他矿物形成结合物。游离的细粒金的浮游性能好，氰化处理时很快溶解，但用重选法很难回收。结合物中细粒金在氰化处理时也能很顺利地溶于溶液，但在重选时几乎不能回收。这种金的浮游活性取决于与其结合矿物的浮游活性。在多数情况下与硫化物结合的微细粒金在磨矿时只分离出很少部分，其大部分仍存留在矿物载体（黄铁矿和砷黄铁矿）之中。氰化处理时，这种金不溶解，在重选和浮选过程中可与矿物载体一起回收。含有微细粒金的矿石属于难处理矿石，要用专门方法处理。因此，金的粒度是决定含金矿石处理工艺流程的主要因素之一。

金粒经常被氧化铁或氧化锰、辉银矿（Ag_2S）、铜蓝（CuS）、方铅矿（PbS）和其他一些矿物的薄膜覆盖。金粒上的薄膜也可能是由于在磨矿过程中矿粒（冷作）硬化而形成的。在工艺操作中，这种金的行为与覆盖的薄膜的性质有关。致密的和结实的薄膜在氰化处理时会妨碍溶解。如果覆盖层是有孔隙的或者只是局部表面被覆盖，则氰化过程还是可以进行的，但进行的速度较慢。重选时，被薄膜覆盖的粗粒进入精矿，但是下一步由精矿中提取金时，应采用专门方法。在浮选时，有薄膜金粒的浮游性，通常比干净表面金粒的浮游性要差。在选择矿石加工工艺流程时，必须考虑金粒上薄膜存在的情况。

从矿物中提金的过程由三大作业组成：矿石准备（破碎、磨矿）、选矿（重选、浮选等）和冶金（混汞、氰化、焙烧、熔炼等）。但对某一矿山而言，组合的工艺流程应该符合以下原则：经济效益最大（金的回收率最高、综合利用最好、材料单耗最少），能源消耗最小，环境保护好。

从各种含金、银矿石中富集金、银的原则流程见表 4-1、表 4-2。

表 4-1　处理金矿石的原则流程

矿石	主要成分	原则流程
自然金（砂矿）	Au，AgAu	重选—混汞
自然金（脉金）	Au，AgAu	（1）重选—混汞　　（2）重选—混汞—氰化 （3）浮选—氰化　　（4）直接全泥氰化
铜金矿	Au，Cu_2S	（1）浮选，铜精矿送冶炼厂，尾矿氰化 （2）混合浮选，精矿混汞后送冶炼厂，尾矿氰化
碲金矿	Au，Au_2Te	（1）混合浮选，精矿加氯氧化或氰化，尾矿氰化 （2）金浮选、氰化或焙烧后再氰化
含金黄铁矿	Au，FeS_2	（1）浮选，精矿送冶炼厂，尾矿氰化 （2）浮选，精矿氧化焙烧后氰化
含金磁铁矿	Au，Fe_3O_4	矿浆加石灰充气后氰化
砷金矿	Au，FeAsS	（1）浮选，精矿焙烧后氰化，尾矿单独氰化 （2）浮选，精矿焙烧再磨矿后与尾矿一起氰化
含金碳质矿石	Au，C	（1）化学法氧化后氰化 （2）加煤油抑制石墨后氰化 （3）浮选，焙烧后氰化

表 4-2　主要银矿物及其适宜的选冶方法

矿物名称	主要组分	适用的选冶方法						原则流程
		混汞法	重选	浮选	氰化法	硫代硫酸钠浸出	酸性盐水浸出	
自然银	Ag	可	可	可	可	可	可	重选、混汞或直接氰化
金银矿	Ag，Au	可	可	可	可	不	不	重选、混汞或直接氰化
角银矿	AgCl	不	可	可	可	不	可	直接氰化
辉银矿	Ag_2S	不	可	可	可	不	不	长时间的直接氰化
硫锑银矿	$3Ag_2S \cdot Sb_2O_3$	不	可	可	不	不	不	浮选，精矿送冶炼
硫砷银矿	$3Ag_2S \cdot As_2O_3$	不	可	可	不	不	不	浮选，精矿焙烧后氰化
黝铜银矿	$4(Cu_2S，Ag_2S)Sb_2S_3$	不	可	可	不	不	不	浮选，精矿送冶炼
含银方铅矿	Ag，PbS	不	可	可	可	不	不	浮选，精矿送冶炼
含银软锰矿	Ag，MnO_2	不	不	不	不	不	不	卡伦法还原锰后氰化
针碲金银矿	$AgAuTe_4$	不	可	可	不	不	不	浮选，精矿焙烧后氰化

4.2 破碎与磨矿

现代从脉金矿中提取金、银，无论用湿法冶金流程，还是采用选冶联合流程，其中所用的选矿方法都起着重要的作用。因为开采出的矿石是大块（达 500 mm，有时还要大），而且由于矿床成因不同，矿石的浸染特性不同，自然金和金的各种矿物与脉石矿物之间彼此紧密共生。因此，选矿之前必须将其破碎和磨细。这些工序的任务是使含金矿物颗粒，主要是自然金颗粒完全或者部分暴露，以保证随后的选矿或湿法冶金过程顺利进行。

矿石的破碎分为粗碎、中碎和细碎。

矿石的粗碎通常采用颚式破碎机。矿山常用的大型颚式破碎机可以直接破碎直径不大于 350 mm 的矿块。它的功率大，破碎效率高，成本低。特大型颚式破碎机的给矿粒度甚至可以达到 850~1100 mm。

矿石的中碎可采用小型颚式破碎机、对辊破碎机、圆锥破碎机和锤式破碎机等。

矿石的细碎可以采用辗磨机、棒磨机、球磨机，而通常使用的是球磨机。球磨机磨矿有加入铁球（铸铁球、铸钢球、稀土球墨铸铁球）的，也有少加或不加铁球利用其中的矿块进行"砾磨"的，后者又称"自磨"。

对于脉金矿来说，提取金、银的主要方法是湿法冶金，磨矿的细磨程度应使金和银矿物的颗粒与溶液相接触。矿石的粒度通常先由实验确定，显然，金颗粒越细，磨矿应当越细。含粗粒金的矿石粗磨［90%−0.4 mm 粒级（−35 目）］已足够。但大多数矿石中，除含有粗粒金之外，还有细粒金，所以更多情况下将矿石细磨［达−0.074 mm（−200 目）］。在个别情况下，矿石还要进行更细的磨矿［达 0.044 mm（−325 目）］。

磨矿的经济合理性由以下因素决定：

（1）矿石中的金属回收率；

（2）进一步细磨时增加的费用；

（3）细磨矿石的浓密性能和过滤性能恶化及由此增加的费用。

破碎与磨矿流程的制定取决于矿石的物相组成和物理性质。破碎，特别是细磨是一个高能耗的作业，占整个矿石加工费用的 40%~50%。由于各种破碎机的碎矿效率高，而磨矿机的磨矿效率低，矿石的碎矿能耗要比磨矿能耗低 75%~88%。为了降低生产成本，矿石的破碎宜采用"多碎少磨"的原则。即尽量将矿石破碎得细一些再入磨矿机磨矿。一般将开采出来的矿石，先在颚式破碎机和圆锥破碎机上进行粗碎和中碎，二段破碎后粒度通常为 −20 mm，有时也采用三段细碎，其粒度为−6 mm。

破碎后的矿石送去湿磨，一般在球磨机或棒磨机中进行。磨矿也分若干段，采用最广泛的是二段磨矿。对于一些规模大的金矿，广泛采用自磨机。与钢球磨机相比，自磨机具有金的回收率高、劳动生产率高、电耗少、药剂和钢球消耗少等优点。

在破碎磨矿流程中，粒度分级占有重要地位，现代提金厂的分段设备，除螺旋分级机外，还广泛采用各种结构的水力旋流器，或采用装在磨机卸料端的滚动筛来进行初步分级。

如果矿泥含金少，或者泥质对工艺操作造成恶劣影响，应在湿法冶金或选矿之前脱去矿泥。脱泥可采用水力旋流器或浓缩槽。

4.3　选矿

矿石的选矿方法很多。在金、银矿石方面，鉴于金、银在矿石中多呈自然金、自然银、银金矿、金银矿等产出，且自然金、自然银具有很大的密度，含金和银的硫化矿物又具有很好的浮游性，因而金、银矿石的选矿方法主要采用重选法(多包括混汞)或浮选法。

4.3.1　重力选矿

重选是人类最早发明的一种选金方法。重选法主要适用于从含单体自然金、自然银矿物的砂矿石和氧化矿石中选取金、银。从含金、银的硫化岩金矿石中选取含金、银的硫化矿物(黄铁矿、磁黄铁矿等)也有效。

重选的基本原理就是利用各种矿物密度的不同进行分类富集而获得较高质量的金属矿物或其他目的矿产品。在一定的介质或介质流中(通常是在水中)进行，将加快和更好地完成选矿过程。目的矿产品与其他矿物的密度差愈大，富选的效果就愈好。

当在流体中重选时，矿粒的分选难易程度可用下式计算：

$$E = \frac{\delta_1 - \rho}{\delta_2 - \rho}$$

式中：E——分选的难易程度；

　　δ_1——密度大的矿物密度，g/cm^3；

　　δ_2——密度小的矿物密度，g/cm^3；

　　ρ——选矿介质的密度，g/cm^3。

根据 E 值的大小，可将矿石重选难易程度分为五个等级，如表 4-3 所示。

表 4-3　矿石重选的难易程度

E 值	>2.5	2.5~1.75	1.75~1.5	1.5~1.25	<1.25
难易度	极易	易	中等	难	极难

为了使矿物颗粒尽量按密度分层，提高分选的精确度，采用重选法选金时要事先分级，按粒度分为若干粒级，按粒级选用合适的重选设备并构成合理的重选工艺流程。选前的分级设备常使用筛分机、水力分级箱(或机)和水力旋流器等。

重选按所用介质的不同，可分为风选，以空气为介质，也叫干式重选；水选，以水为介质，这是最常用的；重介质选，以重液和重悬浮液为介质。

按使用的重选设备可分为跳汰选、溜槽选、摇床选、离心选等。

1. 跳汰机选矿

跳汰的原理是：被分离的矿物颗粒在振动(脉冲)的水中，按其密度的不同沿垂直面而分离。根据分选介质的不同，可分为水力跳汰和风力跳汰。所用设备称为跳汰机。

跳汰机内分选矿物的空间称跳汰室、室内设置固定的或上下运动的筛板。前者称定筛，后者称动筛。操作时待分选物料在筛板上形成的料层称床层，水流周期性地通过筛板。当水流上升时，床层脱离筛面，松散开来，密度不同的矿粒在静力压强差和沉降速度差作用下发生相对转移，重矿物进入下层，轻矿物转入上层。当水流下降时，床层逐渐紧密，细小的重矿物颗粒可继续穿过床层间隙进入下层，补充回收重矿物，这种作用称为吸入作用。如此反复进行，最终达到轻、重矿物分层，分别排出获得精矿和尾矿，其过程如图4-1所示。

跳汰机的种类很多，目前选金厂广泛采用的是旁动式隔膜跳汰机，其结构如图4-2所示。

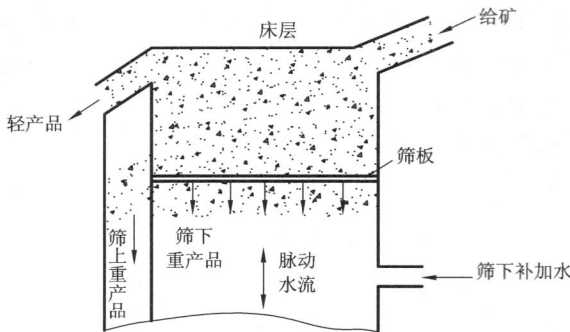

图4-1　跳汰选矿过程示意图

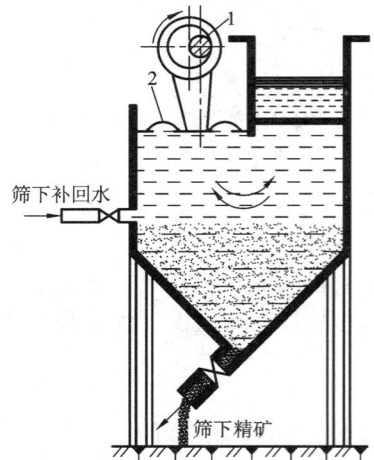

1—偏心机构；2—隔膜。

图4-2　旁动式隔膜跳汰机

隔膜位于跳汰室旁侧，系参照美国丹佛，又称丹佛型跳汰机。机内有两个串联的跳汰室，每室的筛板尺寸为400 mm×300 mm，隔膜用偏心连杆机构传动，偏心机构由两个偏心圆盘构成。调节其相对位置可使冲程在0至25 mm范围内变动。冲次有329次/min及420次/min两种。水流呈正弦周期进行运动。由于吸入作用强，需经常由侧壁向内补加大量筛下水。适于处理各种金属矿石、含金及稀有金属砂矿。最大给矿粒度为12~18 mm，回收粒度下限为0.1~0.2 mm，每台处理量1~5 t/h，单台水耗5~15 m³/h。国内提金厂常用于磨矿分级回路中以回收粗粒金。

跳汰选矿工艺操作简单，设备处理能力大，成本低，为处理粗、中粒甚至细粒矿石的常用方法。广泛用于含金、钽、铌、钛、锆等贵金属和稀有金属砂矿，主要缺点是耗水量大。处理金属矿时须分级入选，处理细粒矿石时的分选效率较低。

2. 摇床选矿

摇床是选别细物料的重要设备，通常用于重选粗金矿的补充精选(扫选)。

摇床选矿(富集)是一种在薄水层中按密度分离矿物颗粒的过程，水沿着缓倾斜面(床面)流动，床面在与水流方向成垂直的水平面上作往复运动。

摇床的种类很多，常用的典型摇床结构如图4-3所示，主要由传动机构、床面和机架组成。床面上沿纵向钉有来复条或刻有沟槽，床面由传动机构带动，作纵向不对称的往复运动。前进时，运动速度由慢变快，后退时，运动速度由快变慢。

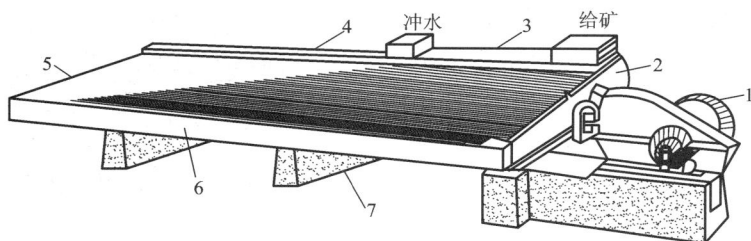

1—传动装置；2—给矿端；3—给矿槽；4—冲水槽；5—精矿端；6—床面；7—机架。

图 4-3　摇床的机构外形示意图

　　矿浆由给矿槽给到床面上，受冲洗水的横向水流和床面的纵向不对称往复运动的联合作用，使密度小的最细矿泥直接沿床面倾斜方向下流，沉积在床面上来复条之间的矿粒，则按密度和粒度不同而发生分层。密度小、粒度大的矿粒在上层，其次是密度小、粒度小的矿粒及密度大、粒度大的矿粒，最下层为密度大、粒度小的矿粒。处于下层的大密度矿粒受床面运动的影响大，受横向冲洗水流的作用小；而在上层的小密度矿粒正好相反，受横向冲洗水流的作用大，受床面运动的影响小。因此，大密度矿粒的纵向运动速度大，横向运动速度小；而小密度矿粒的纵向运动速度小，横向运动速度大。这样，不同密度的矿粒将沿着各自的合速度方向运动（如图 4-4 所示），使密度大的矿粒移向精矿端，密度小的矿粒移向尾矿端，最终形成按密度不同呈扇形分布的矿带，如图 4-5 所示。

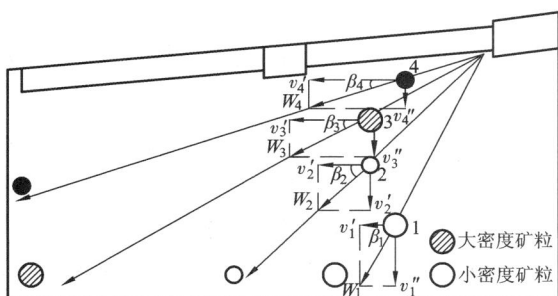

图 4-4　不同性质矿粒在床面的分离示意图

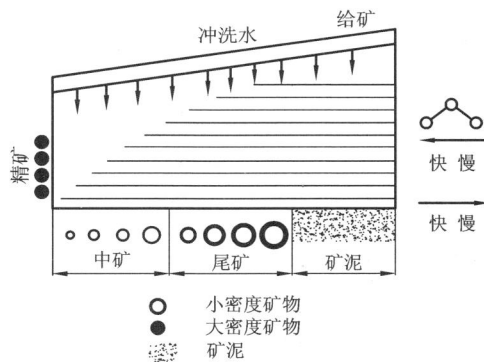

图 4-5　摇床的工作原理图

　　摇床的富集比很高，可以直接获得最终精矿和废弃尾矿。摇床的缺点是处理能力低，设备占地面积大。为克服这一缺点，出现了多层摇床。

3. 溜槽选矿

　　溜槽是一种最简单的重力选矿设备。

　　溜槽是一个在水平面上坡度不大（倾角一般为 3°~4°，最大不超过 14°~16°）的矩形截面槽。槽底铺有格条或粗糙的覆面（绒布、橡胶垫等），用于收集沉降在槽底的矿物颗粒。

磨细的矿浆给入溜槽的上方端部，如图 4-6 所示。沿溜槽坡度流动时，原矿料颗粒按比重和粒度分层。密度大的矿粒在重力和水流的联合作用下，沉于槽底格条之间，或滞留在粗糙覆面上，密度小的矿粒则随水流从溜槽末端排出。沉降在溜槽底面的大部分是金的重颗粒，以及部分轻矿物的粗颗粒。间断地由溜槽底面取下沉降的精矿。

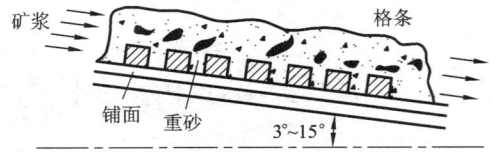

图 4-6 格条溜槽选矿原理图

图 4-7 是自动化多层溜槽。专用时间间隔机构定期挡住流向矿浆分配器的矿浆流，送往平行作业的其他溜槽，同时旋转槽面通入冲洗水。按给定的时间清洗溜槽。清洗溜槽结束后，机构将槽面转到原来位置，开始给料，周期如此反复进行。这种溜槽操作简单，单位占地面积的生产能力比固定溜槽的大。

与跳汰机相比，溜槽的优点在于它能捕集微细粒金，而且设备投资费用低。但溜槽操作劳动繁重，单位面积的生产能力低[2~20 t/(m²·d)]。

4. 重选实践

我国的砂金矿全用重选法进行粗选。各地的砂金矿尽管开采方法不同，但选金的粗选设备几乎全用挡板溜槽进行粗选，有的采用跳汰机和溜槽进行

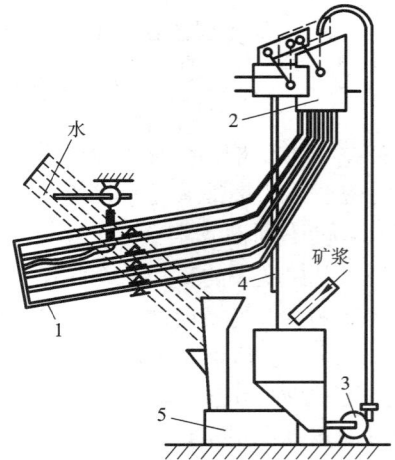

1—溜槽槽面；2—矿浆分配器；3—泵；
4—溢流管；5—清洗槽。

图 4-7 自动化多层溜槽

粗选，直接抛弃尾矿，回收金及其他重矿物，金的作业回收率可达98%以上。跳汰机和溜槽选别所得粗精矿用摇床进行精选，直接抛弃尾矿，金的作业回收率可达98%以上。摇床精矿再经电选、磁选、内混汞或人工淘洗，选出其他重矿物即可获得纯的砂金。

脉金矿的重选主要用于浮选前回收粗粒金，一般在磨矿分级回路中用跳汰机回收单体粗粒金。跳汰精矿用摇床精选可产出金精矿。在金选厂重选也可作主要选别作业，如某金矿为氧化矿，原矿含金30~33 g/t，采用6—S摇床处理粒度小于1 mm的矿石，摇床精矿再用绒面小溜槽精选可获得含金重砂。摇床尾矿含金17~18 g/t，用渗滤氰化法处理得成品金，摇床与溜槽的金总回收率约45%。

4.3.2 浮选

浮选法是选金生产中应用最为广泛的一种选矿方法。浮选效率高，可以处理细粒浸染的矿石。对于成分复杂的矿石，浮选法可以得到很好的选分效果。

1. 浮选原理

浮选是利用各种矿物表面物理化学性质的差异来选分矿石的方法。浮选时，将粒度和浓度合适的矿浆经各种浮选药剂作用，在浮选机内进行搅拌和充气，在矿浆中产生大量的弥散气泡。悬浮状态的矿粒与气泡碰撞，可浮性好的矿粒附着在气泡上并随气泡浮至液面形成矿化泡沫层，刮出泡沫产品（常为精矿）。可浮性差的矿粒不附着在气泡上而留在浮选槽内，排

出槽外则为尾矿，从而达到矿物分离和富集的目的。

　　浮选过程中矿粒能否附着在气泡上与矿粒表面对水的润湿性有关。实践表明，矿粒表面对水的润湿性愈强，矿粒愈亲水，其可浮性愈差。相反，矿粒表面对水的润湿性愈弱，矿粒愈疏水，其可浮性愈好。常用润湿接触角（简称接触角）来衡量矿粒表面对水的润湿性强弱。

　　矿粒表面被水润湿后会形成固体（矿粒）、水和气体三相的一条环状接触线，常称其为三相润湿周边。三相润湿周边上的每一点均为润湿接触点，通过任一点作切线，以此切线为一边，以固水交界线为另一边，经过水相的夹角（θ）称为接触角，如图 4-8 所示。若界面的表面张力分别用 $\sigma_{固-水}$、$\sigma_{固-气}$、$\sigma_{水-气}$ 表示，接触角的大小取决于这三个表面张力之间的平衡，其平衡方程为：

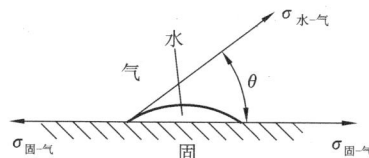

图 4-8　矿粒表面所形成的接触角

$$\sigma_{固-气} = \sigma_{固-水} + \sigma_{水-气} \cdot \cos\theta$$

$$\cos\theta = \frac{\sigma_{固-气} - \sigma_{固-水}}{\sigma_{水-气}}$$

式中：θ——矿物表面的润湿接触角；

　　　　σ——相界面上的表面张力。

　　从上式可知，由于在一定条件下，$\sigma_{水-气}$ 值与矿物表面性质无关，可认为是定值，接触角的大小取决于水对矿物及空气对矿物的亲和力的差值。"$\sigma_{固-气} - \sigma_{固-水}$"的差值愈大，$\cos\theta$ 愈大，θ 角愈小，矿物表面的润湿性愈强，其亲水性愈强，可浮性愈差；反之，"$\sigma_{固-气} - \sigma_{固-水}$"的差值愈小，$\cos\theta$ 愈小，θ 角愈大，矿物表面愈疏水，其可浮性愈好。

　　将 $\cos\theta$ 称为矿物表面的润湿性指标，其值介于 1 至 0 之间。而将"$1-\cos\theta$"称为矿物的可浮性指标。测定矿物的接触角可以初步评价矿物的天然可浮性。矿物的接触角可以用各种浮选药剂进行调节和控制，如纯方铅矿的天然润湿接触角为 47°，经乙基黄药作用后可增至 60°。

2. 浮选药剂

　　自然界中绝大多数矿物的天然可浮性较差，而且相互之间的差别小，分选效果差。浮选过程中通常使用各种浮选药剂来调节和控制矿物表面的性质，扩大矿物可浮性差异，并按需要改变同种矿物的可浮性以实现各种矿物的有效浮选分离。

　　浮选药剂根据其用途可分为三大类：捕收剂、起泡剂和调整剂。

　　（1）捕收剂

　　捕收剂的作用是能选择性附着在某些矿物的表面上，增强其疏水性，使这类矿物容易附着于气泡上而上浮。在选金生产中，最常用的是黄药和黑药，它们是自然金和硫化矿物有效的捕收剂。

　　黄药遇热分解，温度愈高，分解速度愈快；在酸性溶液中易分解，介质 pH 愈低，黄药分解愈快；黄药为还原剂，易被氧化。因此，黄药溶液应冷水配制，贮存于密闭容器内，避免与潮湿空气和水接触，注意防火，不宜暴晒，不宜长期存放，一般当班配当班用。

　　与黄药比较，黑药较稳定，在酸性矿浆中较难分解，较难氧化。但黑药有起泡性，捕收性能与起泡性能的调节较难。在自然金浮选中常用丁基铵黑药。

　　（2）起泡剂

　　浮选时，要求生产大量的气泡用以负载矿粒，气泡的大小要合适而且应有一定的强度。

起泡剂是能防止气泡兼并，能获得大小适中、高度分散的气泡，能增大气水界面且能提高泡沫稳定性的化合物。常用的起泡剂主要是二号浮选油(松醇油)、松油、樟油等。应用最广泛的是二号油，它以松油为原料，硫酸为催化剂，平平加(一种表面活性物质)为乳化剂进行水解而制得的淡黄色油状液体，有刺激作用，可燃，微溶于水。使用时一般油状直接加入，用量为 20~150 g/t。

(3)调整剂

又可分为抑制剂、活化剂和介质调整剂。

抑制剂能阻止或破坏矿物表面与捕收剂作用，用来降低某些矿物的可浮性。活化剂的作用是使某种矿物易于吸附捕收剂而上浮。介质调整剂主要是调整矿浆的 pH，调整其他药剂的作用，消除有害离子对于运动的影响，促使矿泥分散或絮凝。

选金厂浮选常用的调整剂如石灰，既可用于抑制黄铁矿，也可用作矿浆的 pH 调整剂。又如硫化钠是含金氧化铜矿的常用活化剂。

3. 浮选机

浮选机是完成矿物浮选分离的主要设备。浮选机应具备工作连续、可靠、电耗低、耐磨、结构简单等良好的机械性能；同时应满足充气搅拌和调节等工艺性能。根据矿浆充气和搅拌方式，工业上常见的浮选机分为机械搅拌式、充气搅拌式、充气式(压气式)和气体析出式浮选机四种，其中以机械搅拌式浮选机和充气搅拌式浮选机应用较广泛。

4. 浮选流程

磨矿后的矿浆与药剂调和后进入的第一个浮选作业称为粗选。粗选泡沫再进行浮选的作业称为精选。粗选尾矿继续浮选的作业称为扫选。浮选流程的选择主要取决于矿石性质和对精矿的质量要求。

矿石性质中主要包括有用矿物的嵌布粒度及其共生特性、磨矿时的泥化程度、矿物可浮性、原矿品位等。选择浮选流程时，必须确定浮选段数、循环、有用矿物的浮选顺序及浮选流程的内部结构。

图 4-9 为我国华南某厂采用的浮选提金工艺流程。

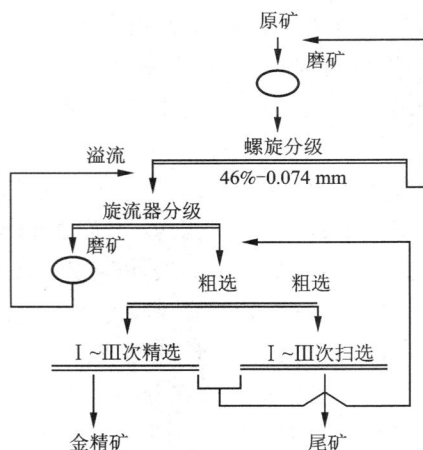

图 4-9　华南某含金石英脉矿选矿厂工艺流程

该厂金矿石属于贫硫化矿物含金石英脉矿石。金属矿物主要有黄铁矿、褐铁矿、铜蓝等，脉石矿物以石英、绢云母、绿泥石为主，次为长石等。自然金粒度粗细不均匀，以细粒居多，与石英共生关系比较密切。该矿建有两个日处理矿石量 500 t 的浮选系列，其浮选技术经济指标如表 4-4 所示。

表 4-4　华南某含金石英脉矿选矿厂浮选技术经济指标

产品名称	生产指标				技术条件				
	品位/($g \cdot t^{-1}$)		Cu/%	金回收率/%	浮选药剂	名称	丁基黄药	丁基铵黑药	2#油
	Au	Ag				用量/($g \cdot t^{-1}$)	131 / 42	42 / 7	29
原矿	2.56	—	0.36	100					
金精矿	74.6	35	3.4	85.24		添加地点	粗选 / 扫选	粗选 / 扫选	粗选
尾矿	0.39	—	—	14.76					

第 5 章　混汞法提金

混汞法提金是一种古老的提金工艺，距今已有 2000 多年的历史，既简便，又经济，适用于粗粒单体金的回收。我国不少黄金矿山还沿用这一方法。由于环境保护要求日益严格，有的矿山取消了混汞作业，为重选、浮选和氰化法提金工艺所取代。

5.1　混汞法的基本原理

借助于液体汞从矿石和精矿中提取贵金属的过程叫作混汞。混汞时，将磨碎的含金物料与汞接触，金粒被汞润湿，并聚集在汞中，形成汞齐。围岩矿物、有色金属和铁不易被汞润湿，不形成汞齐。由于汞齐本身密度大，从而与废石分离开来。混汞过程，实质上包括汞对金的润湿过程和汞齐化过程。

5.1.1　润湿过程

混汞是把汞与矿浆混合，矿浆中的金粒与汞接触时形成金-汞-水三相接触周边，金粒被汞润湿的程度可用汞对金粒表面的润湿接触角表示，它们的接触状态如图 5-1 所示。从图 5-1 可知，汞对金粒表面的润湿接触角 θ 愈小，金粒表面愈易被汞润湿。相反，汞对其他矿物表面的润湿接触角很大，其他矿物表面不易被汞润湿。因此，金粒表面具有亲汞疏水的特性，表面的水化层易被汞排除而被汞润湿；其他矿物表面具有疏汞亲水的特性，表面的水化层不易被汞排除而不被汞润湿，可用混汞法选择性润湿金粒表面使金粒与其他矿粒相分离。

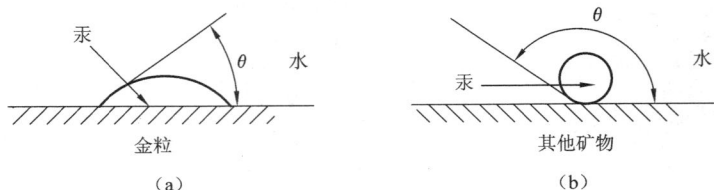

图 5-1　汞与金粒及其他矿物表面接触时的状态

一般认为，当 $\theta < 90°$ 时，润湿性较好；而当 $\theta > 90°$ 时，润湿性较差。

要使汞液能很好地润湿金，就应使金粒尽量暴露于矿石的表面上，并保持金粒表面的新鲜状态，即无污物覆盖。

汞之所以能选择性地润湿金并向金粒内部扩散，就在于金粒表面具有最薄氧化膜的特性。众所周知，一般金属表面和空气接触，就会被氧化成氧化膜。但金和其他贱金属相比，氧化速度最慢，生成的氧化膜也最薄。这是金易被汞润湿并汞齐化的根本原因。除金外，银、铜、锌、锡和镉等也能与汞结合成汞齐，甚至铂也能在锌或钠参与下生成铂汞齐。但银和铂等的表面能形成一层致密、坚硬的氧化膜，汞齐化比较困难，其他贱金属则因表面上的氧化膜很难除掉，而不能直接形成汞齐。

因此，用混汞法提银时，应加入某些还原剂，使银还原出来而与汞形成汞膏。如为角银矿，应加入铁；辉银矿则宜加入硫酸铜、食盐及铁。用混汞法提铂时，需要加以活化。通常是加入锌汞膏，且在酸性介质或氨水中进行，因为酸可以解除铂表面的氧化膜，锌与酸作用产生氢气，可还原氧化膜，使铂的表面洁净，从而被汞润湿。

自然界中的金、银，一般都共生或伴生，混汞时得到的汞膏都含有金、银。

5.1.2　汞齐化过程

汞润湿金、银表面后，向其内部扩散形成合金的过程叫汞齐化过程。

图 5-2 为 Au-Hg 系两相平衡状态图。由图看出，金和汞在液态时可无限互溶。汞在 20℃ 时能溶解 0.06% 的金，汞的流动性与金在汞中的溶解度均随温度的升高而增大。汞与金可形成 Au_3Hg、Au_2Hg 和 $AuHg_2$ 三种化合物。这三种化合物都不稳定，Au_3Hg 在 420℃ 时分解，Au_2Hg 在 402℃ 时分解，$AuHg_2$ 在 310℃ 时分解。Hg 溶解于金中形成固溶体，在 420℃ 时汞的最大溶解度接近 20%（摩尔分数）。

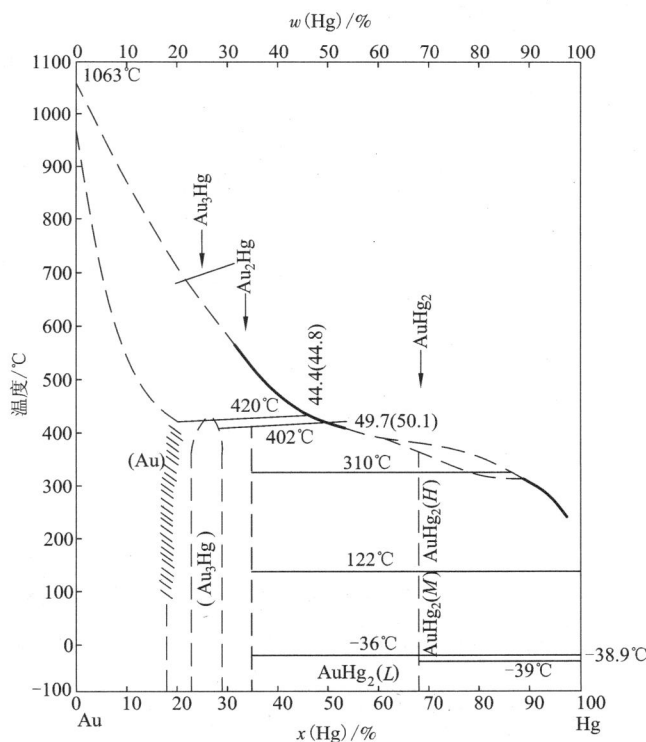

图 5-2　Au-Hg 二元系相平衡图

汞润湿金粒表面后，向金粒内部扩散，形成各种 Au-Hg 化合物的过程，可用图 5-3 来表示。

金粒最外层被汞所包围，汞量很大，形成 $AuHg_2$，次外层形成 Au_2Hg，第三层形成 Au_3Hg，第四层只有少量的汞扩散进去，与金形成金基固溶体，金粒的内核未与汞接触，仍为纯金。金粒必须同汞接触 $1.5 \sim 2$ h 后才能完全汞齐化，所以在混汞作业时间内只有细粒金达到完全汞齐化。通常工业汞膏含金量接近于 $AuHg_2$ 的组成（32.93%Au）。

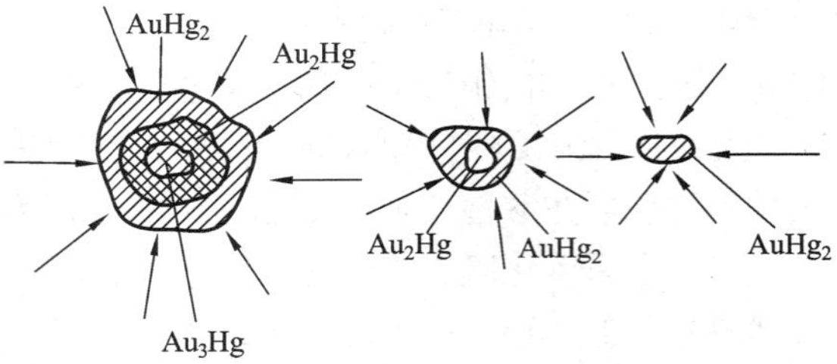

图 5-3　金粒的汞齐化过程

5.2　混汞提金的主要影响因素

影响混汞的因素，包括影响汞湿润金粒的因素和影响汞向金粒内部扩散而形成汞膏的因素。主要有以下几个方面。

5.2.1　金粒大小与金粒解离程度

自然金粒只有与其他矿物或脉石单体解离后，才能被汞润湿和汞齐化，包裹于其他矿物或脉石矿物中的自然金粒无法与汞接触，不可能被汞润湿和汞齐化。因此，自然金粒与其他矿物及脉石单体解离是混汞提金的前提条件。

混汞法作业的显著特点之一，是采用较高的矿浆浓度和较大的磨矿排矿粒度。外混汞时，若自然金粒粗大，不易被汞捕捉，易被矿浆流冲走；若金粒过细，在矿浆浓度较大的条件下不易沉降，不易与汞板接触，而且易随矿浆流失。因此，含金矿石磨矿时，既不可欠磨也不可过磨，一般来说，适于混汞的金粒在 -1 至 +0.1 mm 之间。

5.2.2　金粒的成分

在所有金矿床中，砂金的成色（纯度）高于脉金的成色。在自然金中的主要杂质是银。银在自然金中含量的多少，决定着自然金的颜色、密度和及其可见光的反射能力，银含量高（达25%）时呈绿色，银含量低时呈浅黄至橙黄色。此外，自然金中还含有铜、镍、铁、锌、铅等杂质。

自然金粒成色愈高，表面愈疏水，愈易被汞润湿。反之，自然金粒中的杂质含量愈高，自然金粒的疏水性愈差，愈难被汞润湿。如金中含银达10%时，金粒表面被汞润湿的性能将显著下降。

金粒的表面可能为不同的薄膜所覆盖，形成这种薄膜的物质包括磨矿过程中从外面带入和机械黏附在金粒上的物质、铁磨损后生成的氧化铁、金矿物的组分和杂质反应生成的物质及作业机械上油质造成的玷污物等。

这些薄膜通常应在磨矿期间或混汞前予以清除，其办法是加入石灰、氰化物、氯化铵、高锰酸钾等药剂。

5.2.3 汞的化学组成

汞的表面性质与其化学组成有关。使用含有金、银及少量重金属(铜、铅、锌均小于0.1%)的汞比使用纯汞的效果好。在稀硫酸介质中使用锌汞齐时,不但可捕收金,而且还可以捕收铂。但当重金属杂质在汞中含量过多时,就会在汞的表面浓集,继而在汞表面生成亲水性的贱金属氧化膜,将降低汞对金粒表面的润湿性,降低汞在金粒表面的扩散速度。如汞中含铜1%时,汞在金上的扩散过程为30~60 min;当含铜达5%时,扩散过程就需要2~3 h。

汞的表面除了生成各种污染膜之外,矿浆中的砷、锑、铋硫化物及黄铁矿等硫化矿易附着在汞的表面,滑石、石墨、铜、锡及分解产生的有机质、可溶铁、硫酸铜等物质也会污染汞表面,被污染的汞易于分散而"粉末化",这种现象称为"汞病",不利于汞对金粒的润湿。消除"汞病"的方法,主要是防止污染物进入矿浆。

5.2.4 矿浆温度与浓度

汞在常温下呈液态,它的熔点为-38.89℃,沸点为357.25℃。矿浆温度过低时,汞的黏性大,对金的润湿性差。适当提高矿浆温度,有利于降低汞的表面张力,易于润湿金粒,易于向金粒内扩散,加速汞齐化过程;但温度过高,汞的流动性增强而会导致部分汞金随矿浆流失,还会使汞的蒸发加剧,污染环境。通常混汞作业的矿浆温度宜维持在15℃以上。

混汞的前提是使金粒能与汞接触,外混汞时的矿浆浓度不宜过大,以便能形成松散的薄矿浆流,使金粒在矿浆中有较高的沉降速度,使金粒能沉至汞板上与汞接触。生产中外混汞的矿浆浓度一般应小于10%~25%。

5.2.5 矿浆的酸碱度

在酸性介质中或氰化物溶液中(NaCN浓度为0.05%)的混汞指标较好,尤以处理性质复杂、有害杂质较多的矿石更有效。酸性介质或氰化物溶液由于可清洗金粒表面及汞表面,故可溶解其上的表面氧化膜。但酸性介质无法使矿泥凝聚,无法消除矿泥、可溶盐、机油及其他有机物的有害影响。在碱性介质中混汞可改善混汞的作业条件,如用石灰作调整剂时,可使可溶盐沉淀,可消除油质的不良影响,还可使矿泥凝聚,降低矿浆黏度。一般混汞作业宜在pH为8~8.5的弱碱性矿浆中进行。

5.3 混汞方法和设备的选择与操作

5.3.1 混汞方法与设备的选择

目前混汞作业有外混汞和内混汞两种。

所谓外混汞法是先磨矿后混汞,混汞作业在磨矿设备之外进行。当金的嵌布粒度较细,以浮选法或氰化法为主要提金方法时,一般采用外混汞法捕集其中的粗金粒。常用的外混汞设备主要为混汞板及不同结构的混汞机械。

所谓内混汞法,是在磨矿设备内使矿石的磨碎与混汞同时进行的混汞方法。当含金矿石中铜、铅、锌矿物含量甚微,矿石中不含使汞粉化的硫化物,金的嵌布粒度较粗及以混汞法为主要提金方法时，一般采用内混汞法提金。常用的内混汞设备有辗盘机、捣矿机、混汞筒及专用的小型球磨机、棒磨机等。

美国和南非主要使用捣矿机进行内混汞，苏联一些中小型金矿山主要采用碾盘机进行内混汞，一些砂金矿则采用混汞筒处理重选精矿。国内较少采用内混汞作业，主要采用混汞筒处理砂金重选精矿，使金和重金属矿物分离。

5.3.2 外混汞设备

用于外混汞的主要设备有混汞板及配合混汞板作业的给矿箱和捕汞(金)器等。

1. 混汞板

生产用的汞板多为镀银铜板，厚度为 3~5 mm，宽为 400~600 mm，长为 800~1200 mm，沿矿浆流动方向一块一块搭接于床面上。汞板与床面的连接方法如图 5-4 所示。

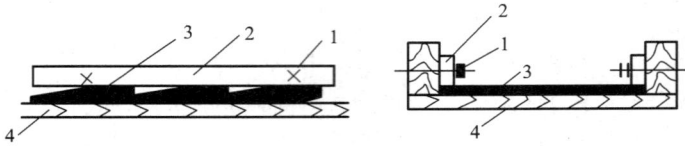

1—螺栓；2—压条；3—汞板；4—床面。

图 5-4 汞板搭接方式

混汞板可分为固定混汞板和振动混汞板两种类型。我国常用固定混汞板，其结构如图 5-5 所示。它由支架、床面和汞板组成。支架和床面可用木材或钢材制作。固定混汞板有平面式、阶梯式和带中间捕集沟式三种形式。

2. 给矿箱和捕汞器

混汞板前端设置给矿箱(矿浆分配器)，其末端安装有捕汞器。

给矿箱(矿浆分配器)为一长方形木箱，面向汞板一侧开有许多孔径为 30~50 mm 的小孔，以使孔内流出的矿浆布满汞板，一般每个小孔前均钉有一可动的菱形木块，调整木块方向可使矿浆均匀地布满汞板表面。

捕汞器安装于汞板末端，可捕集随矿浆流失的汞及汞膏。矿浆在捕汞器内减速，利用密度差可使汞及汞膏与脉石分离。捕汞器中矿浆的上升流速通常为 30~60 mm/s。

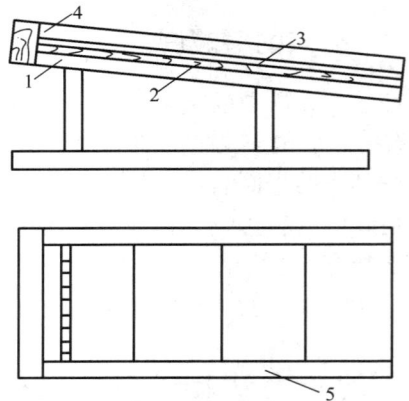

1—支架；2—床面；3—汞板(镀银汞板)；4—矿浆分配器；5—侧帮。

图 5-5 固定混汞板

捕汞器的类型较多，图 5-6 所示为最简单的箱式捕汞器。矿浆自混汞板流入箱内，经隔板下的缝隙返上来从溢流门排出，定期清除沉于箱底的水及汞膏。当物料密度较大，粒度较粗时，为了提高捕汞效果，常采用水力捕汞器。图 5-7 所示为水力捕汞器的一种。它是从捕汞器下部补加水以造成脉动水流(150~200 次/min)，来提高汞与脉石的分层和分离效果。

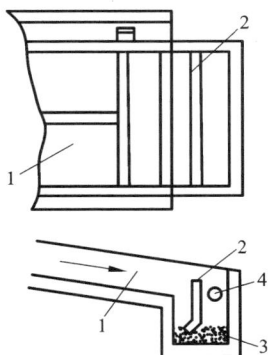

1—溜槽；2—隔板；3—汞与汞膏；4—矿浆溢流口。

图 5-6　箱式捕汞器图

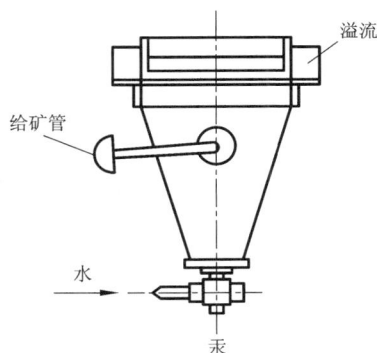

图 5-7　水力捕汞（金）器

5.3.3　外混汞操作与技术条件控制

外混汞作业，一般是回收从球磨机出来的矿浆中的粗金粒。在操作中要掌握好加汞时间和汞量、给矿粒度、给矿浓度、矿浆流速、矿浆酸碱度、刮汞膏时间及混汞故障预防等。

1. 加汞

汞板在投入生产时，要把汞液涂在汞板的镀银面上，初次涂汞量为 15~30 g/m²，矿浆从板面流过即与汞液接触。运行 6~12 h 后开始补加汞，补加汞量原则上为矿石含金量的 2~5倍。一般每日加汞 2~4 次。汞量过多，会使汞和汞膏随矿浆流失；汞量不足，汞膏则会呈固溶体形态而失去"润湿"性，降低捕金能力。

2. 给矿

汞板的给矿粒度不宜过大，通常为 0.42~3.0 mm。粒度过大，不但金粒难于从矿石中解离出来，且大的矿粒易擦伤汞板表面，造成汞与汞膏的损失。对于含细粒金的矿石，给矿粒度可以小到 0.15 mm 左右。

矿浆浓度也不宜过大，给入汞板的矿浆浓度以含固体 10%~25% 为宜。浓度过大，细粒金难于沉降至汞板；浓度过小，会降低汞板生产率。但在生产实践中，混汞作为辅助提金手段，给矿浓度常常以满足后续作业的浓度要求为准。

矿浆在混汞板上的流速，必须与汞板上的矿浆厚度相适应，当流速为 0.5~0.7 m/s 时，矿浆厚度应在 5~8 mm。给矿量固定时，矿浆流速大会导致汞板上的矿浆变薄，使重金属硫化物在汞板上沉积而恶化混汞作业条件，且矿浆流速大还会降低金的捕收率。

3. 矿浆酸碱度

在酸性介质中混汞，汞和金粒表面洁净，能促进汞对金的润湿，提高捕收率。但在酸性介质中，矿泥不易凝集而污染金粒，影响汞对金的润湿。因此，一般控制矿浆 pH 为 8~8.5。

4. 刮汞膏

混汞作业进行一段时间后，汞板面上滞留了一层汞膏，应该及时刮下。通常每次添汞之前刮汞，即刮汞膏的时间与补加汞的时间一致。刮汞膏时，应停止给矿，将汞板冲洗干净，用硬橡胶板自汞板下部往上刮取汞膏。为了使汞膏柔软而易于刮下，可将汞板加热，也可往汞膏层上洒一些汞。

5. 混汞故障处理

混汞作业中常因操作不当而发生故障，以致丧失或降低混汞过程的捕金能力。常见故障及其处理方法如下：

（1）汞板干涸、汞膏坚硬。常因添汞量不足，致使汞膏呈固溶体状态，造成汞板干涸，汞膏坚硬。应经常检查，及时适量添汞即可消除。

（2）汞的微粒化。经蒸馏回收的汞，有时会产生微粒化。产生微粒化的汞投向汞板后不能均匀地铺展开，作业时易随矿浆流失而造成汞（金）的损失。对于这种汞，用前应小心地向汞中加入钠，使汞粒凝集后再用。

（3）汞的粉化。矿石中硫和硫化物会与汞作用使之粉化，并在汞板上生成黑色斑点，使汞板的捕金能力丧失。当矿石中含有砷、锑、铋的硫化物时，此现象尤为明显。矿浆中的氧会使汞氧化，于汞板上生成红色或黄红色斑痕。我国矿山多采取①加大石灰用量以抑制硫化物；②增大汞的添加量，使过量汞与粉化汞一道流出；③增大矿浆流速，让矿粒摩擦掉汞板上的斑痕等办法以消除这种不良现象。

刮汞膏时，有意在汞板上留下一薄层汞膏对防止混汞故障的发生有一定的效果。

（4）机油污染。混入矿浆中的机油将恶化混汞过程，甚至中断混汞过程。操作时应特别小心，勿使机油混入矿浆中。

5.4　汞膏处理

汞膏除了含有金银外，还含有过剩的汞和其他杂质。处理汞膏，主要是提取金银和回收汞。汞膏处理一般包括汞膏洗涤、压滤和蒸馏三个主要作业。

5.4.1　汞膏分离与洗涤

混汞作业所获得的汞膏，混杂在大量的重砂矿物、脉石及其他杂质中，必须通过洗涤使其分离。此项作业俗称"清汞"。

从混汞板刮下的汞膏比较纯净，只须进行洗涤就可送去压滤。汞膏洗涤作业在长方形操作台上进行，操作台上铺设薄铜板，台面周围钉有 20～30 mm 高的木条，以防止操作时流散的汞洒至地面上。台面上钻有孔，操作时流散的汞可经此孔沿导管流至汞承受器中。将汞膏放在瓷盘内加水反复冲洗，操作人员戴上橡皮手套用手不断搓揉汞膏，以最大限度地将汞膏内的杂质洗净。混入汞膏中的铁屑可用磁铁吸出。为了使汞膏柔软易洗，可加汞进行稀释。用热水洗涤汞膏也可使汞膏柔软易洗，但会加速汞的蒸发，危害工人健康。在安全措施不具备的条件下，不宜采用热水洗涤汞膏。洗涤作业应将汞膏洗至明亮光洁时为止，然后用致密的布将汞膏包好送去压滤。

5.4.2　汞膏压滤

汞膏压滤作业是为了除去洗净后的汞膏中的多余汞，以获得浓缩的固体汞膏（硬汞膏），常将此作业称为压汞。

压汞作业所用的压滤机械视生产规模而定，生产规模小时，常用手工操作的螺杆压滤机或杠杆压滤机。生产规模大时,可用气压或液压压滤机。

压出的硬汞膏含金量主要取决于混汞金粒的大小。若混汞金粒较粗,硬汞膏的金含量可达 45% ~ 50%,若混汞金粒较细,硬汞膏的金含量可降至 20% ~ 25%。其次,硬汞膏含金量也与压滤机的压力和滤布的疏密有关。

压滤回收的汞中常含 0.1% ~ 0.2% 的金,可再次用于混汞。它的捕金效果比纯汞还好,特别适于汞板发生故障时使用。

5.4.3　汞膏蒸馏

压滤产出的硬汞膏,含汞量仍达 60% 以上,通常采用蒸馏法进一步除汞。

蒸馏法分离金与汞是基于汞的沸点(356℃)远低于金的熔点(1063℃)和沸点(2860℃)。

操作时将固体汞膏置于密封的铸铁罐(锅)内,罐顶与装有冷凝管的铁管相连。将铁罐(锅)置于焦炭、煤气或电炉等加热炉中加热,当温度缓慢升至 356℃时,汞膏中的汞即气化并沿铁管外逸,经冷凝后呈球状液滴滴入盛水的容器中加以回收。为了充分分离汞膏中的汞,许多金选厂将蒸汞温度控制在 400 ~ 450℃,蒸汞后期将温度升至 750 ~ 800℃,并保温 30 min。蒸汞时间 5~6 h 或更长,蒸汞作业汞的回收率通常大于 99%。

蒸汞设备类型因生产规模而异。小型矿山多用蒸馏罐,大型矿山多用蒸馏炉。

蒸馏罐的结构如图 5-8 所示。罐体为钢或铸铁制的圆锅,设有用螺杆连接的罐盖,盖顶有出气孔,与导管连接。导管外壁设有冷却水管套,管子末端与冷水盆相连。

用蒸馏罐蒸馏汞膏时应注意以下几点:

(1)汞膏装罐前应预先在蒸馏罐内壁上涂一层糊状白垩粉或石墨粉、滑石粉、氧化铁粉,以防止蒸馏后金粒黏结于罐壁上。

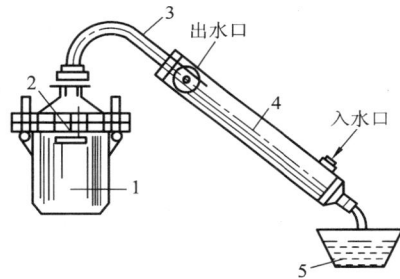

1—罐体;2—密封盖;3—导出铁管;
4—冷却水管;5—冷水盆。

图 5-8　汞膏蒸馏罐示意图

(2)蒸馏罐内汞膏厚度一般为 40 ~ 50 mm,厚度过大易使汞蒸馏不完全,延长蒸馏加热时间,汞膏沸腾时金粒易被喷溅至罐外。

(3)汞膏必须纯净,不可混入包装纸,否则,回收汞再用时易发生粉化现象。汞膏内混有重矿物和大量硫时,易使罐底穿孔,造成金的损失。

(4)由于 $AuHg_2$ 的分解温度(310℃)非常接近于汞的沸点(356℃),蒸汞时应缓慢升温。若炉温急剧升高,$AuHg_2$ 尚处于分解时汞就进入沸腾,易造成喷溅。

(5)蒸馏罐的导出铁管末端应与收集汞的冷却水盆的水面保持一定的距离,以防止在蒸汞后期罐内呈负压时,水及冷凝汞被倒吸入罐内引起爆炸。

(6)蒸汞时应保持良好通风。

蒸馏回收的汞先经过滤除去其中机械夹带的杂质,再用 5% ~ 10% 的稀硝酸(或盐酸)处理以溶解汞中所含的贱金属,然后返回混汞作业。

蒸汞后的蒸馏渣称为海绵金,其中含金量为 60% ~ 90%,并含少量的汞、银、铜及其他金属杂质。通常采用电炉或燃烧柴油、焦炭的地炉于石墨坩埚中加入碳酸钠和少量硝酸钠、硼砂,升温至1200~1250℃进行氧化熔炼造渣后铸成合金(金银合金)锭出售。只有少数矿山才进行合质金的氯化熔炼或电解提纯,生产99.6%或以上的纯金。

5.5　汞毒防护

5.5.1　汞的危害

汞蒸气及含汞废水具有无色、无臭、无味、无刺激性的特点,不易被人察觉,对人体的危害很大。

汞的熔点低,在室温下即能挥发,经呼吸道吸入后可引起急性中毒或慢性中毒。大量吸入汞蒸气的急性中毒症状为头痛、呕吐、腹泻、咳嗽及吞咽时疼痛,1~2天后出现齿龈炎、口腔黏膜炎、喉头水肿及血色素降低等症状。汞中毒极严重者可出现急性腐蚀性肠胃炎、坏死性肾病及血液循环衰竭等危症。

吸入少量汞蒸气或饮用被汞废水所污染的水可引起慢性中毒,其主要症状为腹泻、口腔膜经常溃疡、消化不良、眼睑颤动、舌头哆嗦、头痛、软弱无力、易怒、尿汞等。

我国规定烟气中允许排放的含汞量的极限浓度为0.01~0.02 mg/m³,排放的工业废水中汞及其化合物的最高允许浓度为0.05 mg/L。

5.5.2　汞毒防护

汞中毒可用二巯基丙磺酸钠或二巯基丁二酸钠等药物治疗,当皮肤受到损害时,可用3%~5%的硫代硫酸钠溶液湿敷;眼部受到损害时,用2%硼酸水冲洗。解决汞中毒的根本方法是预防,主要措施有:

(1)混汞操作时应穿戴防护用具,严格遵守混汞操作规程。装汞容器应密封,严禁汞蒸发外逸。避免汞与皮肤直接接触。禁止在有汞场所吸烟和进食。

(2)混汞车间和蒸汞室应通风良好,汞膏的洗涤、压滤及蒸汞作业应在通风橱中进行。

(3)混汞车间及蒸汞室的地面应坚实、光滑和有1%~3%的坡度,并用塑料、橡胶、沥青等不吸汞材料铺设,墙壁和顶棚宜涂刷油漆(因木材、混凝土是汞的良好吸附剂),并定期用热肥皂水或浓度为0.1%的高锰酸钾溶液刷洗墙壁和地面。

(4)泼洒于地面上的汞应立即用吸液管或混汞银板进行收集,无法收集时应洒上硫磺粉。

第 6 章　氰化浸金

前述重选法和混汞法只能从矿石中回收较粗的金粒。但绝大部分含金矿石，除含粗粒金外，还含有大量有时甚至绝大部分是细粒金。因此，重选尾矿和混汞尾矿通常都含有大量呈细粒状的金。回收细粒金的主要方法是氰化法。

氰化法是用碱金属氰化物(NaCN、KCN)的水溶液作溶剂，在有氧气存在的条件下，浸出金银矿石中的金银，然后从浸出液中提取金银的方法。

金可溶于含氰化钾的水溶液是欧洲炼金术士在 18 世纪发现的，并首先用于金的电镀。1840 年，英国人埃尔金顿获得用 KAu(CN)$_2$ 电镀金的第一个专利。1884 年，普赖斯用金属锌从含氰电镀废液中成功地沉淀回收了金，并取得专利。1886 年，福雷斯特兄弟发明了用浓氰化钾溶液浸出矿石中的金，并用金属锌块从浸出液中沉淀金的方法。此后，英国格拉斯哥实验室的麦克阿瑟改用含氰化钾很低的稀溶液浸出了矿石中的金和用锌屑置换沉淀金，此法大大降低了氰化钾和锌的用量，加快了金的置换沉淀速度。此后，他又将锌粉先浸入醋酸铅中，使之形成铅–锌"电池"效应，再用它来置换沉淀金，获得了更好的效果。这些方法后被称为"麦克阿瑟–福雷斯特"法。

氰化法出现后，麦克阿瑟又经过研究和改进，完善了工艺装备与生产技术条件，才发展成为"氰化–连续逆流倾析洗涤–锌置换"提金工艺，并于 1889 年在新西兰的金矿山成功地完成了工业生产试验，开始正式投入生产。

氰化法提金由于生产成本低，浸出速度快，金的回收率高而迅速为各国所采用，成为世界各国生产黄金的主要方法。在生产实践中，氰化–连续逆流倾析洗涤–锌置换工艺不断改进而发展为：氰化–炭浆法(CIP)、氰化–炭浸法(CIL)、氰化–树脂浆法(RIP)和氰化–堆浸法等工艺。现今世界各国的黄金绝大多数都是采用氰化法生产出来的。

6.1　氰化浸出的药剂

在金的氰化浸出中常用的药剂主要有两类，即浸出剂氰化物和保护碱。

6.1.1　氰化物

工业上使用的氰化物，主要考虑其溶金的相对能力、稳定性、价格、再生条件和对杂质的溶解能力等，常用的有氰化钠、氰化钾、氰化钙和氰化铵。这四种氰化物对金的相对溶解能力取决于单位质量的氰化物中氰根数量和金属的化合价及氰化物的分子量，如表 6-1 所示。

表 6-1　氰化物对金的相对溶解能力

名称	分子量	化合价	获得同等溶解能力时的相对消耗量	相对溶解能力（以 KCN 为 100）
KCN	65	1	65	100.0
NaCN	49	1	49	132.6
$Ca(CN)_2$	92	2	46	141.3
NH_4CN	44	1	44	147.7

由表 6-1 可以看出，溶金的相对能力大小顺序为：

$$NH_4CN, Ca(CN)_2, NaCN, KCN$$

在含有 CO_2 的空气中的稳定性大小及价格高低顺序为：

$$KCN, NaCN, NH_4CN, Ca(CN)_2$$

在工业生产中应用最广泛的是固体氰化钠，因其溶金能力强，价格合理，使用方便。近年来，液体氰化钠因价格便宜而被越来越多的氰化厂采用。

氰化钠(又名山奈、山奈钠)是白色立方结晶颗粒或粉末，易溶于水。它在水溶液中发生水解并形成剧毒的氰化氢气体和 OH^-：

$$CN^- + H_2O \Longrightarrow OH^- + HCN \uparrow$$

氰化钠在湿空气中潮解能放出氨气。它遇酸分解产生氰化氢气体，与氯酸盐或亚硝酸钠(钾)混合时能发生爆炸。

氰化钠剧毒，接触皮肤或伤口或吸入微量粉末(0.1 g)即可死亡，对其他动物或牲畜的致死量更小。

因此，在氰化钠的运输、储存过程中要注意密封、干燥，保持通风良好，不能与酸性物质放在一起。

使用时常把氰化钠配制成 20% 左右的水溶液。氰化钠溶液的制备必须在独立的药剂制备室内进行。

6.1.2　保护碱

氰化物的水解是浸出过程极不希望发生的，因为这不仅导致氰化物的损失，而且放出剧毒的 HCN 气体污染车间环境。因此，在氰化浸出系统中通常添加少量的碱(CaO 或 NaOH)，以防止氰化物水解，称之为保护碱。氧化钙和氢氧化钠对氰化钾水解的影响如表 6-2 所示。

表 6-2　保护碱对氰化钾水解的影响

$w(CaO)/\%$	$w(NaOH)/\%$	KCN 水解/%
0	0	10
0.01	0.004	2.41
0.02	0.008	1.20
0.025	0.10	微量

从表 6-2 中可以看出，加入少量的碱可有效地抑制氰化物的水解。

保护碱除抑制氰化物的水解外，还能中和溶于水中的二氧化碳及硫化物氧化所生成的硫酸和碳酸，以防止氰化物分解。

另外，矿浆中的黄铁矿氧化时，还会生成硫酸亚铁，它也可以导致氰化物的损失：

$$FeSO_4+6NaCN \Longrightarrow Na_4Fe(CN)_6+Na_2SO_4$$

氰化溶液中加碱并充氧后，$FeSO_4$ 被氧化为硫酸铁 $Fe_2(SO_4)_3$，$Fe_2(SO_4)_3$ 与碱作用生成不与氰化物反应的 $Fe(OH)_3$ 沉淀，从而防止了黄铁矿引起的氰化物消耗。

保护碱的加入量，只要维持溶液 pH 大于 9.4 即可，碱度过高会降低金银的浸出率及下一步锌粉置换作业，最佳的加碱量须通过实验确定。生产中通常加入石灰，它既便宜，又能加速矿浆的浓缩和过滤。石灰的添加方式有两种：一种是把干石灰预先制备成石灰乳，然后加入氰化溶液中；另一种是将干石灰按一定比例加入磨矿系统中，加入量通常维持氰化液中 CaO 浓度为 0.03%~0.05%。

6.2　氰化浸出的基本原理

6.2.1　氰化浸出热力学

金、银的氰化过程可以写成下列依次发生的两个反应：

$$2Me+4CN^-+O_2+2H_2O \Longrightarrow 2Me(CN)_2^-+H_2O_2+2OH^- \tag{6-1}$$

$$2Me+4CN^-+H_2O_2 \Longrightarrow 2Me(CN)_2^-+2OH^- \tag{6-2}$$

但按式（6-2）进行的程度不大（15%），主要按式（6-1）（85%）进行。

在水溶液中，金的标准电极电位非常高：

$$Au^++e \Longrightarrow Au \qquad \varphi^\ominus=1.69\ V \tag{6-3}$$

工业上常用的强氧化剂（如硝酸）的电位都比它低，因而都不能使金氧化。然而，金能与许多配体（如 CN^-、Cl^- 等）形成配合物。Au^+ 能与 CN^- 形成十分稳定的配合物：

$$Au^++2CN^- \Longrightarrow Au(CN)_2^- \tag{6-4}$$

该反应的稳定常数为：

$$\beta=\frac{\alpha_{Au(CN)_2^-}}{\alpha_{Au^+}\alpha_{CN^-}^2}=10^{38.75} \tag{6-5}$$

因此，当溶液中有 CN^- 存在时，Au^+ 的活度急剧降低。

按照能斯特（Nernst）方程式，25℃时金的电极电位为：

$$\varphi=\varphi^\ominus+\frac{RT}{nF}\lg\alpha_{Au^+}=1.69+0.059\ \lg\alpha_{Au^+} \tag{6-6}$$

金的电位随着溶液中 Au^+ 的活度降低而降低，这就是金能溶于氰化物溶液的依据。

在氰化物溶液中，由于 $Au(CN)_2^-$ 的生成，金属金与 $Au(CN)_2^-$ 构成的半电池反应为：

$$Au(CN)_2^-+e \Longrightarrow Au+2CN^- \tag{6-7}$$

$$\varphi_{Au(CN)_2^-/Au}=\varphi^\ominus_{Au(CN)_2^-/Au}+RT\ln\frac{\alpha_{Au(CN)_2^-}}{\alpha_{CN^-}^2} \tag{6-8}$$

$\varphi^{\ominus}_{Au(CN)_2^-/Au}$ 为 Au 与 Au(CN)$_2^-$ 构成的半电池反应的标准电极电位。

$$\varphi^{\ominus}_{Au(CN)_2^-/Au} = 1.69 + 0.059 \lg \frac{1}{\beta} = -0.6 \text{ V} \quad (6-9)$$

由式(6-9)可知，在氰化物溶液中，金的标准电极电位急剧下降，可以选择适当的氧化剂将金氧化。

氰化物溶液呈碱性。在碱性溶液中，使用最广泛的氧化剂是氧，其反应有：

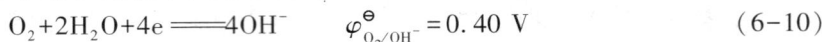

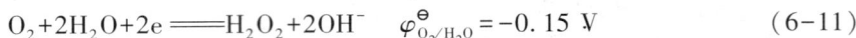

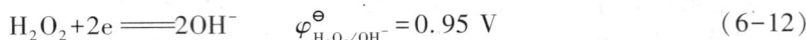

$$O_2 + 2H_2O + 4e \Longrightarrow 4OH^- \qquad \varphi^{\ominus}_{O_2/OH^-} = 0.40 \text{ V} \quad (6-10)$$

$$O_2 + 2H_2O + 2e \Longrightarrow H_2O_2 + 2OH^- \qquad \varphi^{\ominus}_{O_2/H_2O} = -0.15 \text{ V} \quad (6-11)$$

$$H_2O_2 + 2e \Longrightarrow 2OH^- \qquad \varphi^{\ominus}_{H_2O_2/OH^-} = 0.95 \text{ V} \quad (6-12)$$

由上述反应可以看出，O_2 或 H_2O_2 在氰化液中都能使金氧化进入溶液中。

根据氧化和还原两个半电池反应的标准电位，可以计算出反应(6-1)、(6-2)在25℃下的平衡常数和自由能变化：

按反应(6-1)溶金：

$$\Delta G^{\ominus}_{298} = -nF(\varphi^{\ominus}_{O_2/H_2O} - \varphi^{\ominus}_{Au(CN)_2^-/Au}) = -2 \times 96500 \times [-0.15 - (-0.60)] = -87815 \text{ J} \quad (6-13)$$

其平衡常数为：

$$\ln K = -\frac{\Delta G^{\ominus}_{298}}{RT} = 2.47 \times 10^{15} \quad (6-14)$$

按反应(6-2)溶金：

$$\Delta G^{\ominus}_{298} = -nF(\varphi^{\ominus}_{H_2O_2/OH^-} - \varphi^{\ominus}_{Au(CN)_2^-/Au}) = -2 \times 96500 \times [0.95 - (-0.60)] = -299150 \text{ J} \quad (6-15)$$

其平衡常数为：

$$\ln K = -\frac{\Delta G^{\ominus}_{298}}{RT} = 2.74 \times 10^{52} \quad (6-16)$$

如此大的平衡常数和自由能减小表明，反应(6-1)、(6-2)在热力学上是非常容易进行的。由于 CN$^-$ 与 Au$^+$ 结合成牢固的配合物，大大降低了金的电位，从而证明了金被氧化以 Au(CN)$_2^-$ 配离子的形式进入溶液的热力学可能性。

同样，对金属银溶解也可以得到类似的结果：

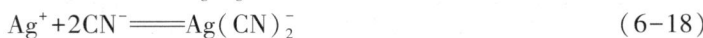

$$Ag^+ + e \Longrightarrow Ag \qquad \varphi^{\ominus}_{Ag^+/Ag} = 0.80 \text{ V} \quad (6-17)$$

$$Ag^+ + 2CN^- \Longrightarrow Ag(CN)_2^- \quad (6-18)$$

$$\beta = \frac{\alpha_{Ag(CN)_2^-}}{\alpha_{Ag^+} \alpha^2_{CN^-}} = 10^{18.84} \quad (6-19)$$

$$Ag^+ + 2CN^- \Longrightarrow Ag(CN)_2^- + e \qquad \varphi^{\ominus}_{Ag(CN)_2^-/Ag} = -0.31 \text{ V} \quad (6-20)$$

由此求出 Ag 溶解反应(6-1)、(6-2)的平衡常数分别为 3×10^5 和 5×10^{42}，自由能变化分别为 -30.9 kJ 和 -243 kJ。

应该指出，金的溶解尽管按反应(6-1)、(6-2)在热力学上可行，但由于动力学上的困难，反应(6-2)仍然难以实现，基本上是按反应(6-1)进行的。

以上讨论的是在标准状态下的热力学，在接近工业条件下的氰化物溶解金银的过程，可用 Au(Ag)-CN-H$_2$O 系电位-pH 图来进行热力学分析，见图 6-1。

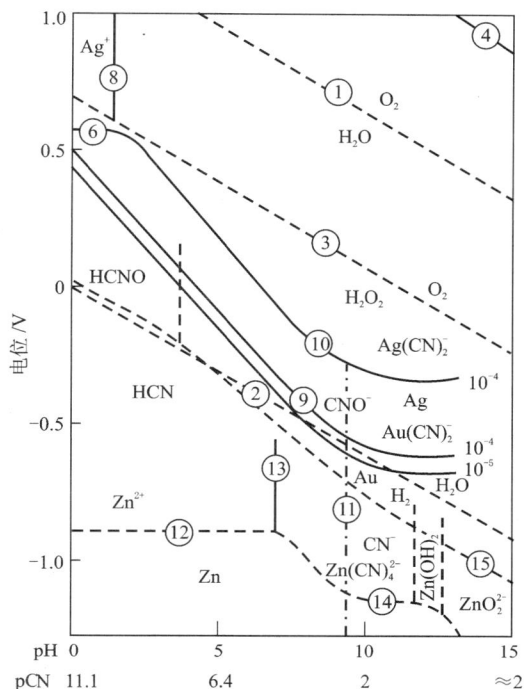

$t = 25℃$，$p_{O_2} = p_{H_2} = 10^5 \, \mathrm{Pa}$，$[CN]_总 = 10^{-2} \, \mathrm{mol/L}$；$[Au(CN)_2^-] = 10^{-4} \, \mathrm{mol/L}$；

$[Ag(CN)_2^-] = 10^{-4} \, \mathrm{mol/L}$；$[Zn(CN)_2^-] = 10^{-2} \, \mathrm{mol/L}$。

图 6-1　氰化过程电位-pH 图

由图 6-1 可以看出：

(1) 用氰化物溶液溶解金、银，生成配合离子的还原电极电位比游离金、银离子的还原电极电位低得多。所以氰化物溶液是金、银的良好溶剂和配合剂。

(2) 金、银被氰化物溶液溶解而生成 $Au(CN)_2^-$、$Ag(CN)_2^-$ 的反应线⑨、⑩，几乎都落在水的稳定区，即线①与线②之间。这说明金、银的这两种配合物离子在水溶液中是稳定的。

(3) 金的游离离子的还原电位高于银离子，但金配离子的还原电位则低于银配离子。这说明在氰化物溶液中金比银易溶解。

(4) 在 pH<9~10 时，$Au(CN)_2^-$、$Ag(CN)_2^-$ 的电极电位，随 pH 的升高而降低。说明在此范围内，提高 pH 对溶解金、银有利；但大于该范围，它们的电极电位几乎不变，pH 对金、银的溶解影响较小。

(5) 氰化物溶金的曲线⑨及其下边的平行曲线说明，在 pH 相同时，金配离子的电极电位随配离子活度降低而降低。银也具有同样的规律。

(6) 反应线⑨、⑩均在线①之下，说明 O_2 是溶解金、银的良好氧化剂。

(7) 反应⑨与反应①或③组成的溶金原电池，在 pH = 9.4 时电位差最大，也就是 $\Delta G^\ominus$ 的负值最大，反应进行最彻底，故在工业上一般控制氰化溶金的 pH 在 9 至 10 之间。

(8) pH<9.4 时，CN^- 转化为 HCN，不仅使氰化物损失，而且污染环境。

（9）氰化过程中，如用过强的氧化剂，如线④所示的 H_2O_2/H_2O，则会使 CN^- 氧化成 CNO^-，这将导致氰化物消耗的增加。因此，氰化溶金，一般不用双氧水作氧化剂。

（10）锌能从氰化液中置换出金。

6.2.2 氰化浸出动力学

金、银在氰化物溶液中的溶解本质上是个电化学腐蚀过程。图 6-2 是金在氰化物溶液中的溶解机理。溶解时，金从其表面的阳极区溶解失去电子以金氰配离子状态进入溶液，同时，溶液中的氧气则从金表面的阴极区获得电子而被还原为 H_2O_2。

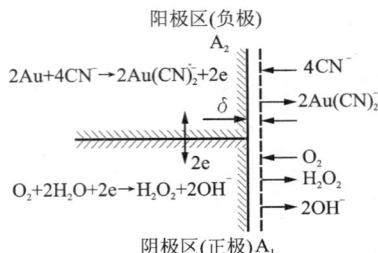

图6-2 金在含氧氰化物溶液中的溶解机理

电化腐蚀的电极反应如下：

阴极反应：

$$O_2+2H_2O+2e === H_2O_2+2OH^-$$

阳极反应：

$$2Au(CN)_2^-+2e === 2Au+4CN^-$$

此两式相减，则总反应为：

$$2Au+4CN^-+O_2+2H_2O === 2Au(CN)_2^-+H_2O_2+2OH^-$$

金（银）和氰化物溶液的相互作用，发生在固-液相界面上。因此，氰化过程是典型的多相反应，它的速度应该服从一般多相反应动力学规律。

金的浸出由以下五个主要步骤组成：

第一步溶剂分子向矿粒表面扩散；第二步是溶剂分子在矿粒表面吸附；第三步是被吸附的溶剂与金在相界面上发生电化学反应生成配合物 $Au(CN)_2^-$；第四步是生成的 $Au(CN)_2^-$ 从固体表面解吸；第五步是可溶性化合物 $Au(CN)_2^-$ 向溶液中扩散。

一般来说，在常温操作下，溶剂与矿粒中金的化学反应进行得较快，而溶剂分子或离子向固体表面扩散的速度很慢，所以，氰化过程属于典型的扩散控制过程。

在氰化电化腐蚀系统中，影响阴阳极极化最大的因素是浓差极化，而浓差极化由菲克定律确定。

在阳极区 CN^- 向金粒表面扩散的速度为：

$$\frac{d[CN^-]}{dt}=\frac{D_{CN^-}}{\delta}A_2([CN^-]-[CN^-]_0) \tag{6-21}$$

式中：D_{CN^-}——CN^- 的扩散系数，cm^2/s；

　　　δ——扩散层厚度，cm；

　　　$[CN^-]$——扩散层外 CN^- 的浓度，mol/L；

　　　$[CN^-]_0$——扩散层内 CN^- 的浓度，mol/L；

　　　A_2——阳极区的面积。

由于化学反应速度很快，所以 $[CN^-]_0$ 趋于零，则：

$$\frac{d[CN^-]}{dt}=\frac{D_{CN^-}}{\delta}A_2[CN^-] \tag{6-22}$$

在阴极区，O_2 向金粒表面扩散速度为：

$$\frac{d[O_2]}{dt} = \frac{D_{O_2}}{\delta} A_1([O_2] - [O_2]_0) \qquad (6-23)$$

式中：D_{O_2}——O_2 的扩散系数，cm^2/s；

　　　δ——扩散层厚度，cm；

　　　$[O_2]$——扩散层外 O_2 的浓度，mol/L；

　　　$[O_2]_0$——扩散层内 O_2 的浓度，mol/L；

　　　A_1——阴极区的面积。

由于化学反应速度很快，所以 $[O_2]_0$ 趋于零，则：

$$\frac{d[O_2]}{dt} = \frac{D_{O_2}}{\delta} A_1 [O_2] \qquad (6-24)$$

由反应式

$$2Au + 4CN^- + O_2 + 2H_2O =\!=\!= 2Au(CN)_2^- + H_2O_2 + 2OH^-$$

可知，金的溶解速度为氧的消耗速度的两倍，为氰的消耗速度的一半，所以平衡时金的溶解速度 v_{Au} 应为：

$$v_{Au} = 2\frac{D_{O_2}}{\delta} A_1 [O_2] = \frac{1}{2}\frac{D_{CN^-}}{\delta} A_2 [CN^-] \qquad (6-25)$$

因为和液相接触的金属总面积为 $A = A_1 + A_2$，所以：

$$v_{Au} = \frac{2A \cdot D_{CN^-} D_{O_2} [CN^-][O_2]}{\delta\{D_{CN^-}[CN^-] + 4D_{O_2}[O_2]\}} \qquad (6-26)$$

当溶液中氰化物的浓度很低时，分母中的第一项和第二项相比可忽略不计，因此式 (6-26) 可以简化为：

$$v_{Au} = \frac{1}{2}\frac{A \cdot D_{CN^-}}{\delta}[CN^-] = K_1[CN^-] \qquad (6-27)$$

同样，当溶液中氰化物浓度很高时，分母的第二项也可忽略不计，则式 (6-26) 可简化为：

$$v_{Au} = \frac{2A \cdot D_{O_2}}{\delta}[O_2] = K_2[O_2] \qquad (6-28)$$

式 (6-27) 和式 (6-28) 充分说明：当溶液中的氰化物浓度很低时，金的溶解速度仅取决于氰化物的浓度；而当溶液中氰化物浓度很高时，金的溶解速度仅取决于溶液中氧的浓度。这和试验结果是一致的，见图 6-3。

反应达平衡时，由式 (6-27) 和式 (6-28) 还可以导出下面的关系：

$$D_{CN^-}[CN^-] = 4D_{O_2}[O_2] \qquad (6-29)$$

即当 $\dfrac{[CN^-]}{[O_2]} = 4\dfrac{D_{O_2}}{D_{CN^-}}$ 时，溶解速度达到极限值。

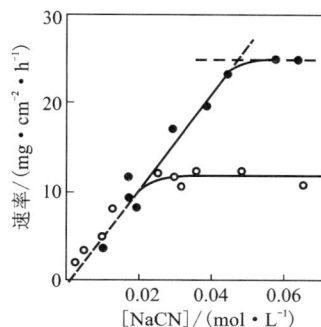

温度 25℃；○—氧压为 3.4×10^5 Pa；

●—氧压为 7.4×10^5 Pa。

图 6-3　氰化物浓度和氧分压对金溶解速率的影响

氰化钾与氧的扩散系数见表6-3。

表6-3　氰化钾与氧的扩散系数

温度/℃	$w(KCN)/\%$	$D_{CN}/(cm^2 \cdot s^{-1})$	$D_{O_2}/(cm^2 \cdot s^{-1})$	$\dfrac{[CN^-]}{[O_2]}$
18		1.72×10^{-5}	2.54×10^{-5}	1.48
25	0.03	2.01×10^{-5}	3.54×10^{-5}	1.76
27	0.0175	1.75×10^{-5}	2.20×10^{-5}	1.26
平均		1.83×10^{-5}	2.76×10^{-5}	1.5

由表中查得扩散系数的平均值为：$D_{CN}=1.83\times10^{-5}$，$D_{O_2}=2.76\times10^{-5}$。

其比值为$\dfrac{D_{O_2}}{D_{CN}}=1.5$，所以，当$\dfrac{[CN^-]}{[O_2]}=4\dfrac{D_{O_2}}{D_{CN^-}}=6$时，金的溶解速度最快。此速度称为极限溶解速度。

表6-4是试验所得的金银极限溶解速度。表中所示的$\dfrac{[CN^-]}{[O_2]}$值在4.6至7.4之间，这与理论值比较接近。

表6-4　不同氰化物浓度和氧浓度下的金银极限溶解速度

金属	温度/℃	p_{O_2}/atm①	溶液中$[O_2]\times10^{-3}$/$(mol \cdot L^{-1})$	溶液中$[CN^-]\times10^{-3}$/$(mol \cdot L^{-1})$	$\dfrac{[CN^-]}{[O_2]}$
Au	25	1.00	1.28	6.0	4.69
	25	0.21	0.27	1.3	7.85
	25	1.00	1.28	8.8	6.8
	25	0.21	0.27	1.7	6.3
Ag	24	7.48	9.55	56.0	5.85
	24	3.40	4.35	25.0	5.75
	25	1.00	1.28	9.4	7.35
	25	0.21	0.27	2.0	7.40

注：①1 atm＝101325 Pa。

从以上分析可知，金银在氰化物溶液中的溶解速度取决于溶液中[CN⁻]和[O₂]两者的比值，任何片面强调一种条件而忽视另一种条件的做法均不能达到最佳浸出效果。这就要求管理和操作人员在生产中要严格控制溶液中氰化物与氧的浓度比，使其始终保持在6左右，此时金的浸出速度最快。

6.2.3　伴生矿物在氰化中的行为

金矿石的矿物组成十分复杂，除金银外，还含有石英、硅酸盐、各种贱金属氧化物、硫化物、硫酸盐和氢氧化物等，还含有矿石碎磨过程中带入的铁粉等。氰化过程中除了石英、硅酸盐不与氰化物作用外，大部分矿物会与氰化物及溶液中的氧发生反应，增大氰化物的消耗，降低金的浸出速度和浸出率，还可能使锌置换金作业发生困难。因此，金矿石的矿物组成，是决定氰化指标的主要因素之一。

1. 铁矿物

金矿中的铁矿物可分为两大类：一类是氧化矿，如赤铁矿（Fe_2O_3）、磁铁矿（Fe_3O_4）、针铁矿（$Fe_2O_3 \cdot H_2O$）和菱铁矿（$FeCO_3$）等；另一类是硫化矿，如黄铁矿（FeS_2）、白铁矿（FeS_2，结晶形式与黄铁矿不同）和磁黄铁矿（$Fe_5S_6 - Fe_{16}S_{17}$）等。

氧化铁矿物在浸出过程中不参加反应，而硫化铁矿物及其分解、氧化产物均能与氰化溶液发生反应，并消耗溶解在溶液中的氧，发生的主要反应如下：

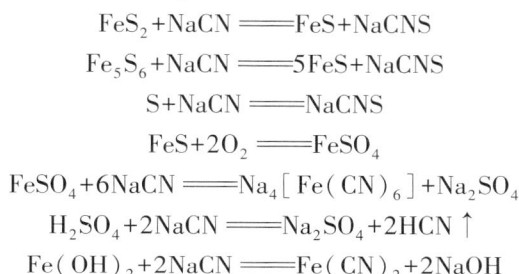

$$FeS_2 + NaCN =\!=\!= FeS + NaCNS$$
$$Fe_5S_6 + NaCN =\!=\!= 5FeS + NaCNS$$
$$S + NaCN =\!=\!= NaCNS$$
$$FeS + 2O_2 =\!=\!= FeSO_4$$
$$FeSO_4 + 6NaCN =\!=\!= Na_4[Fe(CN)_6] + Na_2SO_4$$
$$H_2SO_4 + 2NaCN =\!=\!= Na_2SO_4 + 2HCN \uparrow$$
$$Fe(OH)_2 + 2NaCN =\!=\!= Fe(CN)_2 + 2NaOH$$

因此，含铁硫化矿石在氰化前一般都用焙烧、洗矿、碱液氧化等方法处理，以消除或减弱它们对金氰化浸出的影响。

2. 铜矿物

金矿石中伴生的铜矿物通常有：黄铜矿（$CuFeS_2$）、斑铜矿（$FeS \cdot Cu_2S \cdot CuS$）、辉铜矿（$Cu_2S$）、孔雀石[$CuCO_3 \cdot Cu(OH)_2$]和自然铜等，它们与氰化物起作用，生成铜氰配合物：

$$2Cu_2S + 4NaCN + 2H_2O + O_2 =\!=\!= Cu_2(CN)_2 + Cu_2(CNS)_2 + 4NaOH$$
$$2CuSO_4 + 4NaCN =\!=\!= Cu_2(CN)_2 + 2Na_2SO_4 + (CN)_2 \uparrow$$
$$2Cu(OH)_2 + 8NaCN =\!=\!= 2Na_2Cu(CN)_3 + 4NaOH + (CN)_2 \uparrow$$
$$2CuCO_3 + 8NaCN =\!=\!= 2Na_2Cu(CN)_3 + 2Na_2CO_3 + (CN)_2 \uparrow$$
$$2Cu + 6NaCN + 2H_2O =\!=\!= 2Na_2Cu(CN)_3 + 2NaOH + H_2 \uparrow$$

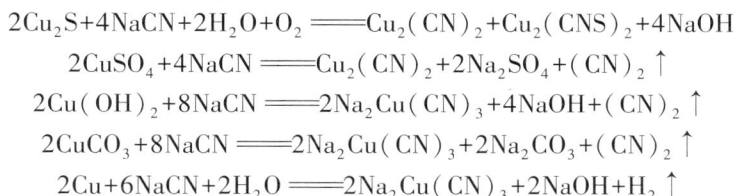

由于许多铜矿物极易与氰化物反应，不但造成氰化物的大量消耗，更重要的是 $Cu(CN)_3^{2-}$ 的存在明显降低金的溶解速率，从而降低金的回收率。但是，当氰化物浓度降低时，铜矿物与氰化溶液之间的作用程度就急剧减弱。因此工业生产中一般采用低浓度氰化物溶液处理含铜金矿石。为使氰化过程顺利进行，生产中应控制原矿含铜量在 0.1% 以下。

3. 砷、锑矿物

砷、锑矿物是对贵金属氰化浸出最有害的矿物，甚至会使氰化过程无法进行。锑矿物主要是辉锑矿（Sb_2S_3），砷矿物主要是毒砂（$FeAsS$）、雌黄（As_2S_3）和雄黄（As_4S_4）。

砷、锑硫化物在碱性氰化液中分解生成亚砷酸盐、硫代亚砷酸盐、亚锑酸盐、硫代亚锑酸盐等，消耗矿浆中的溶解氧和氰化物，而且分解产物在金粒表面生成致密的薄膜，阻碍金粒表面与溶解氧和氰根离子接触，从而降低金银的氰化浸出率。

研究表明 Sb_2S_3、As_2S_3 和 As_4S_4 在氰化物溶液中的溶解速度取决于保护碱的浓度。降低氰化物的 pH，可大大降低它们的分解率。因此，氰化处理含砷、锑硫化物金矿石时，应采用尽可能低的保护碱浓度。

　　氰化处理含砷、锑硫化物金矿时可通过添加可溶性铅盐(醋酸铅、硝酸铅),使溶液中的砷、锑的分解产物尽快转变为相对无害的 CNS^- 盐。

　　毒砂在氰化溶液中难溶解,但是,毒砂常常包裹有细粒金,即使在超细磨矿时,也不能将其包裹的微粒金暴露。这种金矿须用特殊的方法提金。

4. 锌、汞、铅矿物

　　金矿石中含锌矿物通常很少,它的存在基本上不影响氰化过程。

　　闪锌矿与氰化物溶液反应很慢:

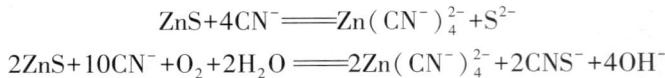

$$ZnS+4CN^- \longrightarrow Zn(CN)_4^{2-}+S^{2-}$$

$$2ZnS+10CN^-+O_2+2H_2O \longrightarrow 2Zn(CN)_4^{2-}+2CNS^-+4OH^-$$

　　氧化锌矿则溶解很快:

$$ZnO+4CN^-+H_2O \longrightarrow Zn(CN)_4^{2-}+2OH^-$$

　　金属汞在氰化液中的溶解速度很慢,其对氰化提金的有害影响较小,所以混汞提金后的尾矿可用氰化法提金。

　　金矿石中常见的铅矿物是方铅矿(PbS),未被氧化的方铅矿与氰化物的作用很弱,但长时间接触能生成硫氰化钠($NaCNS$)和亚铅酸钠(Na_2PbO_2),金矿中的白铅矿可溶于碱,生成亚铅酸钙(Ca_2PbO_2)。亚铅酸盐及汞的化合物对氰化作业有积极作用,它们可以消除溶液中的碱金属硫化物。

　　但过量的铅对金的浸出会产生不利影响,用石灰作保护碱时表现更为强烈,须控制石灰的用量。

6.3　影响浸出速度的因素

6.3.1　氰化物和氧浓度的影响

　　金、银溶解时,所需的氰化物和氧的浓度是成比例的,当 $\dfrac{[CN^-]}{[O_2]}=6$ 时金的溶解速度最大。在室温和常压下,浸金游离氰化钾的最佳浓度为 0.01%,溶银为 0.02%。在实际生产中,通常采用氰化物溶液的浓度为 0.02%~0.05% 或更浓一些。这是因为矿石中含有可与 CN^- 和氧作用的伴生矿物,造成氰化物和溶液中的氧气的无益消耗。

　　在氰化物浓度较低时,金的溶解速度只取决于氰化物溶液的浓度;氰化物浓度较高时,溶液中氧的浓度就成了决定性的条件。因此,可以用渗氧溶液或高压充气来强化金溶解的过程。如在 $7×10^5$ kPa 充气的条件下氰化,不同特性矿石中金的溶解速度可提高 10、20 甚至 30 倍,且金的回收率约可提高 15%。

　　实际生产中,氰化物浓度的控制要视矿石性质的不同而确定。金泥氰化时,一般控制在0.02%~0.05%,对金精矿氰化来说,一般控制在 0.04% 至 0.1% 之间。

6.3.2　pH 的影响

　　如前所述,为了防止矿浆中的氰化物水解,氰化时必须加入一定量的保护碱。

　　大量研究表明,金氰化浸出的最佳 pH 为 9.4。用石灰作保护碱时,可选择最佳 pH 为

9.4~11.5，此时氰化速度最大。

　　25℃且溶液 pH<9.4 时，CN⁻会转变为 HCN 气体，严重污染车间环境，同时增大氰化物的消耗。

　　高碱介质有利于碲化物的分解，但矿浆 pH 不宜过高。以石灰作保护碱，当 pH>11.5 时，金的溶解速度会明显降低。这可能是由于石灰与在矿浆中积累的过氧化氢作用生成过氧化钙薄膜阻止金的溶解。

　　实际生产中加入 0.02%~0.03% 的氧化钙作保护碱，使氰化液 pH 保持在 10.05~11.5。

6.3.3　温度的影响

　　金在氰化液中的溶解速度，随温度的升高而增大，在 85℃ 左右时达到最大值。金的浸出速度与矿浆温度的关系如图 6-4 所示。

　　当温度超过 85℃ 时，随温度的升高，溶液中的含氧量随之降低，至 100℃ 时，矿浆中的溶解氧浓度为零，金的浸出速度因氧的溶解度减小而下降。而且提高矿浆温度需消耗大量燃料，增加氰化作业成本。特别是随着温度的升高会增加贱金属矿物的浸出速度和氰化物的水解速度，增加氰化物的消耗量。因此生产实践中，除在寒冷地区为了使浸出矿浆不冻结而采取适当的保温措施外，矿浆温度一般维持在 15~20℃ 为宜。

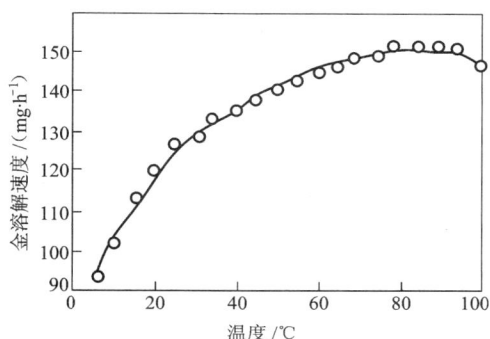

图 6-4　温度对金在 0.25%KCN
溶液中溶解速度的影响

6.3.4　金的粒度及形状的影响

　　金的粒度大小和形状，或者说金在溶液中暴露的总面积大小是决定金溶解速度的一个很重要因素。金粒越大，其与氰化溶液接触的比表面积越小，溶解速度越慢。

　　大多数情况下，矿石中的金主要呈细粒和微粒存在，但也有部分金粒是较粗的。粗粒金在氰化溶液中溶解很慢，但用重选法却较容易回收。因此，这类矿石的加工工艺一般采用重选+氰化。

　　细粒金磨矿后一部分呈游离状态存在，另一部分则与其他矿物呈连生体状态存在。这两种状态的细粒金在氰化过程中都会很好地被溶解。在工业生产中，氰化矿石合理的磨矿细度，应通过实验并根据金的实际浸出效果与磨矿费用、药剂消耗等因素综合分析后确定。我国精矿氰化，磨矿细度大多要求-0.045 mm(-325 目)占 80%~95%，而全泥氰化时磨矿细度多控制在-0.045 mm(-325 目)占 60%~80%。

　　微粒金在磨矿后被解离的并不多，其大部分仍处于矿物包裹中，即使经过最强烈的磨矿，也不能使其完全暴露出来。这类矿石可根据矿石性质采用重选、浮选、焙烧、熔炼等方法加以回收。

　　在矿石中，金粒有球状、片状、树枝状、内孔状和其他不规则形状。球状金比表面小，浸出速度较慢，其他形状的金与球状金相比具有较大的比表面积，浸出速度较快。

6.3.5　矿泥含量与矿浆浓度的影响

矿浆浓度和矿泥含量会直接影响溶剂的扩散速度及其与金粒的接触，并将直接影响金的溶解速度。

矿泥的存在会增大矿浆的黏度。不论是矿石带入的原生矿泥（主要是矿床中高岭土和赭石），还是在采矿、选矿及磨矿过程中生成的次生矿泥，它们均以高度分散的微细粒度进入矿浆中，生成极难沉淀的胶状物而长时间呈悬浮状态，它使矿浆的黏度增大，降低溶金速度并吸附已溶金。

矿浆浓度越低，其黏度越小，氰根和氧向金粒表面扩散速度越大，则金的溶解速度越快且金浸出率高。但浓度过低，须增大设备容积，增加浸出剂用量。因此，浸出矿浆浓度一般需根据矿石性质通过试验确定，并要考虑到下一作业对矿浆浓度的工艺要求。一般情况下，对含泥量及可溶杂质都少的物料，矿浆浓度可以高些，达 40%~50%。相反，矿浆浓度应低，约为 20%~30%，或采用预先洗矿降低含泥量。

6.3.6　杂质对溶解速度的影响

在氰化溶液中微量的 S^{2-}（$\geqslant 0.5\times10^{-6}$）可以显著降低金的溶解速度，这是因为在金的表面生成了一层不溶的 Au_2S 薄膜，阻碍金的继续溶解。

氰化过程中，加入少量铅、铊、汞和铋的盐类，能加速金的溶解，提高金的溶解率。但过多的铅，尤其在 pH 较高的条件下，会在金粒的表面生成不溶的 $Pb(CN)_2$ 薄膜而抑制金的溶解。

浮选金精矿带入的捕收剂黄药和黑药会显著降低金的溶解速度，而起泡剂常在充气时产生大量气泡，给生产带来许多麻烦。因此，在浮选金矿浸出之前，要对其进行洗涤和浓缩，尽量脱去夹带的浮选药剂。

6.4　浸出作业的技术条件控制

氰化提金作业过程中，主要应控制好溶液中的氰化物浓度、氧浓度和碱度。

6.4.1　溶液中氰化物浓度的控制

在浸出金的过程中，氰化物的浓度是重要的影响因素。氰化钠在水中的溶解度在 30% 以上，远远超过氰化作业实践中所需要使用的任何浓度范围，在正常操作中应使金的溶解速度与氰化物的消耗两者之间基本平衡。氰化溶液中的氰化钠浓度通常在 0.02% 至 0.1% 之间（用硝酸银溶液滴定），渗滤浸出溶液中的浓度在 0.03% 至 0.2% 之间。

一般说来，在确保金的浸出率的情况下，应采用较低的氰化物浓度，以避免在较高氰化物浓度时溶解与金伴生的有害杂质。氰化物浓度的控制取决于矿石中的金及与之伴生矿物和杂质的含量、浸出设备的搅拌及充气状况、贫液及循环水返回使用量等。

在生产中，氰化钠浓度一般配制成 10% 左右，分别加到各浸出槽。浸出过程中添加氰化钠以多点连续均匀加入为宜。由于浸出开始时氰化钠消耗量大，所以在前部宜加较多量的氰化钠。

　　大多数工厂采用每 1~2 h 取矿浆试样，用硝酸银标准溶液进行人工滴定，根据滴定结果人工调整氰化物的加入量以控制溶液中氰化物的浓度。近年来有的工厂采用连续自动滴定等方法连续指示浸出系统中氰化物浓度。

6.4.2　溶液中氧浓度的控制

　　氰化过程是通过向矿浆中充气供氧的。氧在氰化溶液中的溶解度是决定氰化提金效果的主要因素之一。

　　氧在氰化溶液中的溶解度随温度和液面上的压力而变化。通常氧在水中的最高溶解度为 5~10 mg/L[(5~10)×10^{-4}%] 的范围。通常氰化作业不需要在较高温度和较高氧压力下进行，只是通过搅拌机叶轮的充气作用，或者供给压缩空气搅拌，使矿浆中的氧达到饱和。因此，氰化浸出作业应着重控制向矿浆中充气。

　　通常操作人员可以很容易观察到空气在搅拌槽中的分布情况，一般可以通过手动空气调节阀进行调节，并注意检查供气系统管道，确保空气的质和量达到要求。向搅拌槽中供气，宜采用从槽子中央充气的方法，才能保证空气在矿浆中分布均匀。充气压力与浸出槽的规格有关，一般浸出槽高度在 3~5 m 时，充气压力在 70~100 kPa。

6.4.3　溶液中碱浓度的控制

　　为了降低氰化物的损失，大多数氰化浸出工厂都是在较高碱度的条件下进行操作。有的工厂为了消除铅矿物等干扰或避免某些硫化物在高 pH 时消耗氧则在低碱度（接近中性）条件下进行操作。

　　现场溶液 pH 控制是通过控制矿浆中的 CaO 浓度来实现的。溶液中的石灰极限浓度约含 0.15% 的 CaO。正常作业时的 CaO 浓度范围为 0.02%~0.12%，相应的 pH 为 9~12。通常每隔 1~2 h 取溶液试样测定，根据测定结果调节石灰加入量。

6.5　渗滤氰化槽浸出

　　渗滤浸出是氰化法发展的第一阶段，是比较简单和经济的氰化提金方法，溶剂消耗少，设备简单，为国内外中小型矿石厂广泛采用。其原理是使氰化液自然地或强制地渗过矿粒层，使液固接触，达到溶金的目的。它通常适用于处理-10~+0.074 mm 的矿砂、粒度较粗的焙砂及疏松多孔的含金矿物原料。最忌处理含有黏土、矿泥、过分细磨的原料和矿粒大小不均匀的原料。因此，在渗滤法浸出之前，必须先进行矿粒分级，分离矿泥，然后将粗粒产品用渗滤法氰化处理，而过分细磨的物料和矿泥送搅拌浸出。

6.5.1　渗滤浸出槽

　　渗滤浸出槽的结构如图 6-5 所示。槽体可用混凝土、碳钢、木料、砖、石头等构筑。其截面形状可为圆形、方形或长方形，应能承受压力、不漏液，便于操作。槽底为水平的或略向出液口倾斜（0.3% 左右），并装有假底。

　　渗滤槽的容积取决于处理能力和原料粒度组成。小型金矿山用的渗滤槽通常直径为 5~12 m，高 1.5~2.5 m，每批处理矿石 75~150 t；大型渗滤槽直径可达 17 m 以上，高 3 m，每批

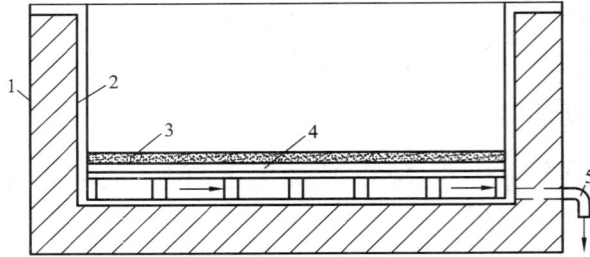

1—槽体；2—水泥衬里；3—矿砂层；4—假底；5—出液管。

图 6-5　渗滤浸出槽

可处理矿石 1000 t 以上。

渗滤槽的滤底又称假底，距槽底 100~200 mm。假底通常用方木条组成格板，其上铺以帆布、麻袋、席子之类的，既能防止矿砂滤去又利于含金溶液渗下的过滤层。浸出液经渗滤槽底与假底之间的出液管流出。有的渗滤浸出槽在侧壁或底部设有工作门，供尾矿卸出用。

6.5.2　渗滤浸出的正常操作

1. 装料

矿砂装入渗滤槽的基本要求是分布均匀，使粒度、疏松度达到一致，以保证渗滤正常进行。

装料分为干式装料和水力装料法两种。干法装料是指用人力或机械将物料装入槽内，然后耙平，适用于含水低于 20% 的矿砂。干法装料可使物料层的间隙中充满空气，可提高金的浸出率。但湿磨后的矿砂必须预先脱水后才能采用干法装料，操作较复杂。

水力装料法是将矿浆稀释后，用砂泵或溜槽将矿浆送入槽内。此时矿砂下沉，多余的水和部分矿泥经环形溢流沟排出。装料完成后，矿砂中的水由假底渗出经出液管排出。水力装料多应用于全年生产的大型矿山，它使槽内水分增加，且矿砂中存在的空气少，金的溶解速度较慢。

用石灰作保护碱时，将石灰与待浸物料一起均匀地装入槽内。用苛性钠作保护碱时，将苛性钠溶于氰化液中再加入槽内。

2. 加氰化液浸出

装料完毕后，即可把氰化液送入渗滤槽中。向渗滤槽中供液的方式有两种：一种是氰化液靠重力作用自上而下地渗过矿砂层，这种方法动力消耗少，但矿泥易淤积在滤布上，使渗滤速度降低；另一种是氰化液靠压力作用自下而上渗过矿砂层。该法的优点是溶液托起矿砂，溶金速度快，但需增加机械设备和动力消耗。一般矿山多使用上进下出的供液方式。

渗滤槽浸出时主要控制渗滤速度，检查浸出液的 pH 及金含量，严防产生沟流和"塌方"，使氰化浸出剂能均匀渗滤通过整个待浸物料层。

通常渗滤速度控制在 50~70 mm/h。渗滤速度与矿砂粒度和形状、装料厚度和均匀程度等有关。若渗滤速度过大时，可能是矿粒的偏析或料层厚度不均匀所致。若渗滤速度过小，则多因矿泥和碳酸钙沉淀造成滤布孔隙堵塞所致。为此，生产中应定期用水喷洗滤布，并在作业完成后用稀盐酸洗去沉淀在滤布孔隙中的碳酸钙。

供液有间歇、连续两种方式。连续供液是将氰化液连续不断地注入槽中，在保持液面略高于矿砂料面的前提下，含金溶液连续不断地从出液管排出。间歇供液是向槽中分三批加入氰化液，第一批加入浓氰化液(含 NaCN 0.1%～0.2%)，第二批加入中等浓度氰化液(含 NaCN 0.05%～0.08%)，第三批加入稀氰化液(含 NaCN 0.03%～0.06%)。三批氰化液各浸出 6～12 h，第一和第二批含金溶液放出后各静置 6～12 h，使矿粒间充分吸入空气。第三批含金溶液放出后，再加水洗涤槽内的尾矿。由于间歇作业的矿砂能间歇地为空气所饱和，溶液的含氧量较多，所以它比连续法的提金率约高 2.5%。

3. 卸料

尾矿的卸出亦分为干式和水力两种。干式卸矿有使用人工的，也有使用挖掘斗的。当槽底有工作门时，可从上面用棒打一孔，将尾矿耙入孔中卸至矿车中运走。水力卸料是用高压水(150～300 kPa)将尾矿冲至尾矿沟中，加水稀释后自流或泵至尾矿场。

6.5.3　渗滤浸出的技术经济指标

1. 药剂消耗量

药剂消耗量取决于矿砂的性质。通常每吨矿砂消耗氰化钠 0.25～0.75 kg，石灰 1～2 kg 或苛性钠 0.75～1.5 kg。

2. 渗滤氰化作业时间

渗滤氰化时间长短取决于矿砂的性质、渗滤速度和装、卸料效率以及所用氰化液数量等条件，处理一批原料的总时间常需要 4～8 d。当处理粒度分级不好或含有矿泥的矿砂时，有时长达 10～14 d。

对含黏土较多的矿石，可添加 0.5%的水泥，用氰化物溶液制粒，可大大缩短浸出时间。

3. 金的浸出率

金的浸出率取决于金粒的大小、磨矿细度、硫化物等的含量、渗滤速度、浸出时间、氰化液浓度和数量，以及尾矿的洗涤程度等因素。当处理含金石英矿砂时，金的浸出率可达 85%～90%，但矿粒过粗、分级不好时，金的浸出率会降至 60%～70%。

为了提高金的浸出率，可采取以下措施：

(1)对磨碎矿石进行很好分级，按级渗滤；

(2)采用干法装料时，氰化之前应尽量脱水，以利充气；

(3)浸出之前应先用水、酸或碱洗涤矿砂，除去有害杂质；

(4)氰化溶液在浸出之前，应预先充气，以提高含氧量；

(5)将压缩空气鼓入矿砂层。

6.6　堆浸

堆浸法是现代提取金、银的最新技术之一，其原理近似于渗滤浸出。堆浸不是在槽中而是暴露在空气中进行。堆浸具有工艺简单、操作容易、投资少、成本低等优点，是从低品位矿石(0.3～3 g/t)中提金的最理想方法。

目前，世界许多矿山用堆浸法处理低品位贫矿和含金废矿石，规模已发展到日处理量 500~20000 t/d，含金品位最低为 0.5~0.6 g/t，边界品位 0.3 g/t。我国金矿石的堆浸开始于 70 年代后期，80 年代进入大发展期，至今已在许多适用于堆浸的低品位金矿山广泛应用。但由于机械化程度低，规模多数较小，处理矿石的含金品位多在 1 g/t 以上。堆浸的发展趋势是用于处理品位更低的矿石，如美国 Zortnan 矿成功地浸出了边界品位为 0.2 g/t 的原矿，处理量为 28000 t/d。堆浸法金的回收率在许多矿山虽只有 50%~65%，但用于氰化贫矿和废矿堆获利仍较多。

6.6.1　堆浸基本工艺流程

堆浸是将采出的低品位金矿石破碎至一定粒度后运至堆浸场堆成矿堆，然后在矿堆表面喷洒氰化浸出剂，浸出剂从上至下均匀渗滤通过固定矿堆，矿石中的金和银被浸出进入溶液，从堆底收集浸出液并回收金和银，其基本工艺流程如图 6-6 所示。

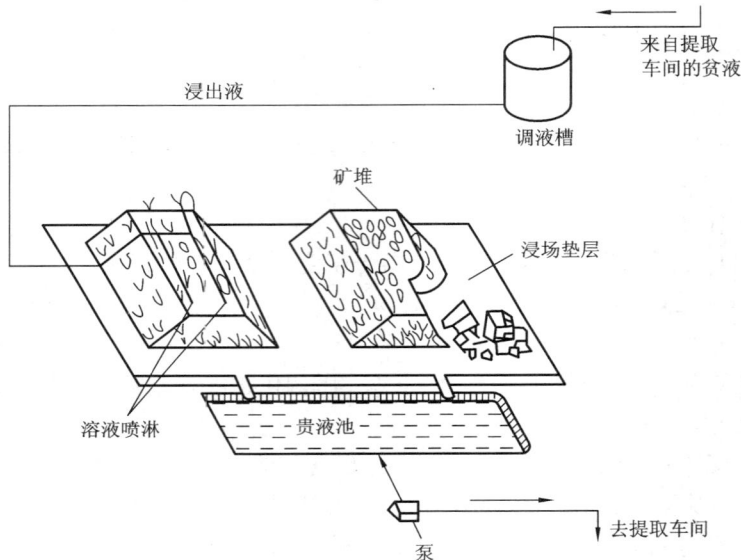

图 6-6　金矿堆浸基本工艺流程示意图

6.6.2　堆浸的工艺操作

堆浸主要包括准备矿石、建造堆浸场、筑堆、喷淋浸出、洗涤和金银回收等单元操作。

1. 准备矿石

适宜于堆浸的矿石应具备以下特点：①渗透性好；②包裹金含量少；③金粒非常小，且处于裂隙的表面，能与氰化物溶液充分接触；④锑、砷、铜、铁的硫化物和碳等对氰化过程有害的矿物含量低；⑤能与保护碱起反应的酸性组分含量少。当处理含矿泥或黏土多的氧化矿或细碎矿石时必须先制粒。

用于堆浸的矿石通常先破碎到-14.3 mm 粒级占80%。一般地，矿石的粒度越细，金、银的浸出率越高，但是矿石粒度过细，不但增加碎矿的费用，而且产生过多的粉矿（-0.15 mm，

100 目),会使矿堆严重偏析,导致矿堆的渗透性变差,浸出速率降低,甚至使渗滤浸出过程无法进行。当矿石黏土含量高或粉矿含量大时,必须先制粒。制粒是将含黏土的矿石或粉矿与水泥(每吨矿 3.5~5 kg)混合,用氰化钠溶液(0.2%~0.5%)润湿,使矿粒含水达 8%~12%。制粒后应放置 3~5d 固化后再去筑堆。现代大规模的堆浸场一般采用滚筒制粒法或皮带运输机制粒法。

美国坎德拉里亚厂采用多条皮带运输机制粒法,是通过皮带运输机卸料端的混合棒将喷淋的浓氰化物溶液与粉矿、水泥混合制粒,如图 6-7 所示。美国阿里盖特里奇厂采用滚筒制粒法,是用皮带运输机将矿粉与水泥均匀送入旋转滚筒中,通过喷淋浓氰化液使其黏结成粒,如图 6-8 所示。

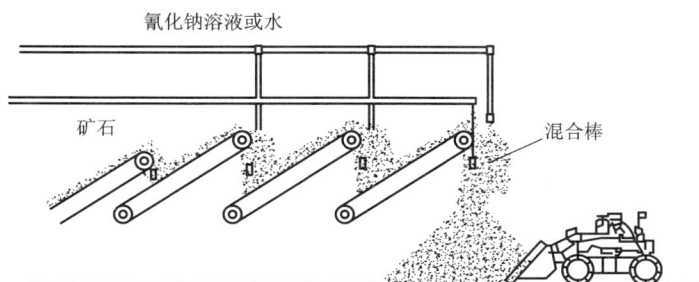

图 6-7　多条皮带运输机制粒法

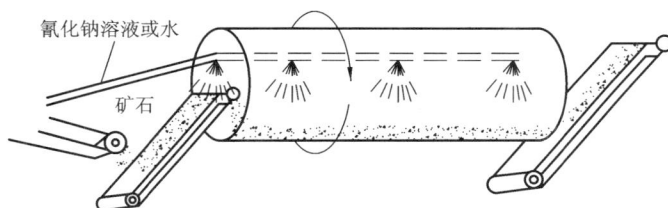

图 6-8　滚筒制粒法

2. 建造堆场

堆浸场地宜选在地势较为平坦的缓倾斜地段,地面较宽阔,尾矿能就近堆放,且运输、采水方便的地方。对选择的场地进行清理、平整夯实后,建成三面高一面低能从三面向中间汇集浸出液、坡度 1%~7%的场地;然后在修好的场地上铺一层 5~10 cm 厚的细砂、尾矿掺黏土、沥青、钢筋混凝土、橡胶板或塑料薄膜等垫层材料进行防渗处理。要求防渗层不漏液并能承受矿堆压力。在场地高的三面开排洪沟,防止洪水流入。在低的一面下方挖贵液池和洗(贫)液池。贵液池汇集从矿堆中流出的浸出液;贫液池容纳洗液、贫液和从浸出场地汇集的雨水。贵液池和洗(贫)液池内可砌砖并用水泥砂浆抹面,上涂沥青等进行防渗处理。

堆场建成后,垒矿前需在垫层上先铺设一层 20 cm 左右厚的卵石或竹席等作为保护层和排液层。

3. 筑堆

在已建好的堆场上布矿,即筑堆(垒堆),是堆浸最关键的作业。筑堆方式直接影响矿堆的透气性、溶液的渗透性及金的回收率,决定堆浸法的成败。要求垒好的矿堆,必须是矿块均布、矿堆疏松的四棱台，能均匀透过氰化物溶液而不产生沟流。

筑堆方法有多堆法、多层法、斜坡法和吊装法。常用的筑堆机械有卡车、推土机（履带式）、吊车和皮带运输机。

多堆法：先用皮带运输机将矿石堆成许多高约 6 m 的矿堆，然后用推土机推平，如图 6-9 所示。皮带运输机筑堆时会产生粒度偏析现象，粗粒会滚至堆边上，表层矿石会被推土机压碎压实。整个矿堆得不到均匀浸出，金的浸出率降低。

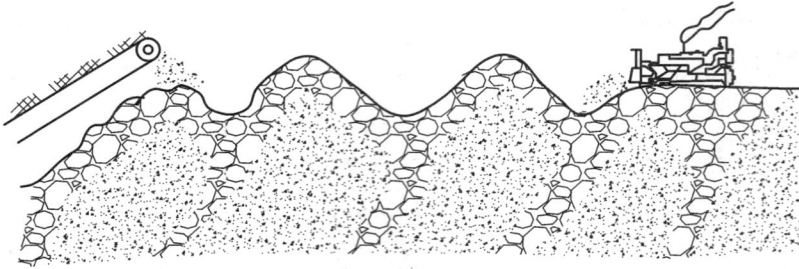

图 6-9　多堆筑堆法及产生的偏析

多层法：用卡车或装载机堆一层矿后再用推土机推平，如此这样一层一层往上堆，一直堆至所需矿堆高度，如图 6-10 所示。该法可减少粒度偏析现象，矿堆内矿石粒度分布均匀，但由于每层矿都被卡车和推土机压实，因此矿堆的渗透性很差。

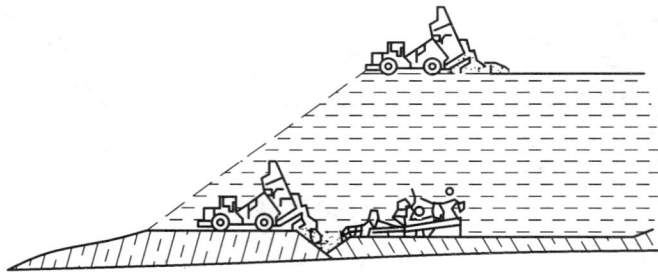

图 6-10　多层筑堆法

斜坡法：先用废石修筑一条比将要构筑的矿堆高 0.6~0.9 m 的斜坡道路，用卡车把矿石卸至斜坡道两边，再用推土机向两边推平，如图 6-11 所示。矿堆筑好后，便把废石斜坡道铲平，并用松土机松一松矿堆。采用这种筑堆方法，卡车只在道路上行驶而不会压碎压实矿石，因而矿堆孔隙度均匀，但是占地面积大。

吊装法：先用桥式吊车堆矿，后用电耙耙平。此法可避免机械压实矿堆，矿堆的渗透性好，溶液也不会偏析，因而浸出效果好，但此法需要架设吊车轨道，基建投资大，而且筑堆速度慢。

矿堆高度与矿石的渗透性有关，渗透性好的矿石可以筑得高些，反之则低些。矿堆太高会影响下部矿石的供氧量及渗透性。适宜的堆高可通过试验确定，一般为 3~6 m。

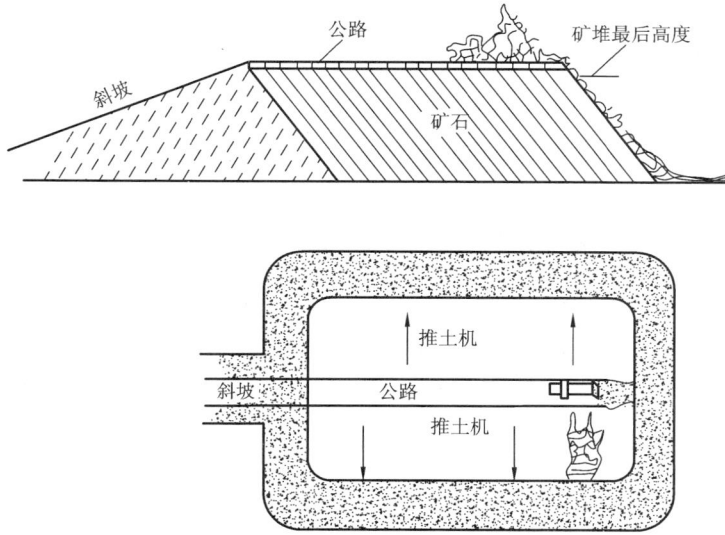

图 6-11　斜坡筑堆法

4. 喷淋浸出

矿堆筑成后，先用饱和石灰水洗涤矿堆，以中和矿石中的酸性成分，当洗液 pH 接近 10 时，再喷淋浸矿液进行浸出。浸矿液用泵经铺设于地下的管道送至矿堆表面的分管，再经喷淋器将溶液均匀喷洒于矿堆表面，使其均匀渗滤通过矿堆进行金银浸出。

国内外常选择氰化钠作浸矿剂。浸矿液的配制必须在特定的小型搅拌槽中先加入 pH 10 以上的石灰水(或氢氧化钠溶液)，再加入氰化钠进行搅拌直至固体完全溶化为止。此时氰化钠溶液的浓度一般控制在 5% 左右，然后再将此高浓度的氰化钠溶液加进浸出液储槽，用石灰水配制成 NaCN 浓度为 0.03%~0.1%，pH 为 10~12 的浸矿液。

喷淋一般是间断进行，以利于空气进入矿堆。喷淋应按先浓后稀的原则进行，开始采用氰化钠浓度为 0.06%~0.08%，中期为 0.04%~0.05%，最后阶段为 0.02%~0.03%。

常用的喷淋器有摇摆器、喷射器和滴水器等。浸出过程供液力求均匀稳定，喷淋的液滴大小适中，喷淋速度常为 $1.4 \ mL/(m^2 \cdot s)$。

新矿堆从开始喷液起，一般需 3~5 d 才有浸出液从堆底流出。在正常情况下，每吨矿石约吸收喷淋液 50~80 L，初始排出液 pH 和 NaCN 浓度明显降低，液中含金达 0.3~15 mg/L，5~6 d 内浸出液含金可达最高值，而后逐渐下降。当浸出液金含量降至 0.1 mg/L 后，终止堆浸。堆浸过程中由于浸矿液被矿石吸收和蒸发，应适量加水补充。

5. 洗堆

浸出结束的矿堆，用新鲜水淋洗矿堆几次以充分回收已浸出的金银。如条件允许，在每次洗涤后，最好待洗出液排完再进行下一次洗涤。洗涤的水量根据蒸发量和尾矿含水量决定。通常为总液量的 15%~30%，而开始浸出时的总液量按每吨矿石 50~80 L 配制。排出的洗液因含有微量金和氰化钠，集中贮存于贫液槽中供下次洗涤或配制浸出液使用。

经水洗后的尾矿堆可用漂白粉破坏其残存的氰化物。漂白粉的用量一般按矿堆总氰化钠残存量化学计算量的 1.5~2 倍加入。

供多次使用的堆场，废矿经脱毒处理后运送废矿场，再在原地堆矿和浸出。只使用一次的堆场，废矿经脱毒后多不运走，而成为"永久"废石堆。

6.7　搅拌氰化浸出

6.7.1　搅拌氰化浸出的基本工艺流程

搅拌氰化法，是将矿石或精矿经细磨浓缩后，在搅拌浸出槽中进行氰化浸出。按处理的物料不同，分为直接处理矿石的全泥氰化和处理金精矿的精矿氰化。

搅拌氰化一般适用于磨矿粒度小于 0.3 mm 的含金物料，又称常规氰化，其基本工艺流程如图 6-12 所示。

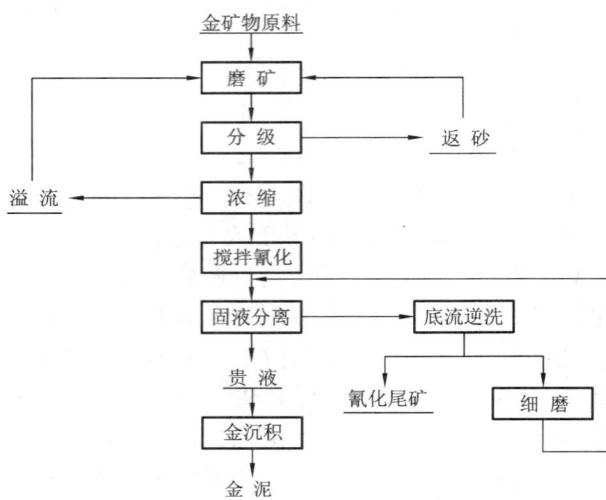

图 6-12　搅拌氰化工艺流程图

由于矿浆是在搅拌条件下浸出，溶液中氧的浓度高、扩散快，金的溶解迅速，且不致因矿泥、黏土、页岩(磨矿时易产生次生矿泥)等细粒物料的沉降而影响浸出效果。故搅拌浸出法最适于处理细粒含金原料。与渗滤氰化相比较，搅拌氰化浸出具有占地面积小、浸出时间较短、机械化程度高、金浸出率高及原料适应性强等特点。但磨矿和矿浆过滤是耗能作业，因此搅拌氰化能耗要远高于渗滤氰化。

6.7.2　搅拌浸出槽

搅拌浸出槽是搅拌浸出的主要设备。搅拌浸出槽有空气搅拌浸出槽、机械搅拌浸出槽和混合搅拌浸出槽三种类型。

1. 机械搅拌浸出槽

机械搅拌浸出槽中矿浆的搅拌靠高速旋转的机械搅拌桨完成。机械搅拌桨的形式有螺旋桨式、叶轮式或涡轮式等。目前生产上应用较广泛的是螺旋桨式搅拌浸出槽，其结构如图 6-13 所示。

机械搅拌浸出槽可使矿浆得到均匀而强烈的搅拌，并将空气不断吸入矿浆中，使矿浆中的含氧量较高，停机后再启动时较方便，矿浆不会压住螺旋桨，但动力消耗大。适合于处理粒度大、密度大的原料。

生产实践中有时往槽内垂直插入几根压缩空气管或在槽体内(外)壁安装空气提升器，以提高矿浆中的氧含量和搅拌强度。

2. 空气搅拌浸出槽

空气搅拌浸出槽(国外常称帕丘卡槽)靠压缩空气的气动作用实现槽内矿浆的均匀而强烈的搅拌，其结构如图 6-14 所示。

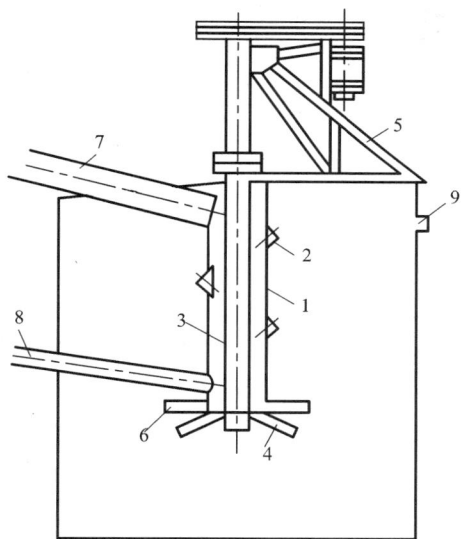

1—矿浆接受管；2—支管；3—竖轴；4—螺旋桨；
5—支架；6—盖；7—溜槽；8—进料管；9—排料管。

图 6-13　螺旋桨式机械搅拌浸出槽

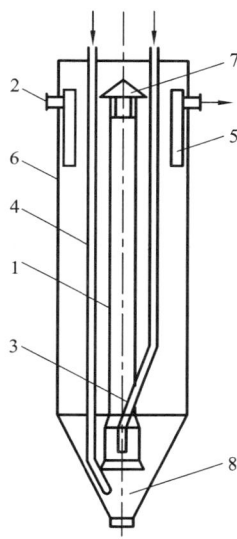

1—中心循环管；2—矿浆输入管；3—主风管；4—辅助风管；
5—矿浆排出管；6—槽体；7—防溅帽；8—锥底。

图 6-14　空气搅拌浸出槽

压缩空气搅拌浸出槽对细颗粒组成、高浓度矿浆搅拌效果好，能耗比机械搅拌浸出槽低。但不适合处理粒度粗、密度大、浓度低的矿浆，主要因为矿浆容易沿槽体高度产生浓度分层，粗颗粒沉淀而堵塞搅拌槽。

3. 机械空气联合搅拌浸出槽

此槽又称耙式搅拌浸出槽。槽的中央装有空气提升器和机械耙或者是在槽周边装有空气提升器、槽中央装有矿浆循环管和螺旋搅拌桨的圆形槽。图 6-15 所示为应用较广泛的槽中央装设有空气提升器和机械耙的平底圆槽搅拌机。这种浸出槽动力消耗少、容积大，常用于大型氰化厂。

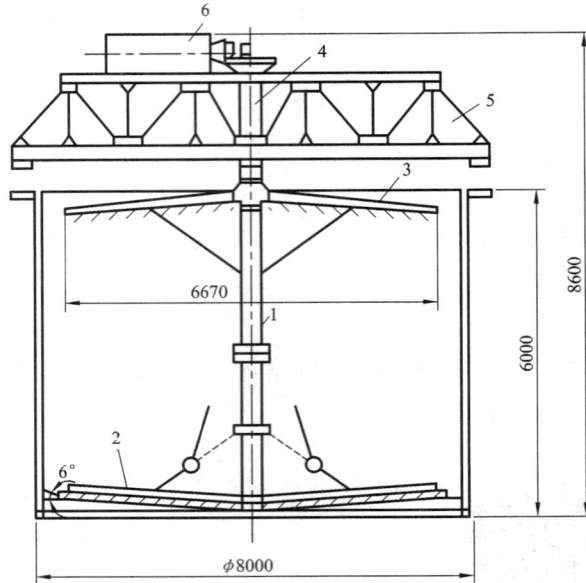

1—空气提升管；2—耙；3—溜槽；4—竖轴；5—横架；6—传动装置。

图 6-15　机械空气联合搅拌浸出槽

6.7.3　搅拌氰化的工艺技术

1. 磨矿

金在矿石中一般与脉石矿物呈包裹或连生状态存在，而氰化浸出则要求金粒达到单体解离或充分暴露，以便与溶液中的氰化物和氧充分接触，这样浸出反应才能顺利进行。通常金在矿石中的嵌布粒度很细，要达到氰化浸出的要求，必须有很高的磨矿细度。一般来说，全泥氰化−0.074 mm（−200 目）要达到 85%~95%，浮选精矿氰化则要求−0.05 mm（−300 目）达到 99% 以上，适宜的磨矿细度要通过试验确定。

2. 浓缩

经细磨后的矿浆很稀（液固比 5:1），为了减小氰化浸金设备的容积，必须先浓缩至液固比（1.5~1）:1，再进行氰化浸出，该工序称之为浸前浓缩。对于浮选精矿氰化，浓缩过程同时也是脱除浮选药剂的过程。

浓缩设备通常采用中心转动的浓缩槽（或称浓密机），矿浆在槽中自由沉降。底流（浓缩产品）含固体颗粒 40%~50%，即液固比（1.5~1）:1。矿浆的浓缩程度取决于矿粒的粒度、密度和物理化学性质。通常根据矿浆的沉降试验来选用标准的浓缩槽。

3. 浸出

进入氰化槽的矿浆黏度较大，而且部分硫化物易氧化。因此，加强搅拌和不断充气对浸出过程非常重要。

搅拌氰化时，氰化物浓度通常为 0.02%~0.05%，CaO 0.01%~0.03%（pH = 9~11）。最佳药剂制度和重要参数液固比应通过试验确定。在保证溶金速度的条件下，液固比应尽可能小。对石英质矿石，液固比为（1.2~1.5）:1；对含泥质的矿石，液固比为（2~2.5）:1，即矿浆浓度为 33%~28%。在充气条件下，搅拌 24 h 以上时可溶解 95% 以上的金。

　　搅拌氰化浸出作业方式有连续搅拌氰化浸出和间断搅拌氰化浸出两种。连续搅拌浸出时，矿浆通常是在串联的 4~12 台浸出槽中连续进行，一般浸出槽呈阶梯式安装，矿浆可均衡连续地自流通过各浸出槽，矿浆不能自流时可用泵扬送，为降低动力消耗，一般应使矿浆自流，尽量减少用泵扬送次数。间断搅拌浸出时，将矿浆送入几个平行的搅拌浸出槽中，浸出终了时将矿浆排入贮槽，再将另一批矿浆送入搅拌浸出槽中进行浸出。

　　大多数提金厂采用连续搅拌浸出，只有在小型厂或处理某些难浸金矿以及每段均需采用新的氰化物溶液时，才采用间断搅拌浸出。

4. 浸出矿浆的液固分离与洗涤

　　为了得到供沉金用的澄清贵液和提高金的回收率，须对浸出矿浆进行液固分离与洗涤。生产一般采用逆流倾析法、过滤法和流态化法对搅拌氰化矿浆进行固液分离和洗涤。

　　(1)倾析法

　　通常采用的是逆流倾析法洗涤(简称 CCD 流程)。它是将浸出后的矿浆通过浓缩进行固液分离，浓缩产品再用脱金溶液或水洗涤并再一次进行固液分离。根据分离方式可分为间歇倾析和连续倾析。

　　间歇倾析法洗涤常与间歇搅拌氰化配合使用，其工艺为浸出→分离→分离后的浸渣再浸出→再分离，如此反复几次，直至溶液中含金量降至微量为止。间歇倾析法的操作时间长，溶液数量多，厂房占地面积大，目前工业上除了一些小厂之外，很少应用。

　　连续倾析法适合处理含泥量小、易沉淀的物料。连续倾析流程可以通过几台单层浓缩机串联在一起，对氰化矿浆实行洗涤，也可以将几个浓缩机重叠在一起使用。单层浓缩机多用于大型氰化厂，中小型氰化厂一般使用一台或两台多层(2~3 层)浓缩机。

　　典型的搅拌氰化-连续逆流倾析洗涤流程如图 6-16 所示。

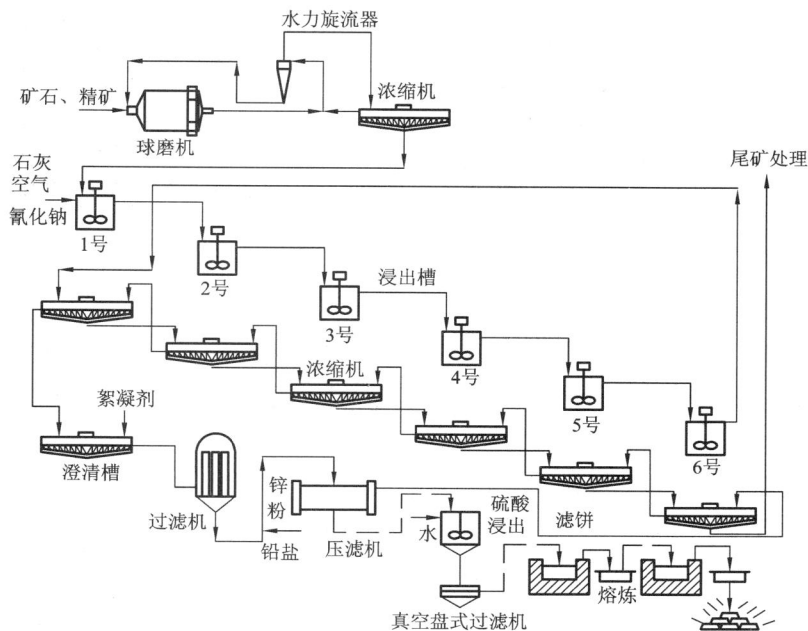

图 6-16　搅拌氰化-连续逆流倾析洗涤流程

（2）过滤法

过滤法固液分离及洗涤可采用连续式或间断式两种方式。间断操作时常用框式真空过滤机和压滤机，一般用于难过滤的泥质氰化矿浆的液固分离，此法可对滤饼进行较长时间的洗涤，这种方式处理能力较低、占地面积较大，一般为处理能力小的企业采用。

连续过滤在各提金厂使用较普遍，常用筒型真空过滤机、圆盘真空过滤机和真空带式过滤机对氰化矿浆进行过滤，滤饼再经洗涤后成为氰化尾矿。

搅拌氰化浸出矿浆的浓度较低，通常只有30%，为了提高过滤机的处理能力和过滤效率，氰化浸出矿浆一般先添加絮凝剂浓缩脱水，使底流浓度达55%以上再送去过滤。通常采用两段过滤洗涤：对氰化矿浆进行Ⅰ段过滤之后，滤饼用稀NaCN溶液或水调成浓度为50%的矿浆再进行Ⅱ段过滤。

（3）流态化法

流态化固液分离和洗涤常在流态化洗涤柱（塔）中进行。流态化洗涤柱（塔）为一个细高的空心圆柱体，主要用于除去浸出矿浆中的矿砂和进行矿砂洗涤，其结构和工作原理如图6-17所示。它由扩大室、柱身和锥底三部分组成，扩大室中央有一进料筒，使浸出矿浆平稳均匀地进入扩大室。洗涤液从洗涤段和压缩段的界面处给入，经布液装置均匀地分布于柱截面上。矿砂和洗涤液在洗涤段呈逆流运动。矿浆中的含金溶液和细矿粒随同洗水从上部溢流堰排出，再经过滤获得澄清的含金溶液。矿砂则经扩大室向下沉降，在洗涤段进行逆流洗涤，形成上稀下浓的流态床。经洗涤后的矿砂沉入压缩段。矿砂在压缩段经压缩增浓，呈移动床状态下降，最后由柱底排出。

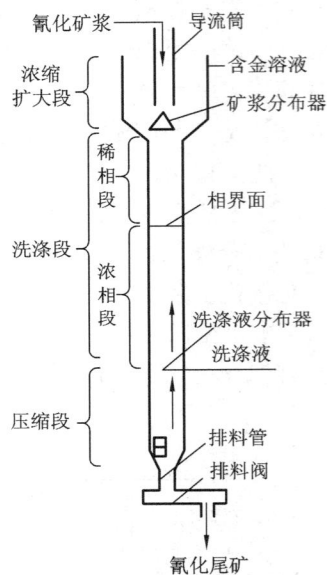

图6-17　流态化洗涤柱的原理和结构示意图

6.7.4　搅拌浸出的正常操作

1. 开车

（1）配制好氰化物溶液和石灰乳，氰化物溶液浓度一般为20%左右，石灰乳浓度一般为10%左右。

（2）检查各浸出槽之间的管路，确保畅通。

（3）检查浸出作业前后各工序，确认已做好开车准备。

（4）启动石灰乳输送系统和充气供风系统。

（5）启动各槽搅拌器。

（6）检查、调整pH和各槽充气情况，保证pH达到10.5~11.0，而且充气效果良好。

（7）启动氰化物溶液输送系统。

（8）开始给矿，并调整矿浆浓度和流量。

（9）添加氰化物溶液。

（10）测定各槽氰化物浓度、pH、溶解氧浓度，并根据需要分别调整加药量和充气量。

2. 停车

（1）与上下工序联系好以后方可停车。

（2）关闭氰化物溶液输送和添加系统。

（3）停止给矿。

（4）关闭石灰乳输送、添加系统。

除非必要，浸出系统停车期间一般不排放槽内矿浆，也不关闭搅拌器和停止向槽内供风。在整个浸出系统中，任何一个浸出槽都应该能够单独停车检修，而不影响其他浸出槽的正常运行，这可以通过旁通的办法实现。

第7章　从氰化液中析出金银

从氰化浸出液中析出金银的方法有锌置换、铝置换、活性炭吸附、离子交换树脂吸附、电积和萃取等。活性炭吸附法和树脂矿浆法属于现代氰化提金法，电积法则主要从活性炭的解吸液中提金。氰化法从开始工业应用至今，锌置换仍是主要的提金方法之一。

7.1　锌置换沉淀金银

7.1.1　锌置换的原理

在氰化物溶液中，锌的标准电位是-1.26 V，而金的标准电位是-0.68 V，银的标准电位是-0.31 V，因此，锌可以很容易地从氰化物溶液中置换出金、银：

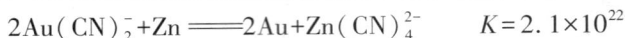

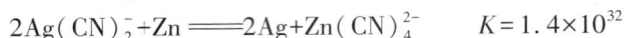

$$2Au(CN)_2^- + Zn \longrightarrow 2Au + Zn(CN)_4^{2-} \qquad K = 2.1 \times 10^{22}$$

$$2Ag(CN)_2^- + Zn \longrightarrow 2Ag + Zn(CN)_4^{2-} \qquad K = 1.4 \times 10^{32}$$

氰化物中的氧能被锌还原，这个过程将大量消耗锌；且氰化物溶液中如有氧存在，会使金返溶，为了减少锌粉消耗和防止金返溶，加锌沉淀前应把溶液中的氧除去。

在锌置换沉金的过程中，如溶液的碱度和氰化物浓度不够高，容易形成白色沉淀，其主要组成为 $Zn(OH)_2$ 和 $Zn(CN)_2$。该沉淀易在金属锌的表面生成薄膜，妨碍金银置换的继续进行。为防止此白色沉淀的生成，进行金银置换的氰化贵液要有足够浓度的碱和氰化物。除此之外，预先脱氧是防止白色沉淀生成的最有效措施。

在锌置换金银的过程中，加入铅离子对锌置换金银起着促进作用。因铅的电位比锌的更正，用可溶性铅盐（如硝酸铅或乙酸铅）处理锌时，铅被还原成疏松的海绵铅。由于海绵铅有非常大的表面积，从而大大地加快了置换过程。此外，铅盐的存在，还可以消除氰化物溶液中可溶性硫化物的有害影响，但过量的铅盐将导致锌耗增加，延缓金银的置换过程，降低金银的置换回收率，生成的氢氧化铅沉淀会降低金泥的品位。

强烈搅拌在置换时会产生两方面的影响：一方面，它会提高沉金速度；另一方面，它也提高了锌的氧化速度，增加了锌的消耗。此外，在强烈搅拌下，已析出的金有可能从金属锌上脱落。当金不与锌接触时，由于溶液中氧的作用，会出现金返溶。

为使锌置换沉金银过程顺利进行，沉淀的最佳条件为：

（1）溶液预先脱氧。

（2）采用具有大比表面积的金属锌，通常是锌粉。

（3）添加可溶性铅盐。

（4）氰化物和碱浓度足够高，但又不能过分高。

在实践中，氰化物溶液在沉淀金以前大都进行脱氧处理。无氧的溶液从锌粉层渗滤而过，完成沉金过程。这样既保证了 $Au(CN)_2^-$ 离子向锌表面的扩散速度足够高，同时又保持了沉淀物的结构,加之溶液无氧,故金返溶的可能性降到最低限度,还减少了锌耗。此外,在过滤置换中,含贵金属最富的溶液与活性最差的(已置换有金属的)锌接触,而最贫的溶液随着过滤进入到最新鲜的锌粉层,即按逆流原理进行,从而提高了沉淀的速度和深度。

氰化物溶液中的杂质,大都对置换过程有不良影响。例如,溶液中存在硫离子,可形成铅和锌的硫化物薄膜,它们覆盖在锌的表面,阻碍金银置换。溶液中砷的浓度即使不高,也会显著恶化沉淀过程,因为其会在锌表面上形成砷酸钙的隔离膜。胶状硅酸,由于与石灰形成硅酸钙膜,也同样显示出有害影响。铅在溶液中如果以亚铅酸根离子存在,也会在锌表面形成亚铅酸钙膜,降低锌的活性。铜在溶液中以 $Cu(CN)_3^{2-}$ 离子存在,易与锌发生置换反应:

$$2Cu(CN)_3^{2-} + Zn \longrightarrow 2Cu\downarrow + Zn(CN)_4^{2-} + 2CN^-$$

反应生成的铜覆盖在锌的表面上,当铜的浓度较高时,有可能使金银置换中断。为避免这种情况出现,可将含铜高的氰化物溶液先与纯锌接触,沉去大部分铜后,再用铅盐处理过的锌置换金银。在含铜不高时,利用铅盐处理过的锌置换不至于生成致密的隔膜。在某些情况下,为了避免大量铜在氰化物溶液中积累,沉金后的氰化液必须进行再生处理。

7.1.2　加锌沉金生产技术及主要操作

贵液的清洁程度是置换能否正常进行的重要条件之一。进入置换作业时贵液必须达到清澈透明,不允许带有超过规定的悬浮物和油类,因为悬浮物(主要是细粒矿泥)在置换中会污染锌的表面而降低金置换速度。使用锌粉置换时大量矿泥进入置换过滤机,将堵塞滤布,使置换无法进行。另外,悬浮物也几乎全部进入金泥,影响金泥质量。所以在置换作业之前,要对贵液进行净化处理。生产中要求贵液中悬浮物含量在 5 mg/L 以下。

目前常用的含金氰化贵液净化设备是框式过滤机、压滤机、砂滤池或沉淀池。砂滤池和沉淀池由于设备简单,不需要动力,多用于中小型氰化厂。砂滤池的滤底上铺有滤布(帆布或麻袋片),滤布上分别装有厚 120～150 mm 的砾石及厚 60 mm 的细砂层。砂滤池一般设两个,以轮换使用;在轮换时需更换细砂。砂滤池和沉淀池因单位面积生产率低,澄清效果差,所以常与框式过滤机配合使用。

锌置换又可分为锌丝置换法和锌粉置换法。

1. 锌丝置换沉金

(1)锌丝置换设备

锌丝置换沉金是在沉淀箱中进行,即把锌丝放在置换箱中,让含金溶液流经置换箱,使之与锌丝接触而发生置换作用,金粉沉淀于箱底。锌丝置换箱的构造如图 7-1 所示。

箱子通常用木板、钢材、塑料板或水泥制成,它的规格不一,为非标设备,箱长一般为 3.5～7 m,宽 0.45～1 m,深 0.75～0.9 m。用下横间壁将箱体分成若干格,间壁与底相连,但略低于箱子的上缘,每格中又有上间壁,它与箱的上缘相接,相邻两间壁距离很近,形成浸出液流入锌箱的通道。浸出液在每个格子中由下部流进,上部流出。锌丝置于带有 6～12 目的网的铁框中,每格有一个铁框,铁框设有手把,作抖动锌丝用,以除去其表面气泡,使金粉脱落,沉到箱底,积成金泥,积累一定数量后,从排出口放出。

(2)锌丝置换操作

进行置换时,置换箱的第一格一般不装锌丝,用作氰化贵液澄清和添加氰化物溶液,以提高氰化贵液中氰化物的浓度。有时第一格装不含铅的锌丝,以预先置换铜等杂质。其他各

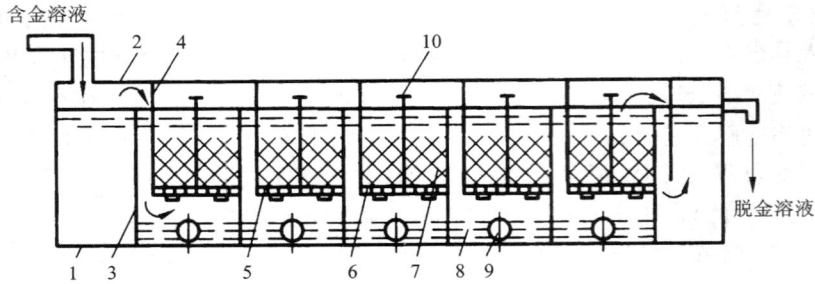

1—箱底；2—箱上缘；3—横间墙；4—间墙上端；5—筛网；6—铁框；7—锌丝；8—金泥；9—排放口；10—把柄。

图7-1   锌丝置换箱

格装含铅的锌丝；最后一格一般不装锌丝，用于沉淀随液流而悬浮的细粒金泥。

氰化贵液由第一格流入，然后由下而上，依次流入装有锌丝的各格；溶液中含金量顺流愈来愈低。从含金低的贫液中沉金，宜用新鲜的锌丝，以提高沉金效率。一般是在溶液流经的最后一个格子中，盛新鲜锌丝，使含金量较低的溶液同置换能力强的新锌丝接触，有利于提高金的置换回收率。使用一段时间后，逆流上移，移至第一个盛锌丝的格子，锌丝逐渐变少、细、碎，沉金能力降低，取出淘洗，较粗、长的锌丝返回重用。

操作过程中，可用固定于筛网中央的把手定期轻轻提起，上下抖动以使锌丝松动，使附着在锌丝表面的金泥脱落而沉于箱底，并使氢气气泡逸出。沉到箱底的金泥，夹杂不少碎锌丝及其他杂质，取出后进一步处理。

置换箱一般每月清洗1~2次。在置换箱排放金泥前，应先停止供应氰化贵液，用水洗涤置换箱，然后取出锌丝和铁框，分选出大的锌丝供下次使用。由置换箱排放口排出的金泥进入承接器中过滤，在排放口的下方还设有与置换箱平行的溜槽，以收集碎锌丝。

锌丝置换法金的置换回收率较低，为95%~99%，锌丝的消耗量较大，每产出1 kg金需消耗锌丝4~20 kg，远远大于理论量。

此法优点是所用设备简单，易于操作，少耗动力；缺点是耗锌量大、氰化物耗量大、金泥品位低而含锌高，置换箱占地面积大，所以近年来逐步被锌粉法所代替。

2. 锌粉置换沉金

锌粉单位质量的表面积要比锌丝大得多，这就使锌粉沉金的效率比锌丝高得多。

所谓锌粉法，就是把锌粉与含金溶液混合，然后送去过滤，被置换出来的金粉与过剩的锌粉进入滤饼，与脱金后液分离。

为了减少浸出液中的氧对锌粉沉金的副作用(耗锌，金返溶)，在加锌粉前要先脱气(脱氧)。脱气在脱气塔中进行，其构造见图7-2。

脱气塔是一个圆柱体，排气管与真空泵相连。浸出液由进液管进入塔内，喷洒在木格条上，溅泼成小液滴，由于液面增大，气体易于逸出，又受到真空泵的吸力，气体由排气口排出。经脱气的液滴汇集于塔体下部，由排液口排出，经离心泵送去加锌粉沉金。为了保持塔内脱气后液面水位，液面浮标通过杠杆连接平衡锤以控制液蝶阀。这样，蝶阀的启闭受液面高低的控制。

脱气后液送入锌粉沉金设备沉金。较新式的锌粉沉金设备如图 7-3 所示。

锌粉沉淀设备由混合槽和锌粉沉淀器等主要部分组成。经过脱气后的含金液，用离心泵打入混合槽，同时由锌粉给料器往槽内给入锌粉并加入适量的铅盐。含金液与锌粉在槽内混合成浆，然后自动流入锌粉沉淀器下部的锥体空间中，受到螺旋桨的搅拌，可防止锌浆在过滤时产生分层现象。在沉淀器中部的支架上，安有滤框四个，以有孔 U 形管为骨架。布袋过滤片的一端封死，一端与脱金液总管的支管相连，脱金液总管环绕于槽体外面，通过支管与滤框相连，总管则与真空泵和离心泵相连。经

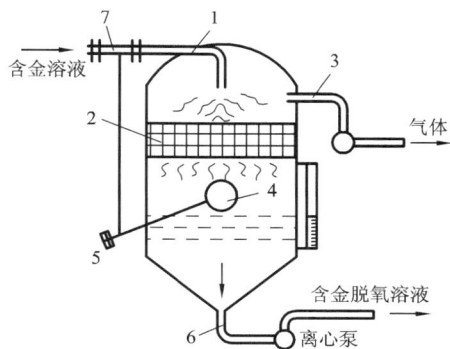

1—进液管；2—木格条；3—排气口；
4—浮标；5—平衡锤；6—排液口；7—蝶阀。

图 7-2　脱气塔构造

搅拌后的锌浆，在真空泵的抽力作用下，滤液经排出管抽出，而被沉淀出来的金粉与过剩的锌粉沉积在滤布上。含金溶液与滤布面上沉积的锌粉接触而起置换沉金作用。当滤布表面沉积层达到一定厚度时，停车卸出。为了使作业不因卸出金泥而间断，沉淀器宜并联 2~3 个，交替使用。

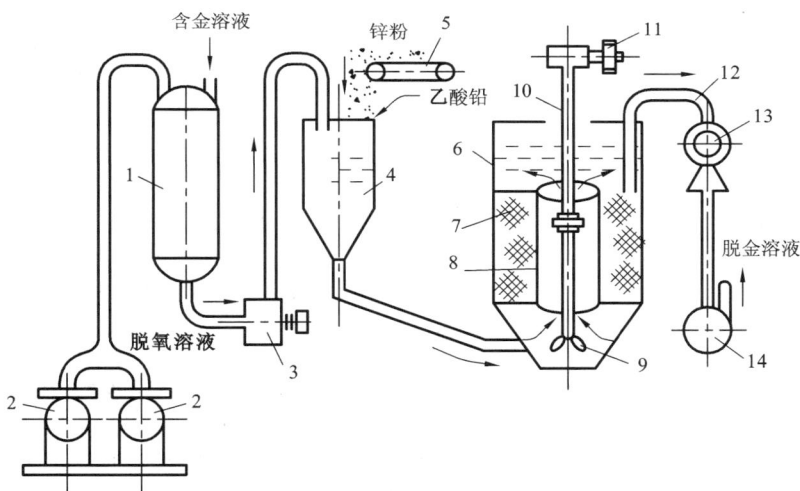

1—脱气塔；2—真空泵；3—离心泵；4—混合槽；5—锌粉给料器；6—锌粉沉淀器；7—布袋过滤片；
8—槽铁架；9—螺旋桨；10—中心轴；11—传动机构；12—滤液排出管；13—总管和真空泵；14—离心泵。

图 7-3　锌粉沉金设备连接图

锌粉沉金的金泥，送下一工序处理；脱金后液，一部分返回氰化系统，一部分经净化后排放。

我国氰化厂还广泛采用压滤机作为沉金设备。生产中，需先往过滤机内加入一层相当于沉淀质量 50% 以上的锌粉，形成锌粉沉淀层。

与锌丝置换相比，锌粉置换具有价格便宜，金银沉淀更为完全，金泥含锌量低，处理费用低，锌粉的消耗低，易实现自动化等优点。因此，国内外已普遍采用，但使用设备多，投资大，能量消耗大。

7.1.3　金泥处理

从含金氰化液中加锌沉淀而产生的金（银）泥，含金一般不超过20%，杂质含量较高；而通常锌丝置换的金泥，含金比锌粉置换的更低。我国某厂氰化锌粉置换产出的金泥组成如表7-1所示。

表7-1　某厂锌粉置换产出的金泥成分

元素	Au	Ag	Pb	Zn	Cu	S	其他
含量/%	19.30	1.88	8.74	48.71	0.47	4.19	余量

从表7-1可以看出，氰化金泥中的杂质主要为锌、铅、铜及硫等，处理的目的就是除去这些杂质。处理的方法主要是火法，也可采用湿法工艺。

火法工艺的原则流程如图7-4所示，主要包括酸溶、焙烧和熔炼三步。

1. 酸溶

酸溶，就是以稀硫酸（10%~15%）为溶剂，洗涤、溶解金泥，使金泥中可溶于稀硫酸的组分溶解，从而与金泥分离。金泥中的锌极易溶于稀硫酸：

$$Zn+H_2SO_4 = ZnSO_4+H_2\uparrow$$

铜等可溶性物质，也被溶解；金泥中的银，也有可能少量溶解。

由于酸溶时产生大量氢气，所以酸溶操作须在有机械搅拌装置的槽子中进行，槽上应有烟罩，使氢气能及时排出。

图7-4　金泥火法处理的原则流程

为了减少金泥中的锌量，酸洗前应先把较粗的锌粒、锌丝筛去。为了防止反应引起喷溅，加酸速度不宜过快，并注意加入冷水降温。

金泥中如含有砷，在酸溶过程中会产生剧毒的砷化氢气体，还可能产生氢氰酸等有毒气体，所以酸溶槽须密封，并设烟罩，在操作时应注意安全防护。

金泥酸溶时硫酸的消耗量，一般为锌质量的1.5倍。酸溶时间一般为3 h，澄清3 h。酸溶后的含金量显著提高，其成分如表7-2所示。

从表7-2可以看出，酸溶后，金泥中金含量明显升高，锌含量显著下降，而铅含量却升高了，这是因为铅在酸溶过程中形成硫酸铅而留在金泥中。

酸溶后进行液固分离，金泥再经水洗、压滤后，形成滤饼。

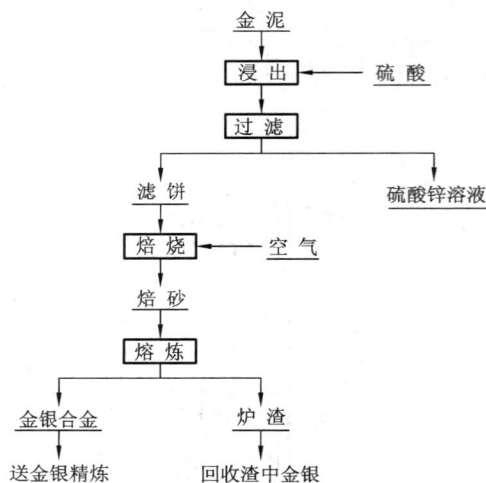

表 7-2　某厂酸溶后的金泥成分

元素	Au	Ag	Pb	Zn	Cu	S	其他
含量/%	52.00	4.58	24.23	4.32	1.49	11.38	余量

2. 焙烧

滤饼中还含有水分和酸溶未能除去的杂质。焙烧的目的是除去水分，并使硫化物、硫酸盐转化成氧化物，为下一步的熔炼创造条件。

焙烧时将滤饼装在铁盘中，放到加热炉内缓慢加热，温度宜控制在碳酸盐、硫酸盐能解离的范围内，但应防止固体物料熔化。一般最高温度控制在 600℃ 左右。

为了避免金泥受热而黏在铁盘上，可先在铁盘内壁涂上石灰等涂料。为了使杂质在焙烧时氧化，可往滤饼中加入适量的硝石作氧化剂。为了避免炽热的金泥飞散，焙烧过程不宜搅拌。如焙烧时温度过高，可缓慢加入冷料降温。

一些小厂焙烧金泥，可在铁锅中进行，用煤或焦炭加热，称为"焙砂子"。焙烧后的金泥称为焙砂，送去熔炼。

3. 熔炼

焙砂的主要成分是金、银、贱金属的氧化物和非金属的氧化物。金泥熔炼的目的，就是使杂质进入炉渣，与金、银分离，同时得到合金。

熔炼时，将焙砂与熔剂混合后在坩埚炉、小型转炉、反射炉或电炉中，于 1200~1350℃ 的温度下，经过造渣除去杂质，得到合金。常用的熔剂为碳酸钠、硼砂或萤石、石英、硝石。熔炼时，金泥中的杂质与熔剂组成炉渣，金银组成合金，两者互不相溶，密度差又大，很容易分离。

金泥火法处理工艺的主要缺点是不能得到纯金，所得的金银合金必须进一步精炼。而湿法工艺可以直接得到纯金。

金泥用硫酸浸出后，酸溶性的杂质进入溶液，得到的滤饼重新浆化，用氯气（或次氯酸钠）在盐酸介质中氯化，99.8% 的金进入溶液：

$$2Au + 3Cl_2 + 2Cl^- \Longrightarrow 2AuCl_4^-$$

银以氯化银（AgCl）形态留在不溶渣中。将氯化后的矿浆过滤，滤液用二氧化硫还原，析出金粉：

$$2AuCl_4^- + 3SO_2 + 6H_2O \Longrightarrow 2Au + 9H^+ + 8Cl^- + 3HSO_4^-$$

得到的金粉熔成金锭。用 5% 氰化钠溶液从浸出渣中浸出银及少量的残留金。得到的溶液电积银，金作为杂质也同时沉积，阴极银送精炼。此流程的金损失不超过 0.04%，其优点是可获得纯度为 99.95% 的金，在许多情况下可不需再进行精炼。

7.2　炭浆法

传统的连续逆流倾析洗涤-锌置换提金工艺，液固分离需要庞大的逆流倾析、过滤系统以及浸出液的澄清、金的置换等一系列作业，设备庞杂、占地大、基建投资大、处理量小、生产费用高，而且泥质金矿难以处理。为解决这一问题，各国的研究者围绕氰化法作了许多改进，其中最重要的是用活性炭从氰化浸出矿浆中吸附金的炭浆法。

所谓炭浆法（Carbon in Pulp，简写为 CIP）是指把氰化浸出的矿浆，送到吸附槽中用活性炭吸附金银的方法，它于 1973 年在美国正式建厂投产，之后，在全世界得到广泛的推广应用，可以说是黄金生产的另一个里程碑。而炭浸法（Carbon in Leaching，简写为 CIL）则是把活性炭投入氰化浸出槽中，使氰化浸出与炭吸附在同一槽中同时进行。它们已成为当今氰化法提金中最有生命力的新工艺，世界黄金产量的一半以上是用该法生产的。

7.2.1　活性炭吸附金、银的机理

活性炭吸附金、银的机理至今还没有完全研究清楚。现今活性炭之所以能在金、银生产工业上成功应用，主要应归功于生产的实践和经验积累。实践证明，孔穴小（直径 1.0~2.0 nm）的活性炭对金的吸附具有无可比拟的最好选择性。

大量研究认为，活性炭的吸附作用主要取决于它的内部有众多的孔穴和巨大的比表面积，它的外表面积和氧化态作用较小。外表面只是提供与内部孔穴相连的通道。表层的氧化物主要是使炭的疏水性骨架具有亲水性，使活性炭对多种极性和非极性化合物具有亲和力。活性炭的吸附功能，是由于构成孔穴壁表面的碳原子受力不平衡而发生的，这些孔穴壁的表面积越大，吸附物质的功能就越好。

活性炭从氰化液或矿浆中吸附金的机理，对工业生产中提高炭的吸附性能、强化炭的吸附作业至关重要。为此，许多研究者对炭吸附金的机理进行了长期和广泛的研究，其论点可归纳为：

（1）$Au(CN)_2^-$ 在炭内被还原为 AuO。

（2）$Au(CN)_2^-$ 以 $M^{n+}(CN)_2^{(2-n)-}$ 离子对状态被吸附。

（3）$Au(CN)_2^-$ 和 M^{n+} 在带电荷的炭表面上呈双电层吸附，部分 $Au(CN)_2^-$ 被还原聚集成簇状 $Au_x(CN)_y$。

（4）$Au(CN)_2^-$ 被炭吸附后氧化为 $AuCN$。

7.2.2　炭浆法提金工艺操作

炭浆法的工艺过程一般包括：预处理、氰化浸出、活性炭吸附、炭浆分离、载金炭解吸、电解沉金和脱金炭再生等工序。在炭浸法中，氰化浸出与活性炭吸附合并，其他则大体相同，其工艺流程如图 7-5 所示。

1. 预处理

预处理是指活性炭吸附之前，对氰化浸出后的矿浆和活性炭进行的预备作业。包括预筛及预磨。

预筛是除去矿浆中含有的砂砾、木屑、塑料炸药袋、胶片等杂物，避免以后与载金炭混在一起。一般采用 28 目（0.6 mm）的筛子，筛上物主要是木屑。木屑易使分离矿浆和载金炭的筛子堵塞，本身也会吸附金，且吸附的金很难洗下来，降低金的回收率，同时，木屑还会降低炭的吸附效率，因此，在炭进入浸出槽前，应先筛除杂物。

活性炭在进入吸附槽前，通常还要预磨，以磨掉其棱边和尖角，否则会使吸附槽中产生很多载金的碎炭随矿浆流失。

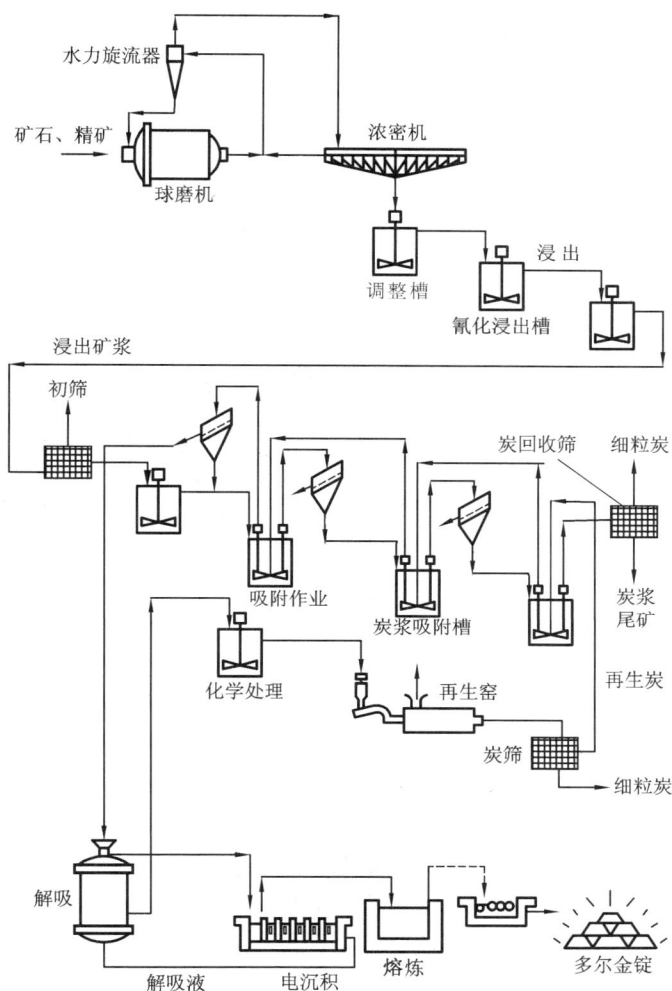

图 7-5 典型的炭浆法提金工艺流程图

2. 活性炭吸附

吸附作业是把来自浸出作业的矿浆和活性炭一道给入第一台吸附槽中,并连续流过串联的几台吸附槽,使活性炭吸附矿浆中的金银,再从最后一台吸附槽排出,即为氰化尾矿,其设备流程图如图 7-6 所示。新鲜的活性炭在最后一台吸附槽中加入,用气升泵或凹叶轮立式离心泵提炭,使活性炭和矿浆之间形成逆流接触。从第一个吸附槽排出的载金炭在输送到解吸工序前要过筛和洗涤。

矿浆和炭的分离是采用筛子来实现的。炭浆法使用的活性炭粒度通常是 6~16 目,炭预筛一般为 20 目。因此给入第一个吸附槽的矿浆通常在 28 目筛上过筛以便除去大颗粒物料。氰化尾矿离开最后一个吸附槽时,也同样要在 28 目筛上过筛,目的是回收细粒炭,并将其送去熔炼,以便回收被吸附的金。中间筛为 20 目。

作为吸附剂的活性炭必须具备的条件,一是对金有良好的吸附性能,吸附容量大,吸附速

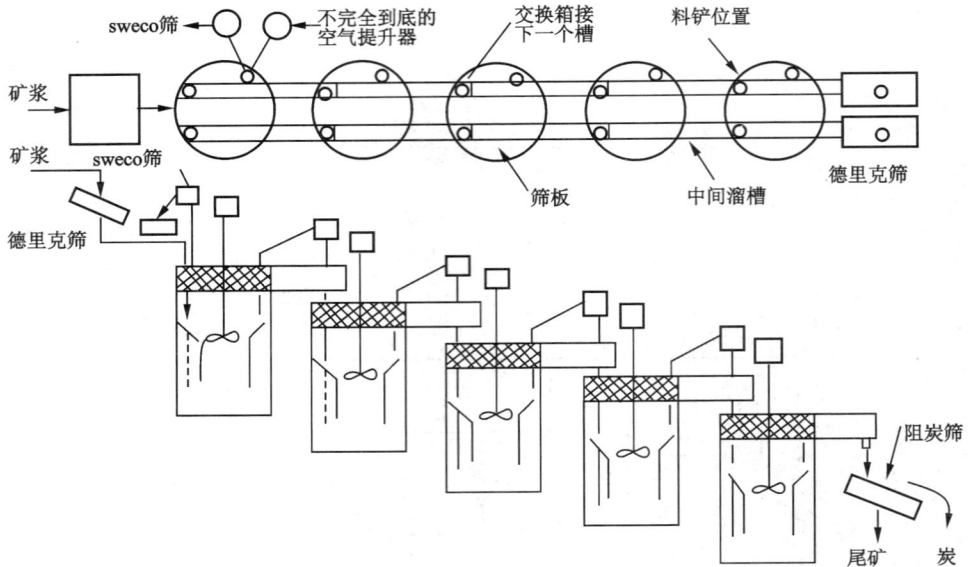

图 7-6　浸出吸附设备连接图

度快,二是应当具有很强的耐磨性能,此外,还应来源充足、价格低廉。国外使用的多为椰壳炭,我国除选用椰壳炭外,多选用杏核炭。对于从溶液中吸附金(活性炭柱),也可采用煤质炭。

吸附槽是炭浆厂的关键设备,对吸附槽的要求有:

(1)在吸附槽内炭和矿浆能最充分地接触。

(2)载金炭和矿浆在筛上能进行最有效地分离。

(3)尽可能地减少整个吸附系统内炭粒的磨损。

(4)在吸附槽内应尽量避免矿浆发生短路现象。

3. 解吸

解吸是吸附的逆过程。解吸剂不仅能从载金炭上把金银溶解下来,还应与金银生成牢固的配合物离子转入解吸后的溶液中。常用的解吸剂有氰化物碱性溶液、硫脲酸性或碱性溶液、氢氧化钠溶液、酒精及其他醇类溶液等。

常用的解吸法有:

(1)常压解吸法。该法是在常压、85~95℃下,用1%的氢氧化钠和0.1%~0.2%的氰化钠混合溶液,从载金炭上解吸金。解吸时间一般为24~26 h,解吸后炭上残金低于 155 g/t。其优点为不需加压设备,投资和运行费用低,缺点是解吸时间长,贵液的浓度低,解吸剂消耗量较大,适合于小规模生产。

(2)高温高压解吸法。该法的解吸液也是0.1%氰化钠和0.4%~1.0%的氢氧化钠溶液,在高温(130~170℃)、高压(300~600 kPa)条件下解吸。此法解吸至炭上残金小于155 g/t,仅用2~6 h,比常压法快。此法的优点是解吸快,效率高,药剂消耗少,活性炭循环周期短,适合于大规模生产。缺点是需要高压设备,投资较大。高温高压解吸法的工艺流程如图7-7所示。

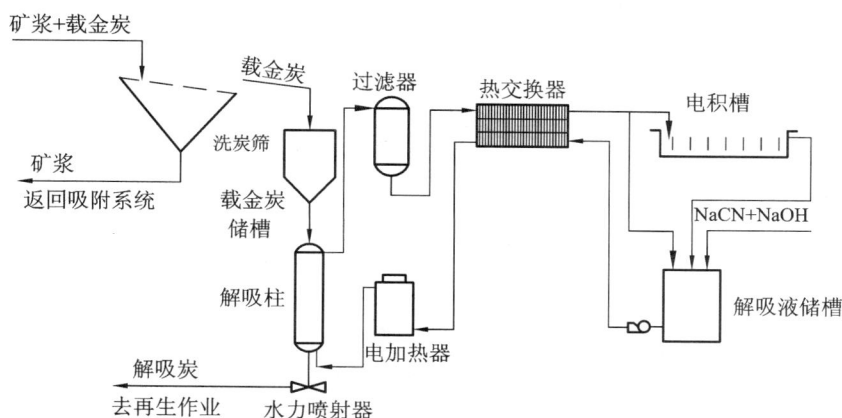

图 7-7 高温高压解吸工艺流程

从矿浆分离出来的载金炭,用水冲洗干净送入解吸设备。有些厂为了除去炭上吸附的无机物和贱金属,在解吸前先对载金炭进行酸洗。按要求配制好解吸液,然后泵送入热交换器、加热器,由解吸柱的底部进入解吸柱,经解吸,由顶部排出,再经过滤器除去溶液中的粉炭、细泥后,通过热交换降温,最后返回解吸液槽。如此不断循环,解吸系统逐渐升温,解吸液中金的浓度不断提高。经过一定时间后,解吸系统的温度、压力、贵液品位等条件达到要求时,将电积作业置于循环系统。此时,由解吸设备排出的贵液经过滤和换热降温后给入电积作业,金在电积槽内沉积在阴极上,电积贫液返回解吸液贮槽,继续循环解吸。

解吸结束后,贫液含金一般低于 10 mg/L,解吸金后的活性炭含金一般低于 100 g/t。

(3)酒精解吸法。此法是在 80℃ 和常压下,用 0.1% 氰化钠和 1.0% 的氢氧化钠再加上 20% 体积的酒精配成解吸剂,从载金炭上解吸金。酒精的加入可显著缩短解吸时间,一般只需 5~6 h 即可解吸完毕。此法的优点是解吸效率高,解吸后的活性炭不必再生处理即可重用。缺点是酒精易挥发、易燃易爆,且酒精消耗量大,成本较高。在设计这种解吸装置时,必须采取安全防火措施,同时必须安装有效回收酒精的装置。现在国外有的厂家试用甲醇、乙二醇和丙醇代替酒精。

4. 电积

电积在电解槽中进行。阳极为钻孔的不锈钢或石墨板,阴极为钢纤维或碳纤维(这些纤维放在塑料筐里或缠在圆筒上,也可用炭粒代替碳纤维),以载金解吸液作电解液,金的浓度为 300~600 mg/L。电解过程阴极沉积金、银和析出氢气:

$$Au(CN)_2^- + e \Longrightarrow Au + 2CN^-$$

$$Ag(CN)_2^- + e \Longrightarrow Ag + 2CN^-$$

$$2H_2O + 2e \Longrightarrow H_2\uparrow + 2OH^-$$

阳极析出氧及氰离子的氧化产物:

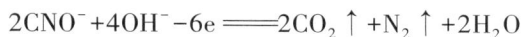

$$4OH^- - 4e \Longrightarrow 2H_2O + O_2\uparrow$$

$$CN^- + 2OH^- - 2e \Longrightarrow CNO^- + H_2O$$

$$2CNO^- + 4OH^- - 6e \Longrightarrow 2CO_2\uparrow + N_2\uparrow + 2H_2O$$

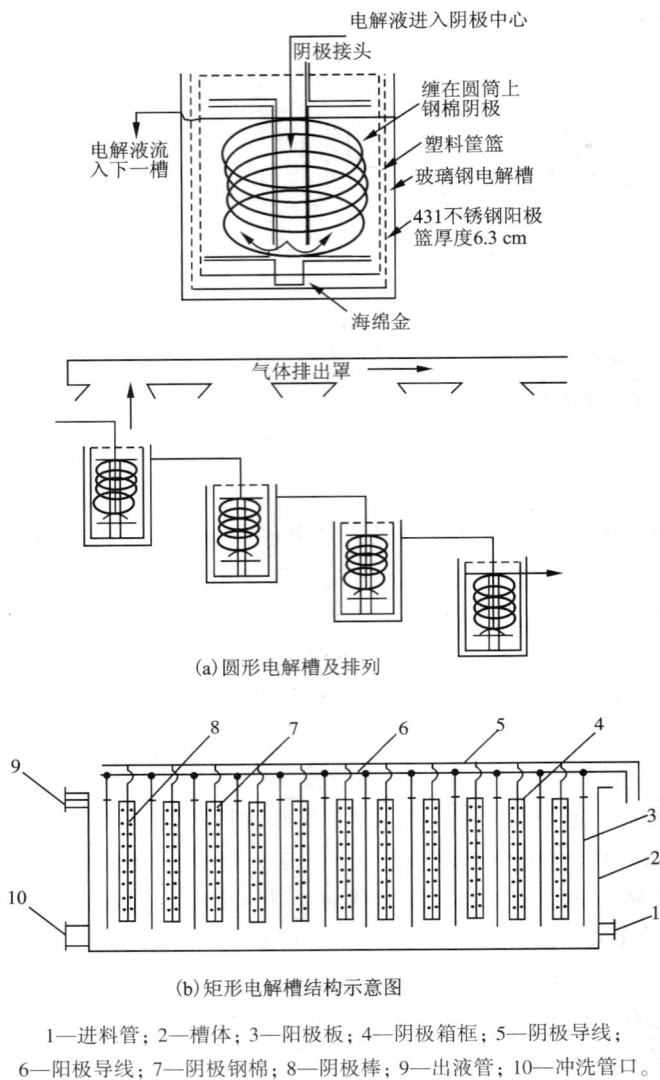

图 7-8　电解槽的构造及排列

工业上采用的电解槽，有圆形的，也有矩形的。电解槽的构造及排列如图 7-8 所示。电解时槽压通常为 $2.5 \sim 3.5$ V，电流密度为 $8 \sim 15$ A/m²，金的沉积率在 99% 以上。电解一定时间后，把阴极上沉积了金的钢棉取出，经酸洗后送去熔炼，铸成金锭。

5. 炭再生

活性炭在吸附时，不仅吸附了金银，也吸附有各种无机物和有机物，这些物质即使经过解吸也不可能都被除掉，从而造成炭粒的污染，炭孔的堵塞，影响了活性炭的吸附能力。因此炭在返回吸附系统之前，应进行活化再生处理。

活性炭再生包括酸洗和加热再生两个部分。酸洗即用 3%～7% 的盐酸或硝酸洗涤以除去其中的碱性氧化物。值得注意的是，在酸洗过程中，会产生剧毒的氰化氢气体，必须注意采

部分图注：
(a) 圆形电解槽及排列
(b) 矩形电解槽结构示意图
1—进料管；2—槽体；3—阳极板；4—阴极箱框；5—阴极导线；6—阳极导线；7—阴极钢棉；8—阴极棒；9—出液管；10—冲洗管口。

用适当的防护措施。

　　酸洗可以安排在载金活性炭解吸之前、载金活性炭解吸之后及加热活化之后进行。但为了确保再生活性炭的质量,酸洗在活性炭解吸之后进行较好。

　　加热活化主要除去吸附在炭上的有机物,而且还能扩张炭的孔隙,在炭的表面生成氧化物活性中心,使炭的活性得以充分恢复。加热活化通常在回转窑中用外加热的方法将炭加热至 $600\sim800{℃}$,保持 30 min,炭即可恢复活性。

　　与传统的氰化法比较,炭浆法(包括 CIP 和 CIL)有以下优点:

　　(1)省去了固液分离作业,且不必采用庞大的过滤和倾析设备,占地少,基建投资可节省 10%,故生产费用低。

　　(2)在处理低品位难选原矿时,可获得较高的金回收率,尤其适合于处理含泥较多、难于沉降和过滤、细泥吸附已溶金的矿石。另外,对含铜等杂质较多的溶液,对锌置换有不利影响,但却不妨碍活性炭吸附金。

　　(3)金的纯度高,熔炼时熔剂消耗少,金随炉渣和烟气的损失也少。

　　炭浆法也存在一些缺点:如全部矿浆需要预筛除木屑和大颗粒;有细粒载金炭随尾矿损失,因此要求高强度优质炭粒;有一定数量的大颗粒载金炭滞留于槽中暂时不能回收。

　　此外,活性炭的载金量有限,且对 $Ag(CN)_2^-$ 吸附效果差,因此,炭浆法不宜于处理高品位原矿或精矿及含银高的矿石。

7.3　树脂矿浆法

　　应用离子交换树脂作为吸附剂,从氰化矿浆中吸附金的方法,称为树脂矿浆法(RIP)。

7.3.1　离子交换树脂及交换反应

　　工业上用的离子交换树脂是人工合成的,它是有机高分子化合物、在酸性和碱性溶液中都能稳定存在的不溶解的固态三维聚合物。其组成中含有在水溶液中能离解的离子化基团。离子化基团由树脂的聚合物骨架(树脂基体)牢固结合的固定离子和与固定离子电荷符号相反的反离子构成。其结构如图 7-9 所示。

　　树脂的反离子就是与溶液中离子进行交换的离子。按照离子交换树脂中反离子电荷的符号,分为阳离子交换树脂和阴离子交换树脂。如以 R 表示带固定离子的离子交换树脂,A、B 分别表示树脂相和水相中交换的离子,则两相离子的交换反应可表示为:

$$\overline{R-A}+B \Longrightarrow \overline{R-B}+A$$

而阳离子交换树脂的交换反应可用下式表示:

$$\overline{R-H}+Na^++Cl^- \Longrightarrow \overline{R-Na}+HCl$$

上式表明阳离子交换树脂离子化基团组成中反离子 H^+ 与溶液中 Na^+ 离子进行交换。反应结果, Na^+ 离子进入树脂,而 H^+ 进入溶液中。

　　阴离子交换树脂的交换反应可用下式表示:

$$\overline{R-OH}+Na^++Cl^- \Longrightarrow \overline{R-Cl}+NaOH$$

溶液中的 Cl^- 进入树脂,而 OH^- 进入溶液。

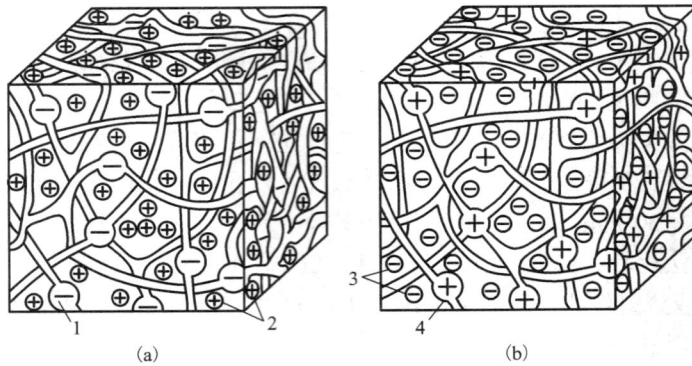

(a)阳离子交换树脂;(b)阴离子交换树脂;1、4—带固定离子的基体;2、3—反离子。

图7-9   离子交换树脂的空间模型

由于金的氰化物浸出液或矿浆中的金、银均以氰化配阴离子 $Au(CN)_2^-$、$Ag(CN)_2^-$ 的形式存在,所以从氰化工业中吸附回收金银无一例外均是使用阴离子交换树脂。

工业上使用的离子交换树脂,必须满足以下两点基本要求:

(1)无论是常温还是高温下,不溶于水或酸、碱的水溶液,即需具有不溶性和化学稳定性,保证树脂能多次重复使用。

(2)具有耐磨损和抗冲击负荷的高机械强度。为此,树脂基体中含有8%~12%的二乙烯苯。二乙烯苯的百分含量称为"交联度"。

树脂为规则球粒,粒度在0.2~1.2 mm中选择。

如果金、银和杂质金属氰根配离子共存于溶液中,则贵金属和杂质金属的氰根配离子均会被树脂吸附,在 AM-26 树脂上,其吸附顺序由强到弱为:$Au(CN)_2^-$,$Zn(CN)_4^{2-}$,$Ni(CN)_4^{2-}$,$Ag(CN)_2^-$,$Cu(CN)_4^{3-}$,$Fe(CN)_6^{4-}$。这顺序表明,树脂对 $Au(CN)_2^-$ 的亲和力最大,可把位于其后的其他阴离子取代出来。

7.3.2   吸附流程

用阴离子交换树脂从氰化矿浆中吸附金的典型流程如图7-10所示。

磨细和分级后的矿浆先送筛析工序分离其中的木屑。木屑是由矿石带入的木材经磨矿而成的,因为它会恶化氰化和吸附作业,所以应先筛分除去木屑。在浓缩前进行筛分除木屑比较合适,因为此时矿浆的浓度低,筛分不会发生困难。

除木屑、浓缩后的矿浆以含40%~50%固体的浓度进行氰化并送吸附工序。通常只有前2~3个槽作预氰化,如果氰化在磨矿时就开始,也可以不设预氰化槽,而仅设吸附浸出槽。在吸附系统中,矿浆和树脂是逆流运动的,从最末吸附槽排出的尾矿需经过检查筛分,回收细粒树脂,以免造成金的永久性损失。从第一个吸附槽产出的载金树脂在筛上与矿浆分离后,加水洗涤。洗涤后的树脂送跳汰机分离出大于0.4 mm的矿砂,经摇床选出精矿后返回再磨矿,跳汰机产出的树脂送再生工序解吸提金。

吸附浸出槽,苏联使用帕丘卡(即空气搅拌槽),并在槽上部装有筛子,如图7-11所示。借助于气升泵和筛子实现矿浆与树脂的逆向流动。槽子容积达500 m^3。

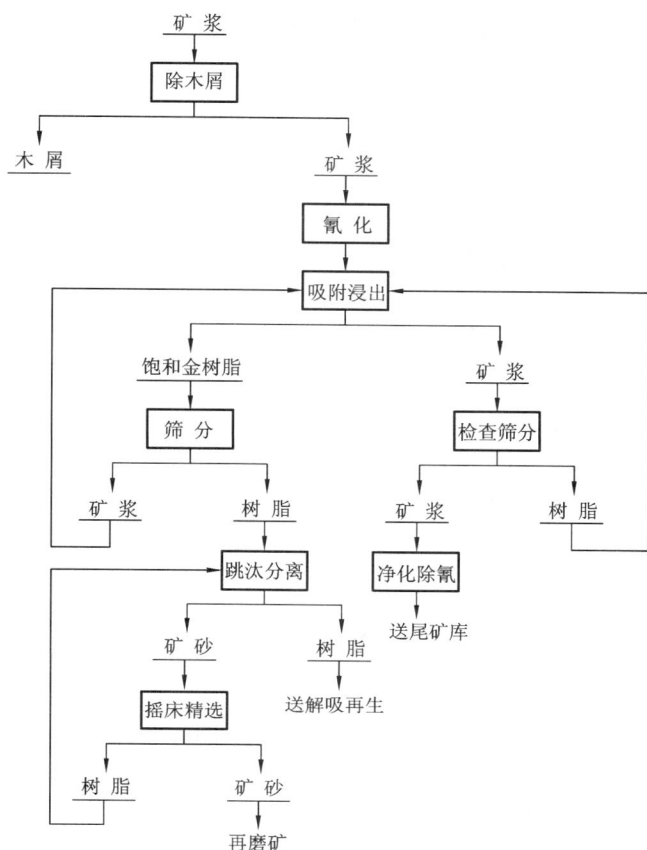

图 7-10　树脂从氰化矿浆中吸附金的典型流程

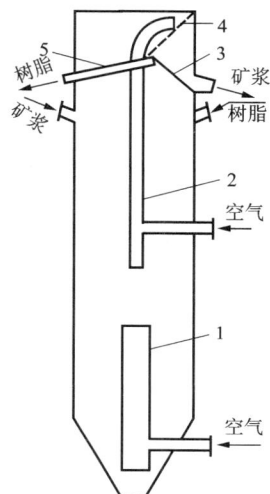

1—矿浆气动循环器；2—气升泵；
3—矿浆斗；4—筛子；5—树脂输送管。

图 7-11　吸附浸出帕丘卡工作原理

对于金品位 3~5 g/t 的矿石，树脂载金 5~20 kg/t，为原矿的 2000~4000 倍，因此，送去再生的树脂很少。

吸附浸出过程氰化物浓度为 0.01% ~ 0.02%，这比传统的氰化法低得多（0.03% ~ 0.05%），这是因为随着氰化物浓度的增加，溶液中的 CN^- 被树脂吸附的量也增加，因而降低树脂对金的吸附容量，此外随着 CN^- 浓度的增加，转入溶液的杂质种类和溶液也增加，同样导致树脂载金容量的降低。

7.3.3　载金树脂的再生

树脂再生的基本过程是解吸。由于离子交换树脂吸附金的选择性远低于活性炭，它们在吸附金的同时，通常会吸附超过几倍甚至十几倍至几十倍的贱金属和其他杂质。为此，只有对载金树脂进行深度净化，除去众多的杂质，才能使树脂接近恢复初始特性，再返回吸附过程。

再生的主要工序有：

1. 洗涤除泥和木屑

卸下的载金树脂通常含有矿泥和木屑，它会与解吸液反应并污染溶液，并使得试剂消耗增加，因此必须在解吸前用清洁水洗涤除去。洗涤的办法是将载金树脂放入再生柱中，通以新鲜的水流，最好是热水逆流洗涤。洗水返回氰化过程，洗涤作业一般需 3~4 h。

2. 用浓氰化物溶液洗铜、铁

树脂经洗泥后，用 4%~5%NaCN 溶液进行净化处理，以 CN^- 取代载金树脂中吸附的铜、铁配离子：

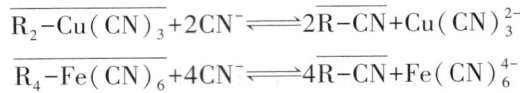

$$\overline{R_2-Cu(CN)_3}+2CN^-\rightleftharpoons 2\overline{R-CN}+Cu(CN)_3^{2-}$$

$$\overline{R_4-Fe(CN)_6}+4CN^-\rightleftharpoons 4\overline{R-CN}+Fe(CN)_6^{4-}$$

但这种解吸液解吸铜、铁的效率不高，同时一部分金、银也被洗出。所以，只有铜、铁在载金树脂中积累到严重影响树脂吸附金的容量时，才进行氰化处理。

3. 水洗氰化物

树脂经氰化处理后，树脂颗粒间残存的氰化物溶液约占再生柱总容积的 50%。向再生柱中供清洁水，一直进行到从柱中排出的洗水不含 CN^- 为止。洗涤通常耗时 15~18 h。

4. 酸处理解吸锌、钴和氰根离子

用 0.5%~3%的稀硫酸溶液处理树脂，以溶解锌及少量钴的氰配合物，并使树脂吸附的 CN^- 解吸并以 HCN 的形式逸出：

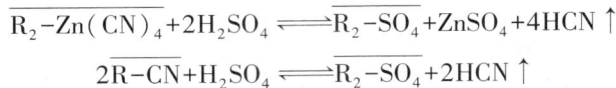

$$\overline{R_2-Zn(CN)_4}+2H_2SO_4\rightleftharpoons \overline{R_2-SO_4}+ZnSO_4+4HCN\uparrow$$

$$2\overline{R-CN}+H_2SO_4\rightleftharpoons \overline{R_2-SO_4}+2HCN\uparrow$$

酸处理时间为 30~36 h，1 体积树脂消耗 6 体积酸液。

5. 硫脲解吸金、银

酸性硫脲溶液是载金（银）树脂最佳的金、银解吸剂。硫脲的解吸作用是它与金、银生成稳定的配阳离子转入水溶液：

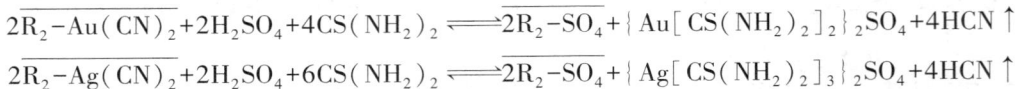

$$2\overline{R_2-Au(CN)_2}+2H_2SO_4+4CS(NH_2)_2\rightleftharpoons 2\overline{R_2-SO_4}+\{Au[CS(NH_2)_2]_2\}_2SO_4+4HCN\uparrow$$

$$2\overline{R_2-Ag(CN)_2}+2H_2SO_4+6CS(NH_2)_2\rightleftharpoons 2\overline{R_2-SO_4}+\{Ag[CS(NH_2)_2]_3\}_2SO_4+4HCN\uparrow$$

这种配阳离子不会被阴离子交换树脂吸附，从而能稳定存在于溶液中。解吸液的组成为 9%硫脲+（2%~3%）硫酸。

6. 洗涤硫脲

解吸金后，在树脂相和表面上都残留有硫脲，需用水洗涤除去。洗出的溶液返回配制硫脲溶液，再用于解吸。树脂中的硫脲应洗干净，因为含硫脲的树脂在吸附过程中，会在树脂相中生成难溶的硫化物沉淀，从而降低树脂的交换容量。

7. 碱处理

洗去硫脲后的树脂，要经过碱处理以除去树脂相中的硅酸盐等不溶物，并使树脂由 SO_4^{2-} 型转化为 OH^- 型。碱处理使用 3%~4%氢氧化钠溶液。过程消耗 4~5 倍树脂体积的碱液。

8. 洗涤除碱

用清洁水洗去树脂中过剩的碱液。

7.3.4　从解吸液中回收金、银

从含金、银的酸性硫脲溶液中回收金、银的方法主要有以下几种：

1. 置换沉淀法

用贱金属锌、铝、铅等来置换贵金属，例如用锌置换：

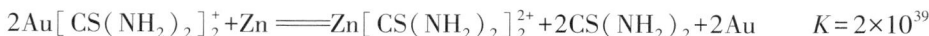

$$2Au\left[CS(NH_2)_2\right]_2^+ + Zn == Zn\left[CS(NH_2)_2\right]_2^{2+} + 2CS(NH_2)_2 + 2Au \qquad K = 2\times10^{39}$$

置换法产出的金泥品位低，金银总含量不超过 15%～20%。

2. 碱沉淀法

向含金银的硫脲解吸液中加碱，并加热至 50～60℃时，溶液中的硫脲会发生分解，金的硫脲配合物转化为硫化物沉淀。将该沉淀过滤、灼烧，灼烧后的烧渣含金、银 36%～50%。

使用离子交换树脂吸附回收金的早期，从解吸液中回收金银多采用置换法和沉淀法。这两种方法虽设备简单，回收速度快，但也存在如下一些缺点：①沉淀中金银的含量低；②消耗大量沉淀剂，特别是沉淀法因硫脲分解而增大硫脲的消耗量；③因硫脲溶液中杂质的积累降低硫脲对金、银的解吸速度。

3. 电积法

电积法是广泛应用于工业生产的方法，与沉淀法相比，其优点是可以得到高品位的贵金属，而不像处理金泥那样需要冗长的工序；大大降低试剂（硫脲）的消耗，避免了杂质对循环硫脲解吸液的污染，从而改善树脂再生过程的指标。

电积在特殊的电解槽中进行。阴极室和阳极室用阳离子交换膜隔开，阴极液为含金、银的酸性硫脲溶液（解吸液）；阳极液为 2% 的硫酸溶液。阴极用碳纤维或片状石墨；阳极采用石墨或钛网，现在工业上阳极多用钛网。其工艺流程如图 7-12 所示。

电积过程中，在阴极发生金、银的还原，同时再生硫脲：

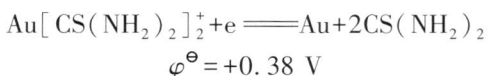

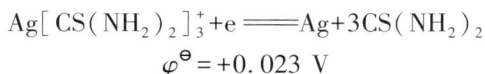

$$Au\left[CS(NH_2)_2\right]_2^+ + e == Au + 2CS(NH_2)_2$$
$$\varphi^\ominus = +0.38\ V$$

$$Ag\left[CS(NH_2)_2\right]_3^+ + e == Ag + 3CS(NH_2)_2$$
$$\varphi^\ominus = +0.023\ V$$

由于金、银的浓度不高，虽在大表面阴极上电积，除金、银析出外，还会有 H_2 析出：

$$2H^+ + 2e == H_2\uparrow$$

因此，电积的电流效率不高，按金计不超过 10%～15%。

在阳极，水分子氧化并析出气体氧：

$$2H_2O == 4H^+ + O_2\uparrow + 4e$$

所生成的 H^+ 会穿过阳离子隔膜，进入阴极液，如图 7-13 所示。

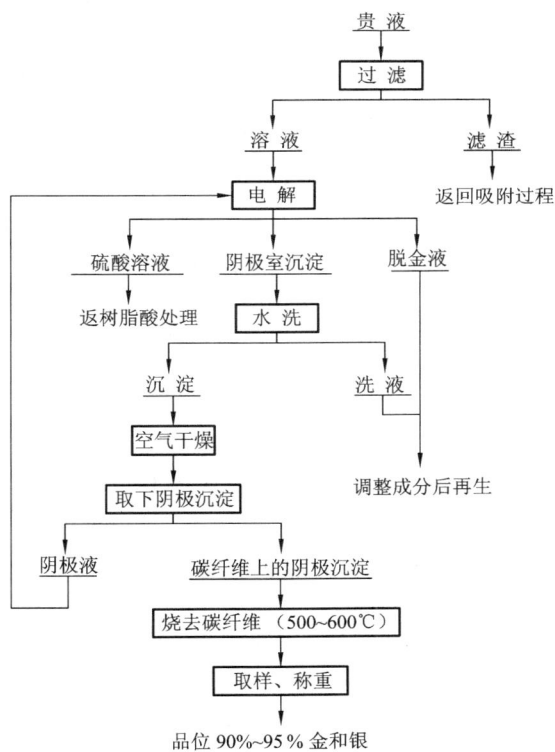

图 7-12　电积法从载金树脂的解吸液中提取金银的工艺流程

而处于阴极液中的硫脲，由于受隔膜的阻挡，不能进入阳极区，因而不会在阳极氧化。SO_4^{2-} 也留在阴极液中(因为阳离子膜不能透过阴离子)。这样，阴极液发生金贫化和硫脲、硫酸的积累，每沉积 1 mol 金，将积累 2 mol 硫脲和 0.5 mol H_2SO_4，而阳极液成分不改变。

碳纤维阴极比表面积大($0.2～0.3\ m^2/g$)，为硫脲-金的配合物 $Au[CS(NH_2)_2]_2^+$ 向阴极扩散提供了极好的条件，故生产率比相同尺寸的平板电极高60～100 倍。1 kg 碳纤维可以沉积 50 kg 金。阴极取出后用水洗、吹干，在 500～600℃下烧去碳基体，即得含金(银)90%～95%的金粉产品，阴极液返回解吸金。

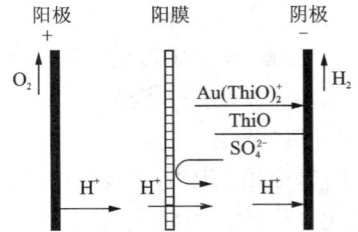

图 7-13　阳离子隔膜电解

7.3.5　树脂矿浆法和炭浆法的比较

树脂矿浆法在苏联、南非和我国已得到工业应用，特别是在苏联，已广泛用于大型氰化厂，成为一种基本的生产工艺。它的技术经济指标及对原料的适应性，不亚于炭浆法。两者比较如下：

(1)树脂矿浆法的吸附(离子交换)速度比炭浆法快，载金能力较强。

(2)载金树脂在常温下即可解吸，而载金活性炭需要加温解吸。

(3)树脂较易再生，活性炭的再生比较困难，需一套活化设备。

(4)树脂不吸附钙，而活性炭吸附钙。

(5)活性炭价格比树脂低，但活性炭易磨损，每吨矿石耗损活性炭 50～100 g，而树脂为10～20 g。

(6)活性炭对金、银的选择性好，树脂则较差。

(7)树脂对 CN^- 的吸附容量大，因而污水易处理。

(8)载金活性炭与矿浆较易分离。

(9)树脂矿浆法可以处理含碳的金矿。

7.4　氰化法提金应用实例

7.4.1　浮选精矿的搅拌氰化-锌置换提金

我国某厂处理含金黄铁矿石英矿石，金属矿物主要为黄铁矿、磁黄铁矿、闪锌矿、方铅矿、黄铜矿、磁铁矿、银金矿和自然金。脉石矿物主要为石英、绢云母、斜长石、白云石、角闪石、高岭土等。自然金呈圆粒状、长条状及不规则状分布于黄铜矿、黄铁矿及石英中。原矿含金约 10 g/t，含铜 0.1%。

该厂采用浮选和氰化提金联合流程。矿石经混合浮选和分离浮选后，获得金铜精矿和含金硫精矿。金铜精矿含金 500～1000 g/t，含铜 4%，金回收率约 50%。含金硫精矿含金 80～100 g/t，含铜小于 0.1%，含硫 35%～40%，金回收率约 40%。金铜精矿送冶炼厂处理，含金硫精矿用搅拌氰化法就地产金，其流程如图 7-14 所示。

含金硫精矿再磨至-200 目（-0.074 mm）占 98%，pH 为 11，经浓缩（加 3 号凝聚剂）脱除黄药、2 号油和可溶性盐类，底流浓度达 25%~30%。底流送五台串联机械搅拌槽中进行氰化浸出，槽中还插入几根压风管进行充气，浸出时的氰化钠浓度为 0.1%~0.12%，pH 为 10，浸出 24 h，金浸出率为 94.2%。浸出后的矿浆送三层浓缩机进行液固分离和连续逆流洗涤，氰化尾矿含金约 2 g/t，含硫 35%~40%，送尾矿库自然干燥后以硫精矿出售。三层浓缩机溢流（贵液）含金大于 10 mg/L，经砂滤箱澄清后送锌丝置换沉金，置换时加入醋酸铅，金沉析率达 99.5%，脱金液（贫液）含金 0.05~0.1 mg/L，其中一部分返回三层浓缩机最下层进行洗涤，其余部分用漂白粉处理后废弃。置换沉金所得金泥含金 2%~5%，经硫酸洗涤、烘干灼烧后，加入硝酸盐、硼砂作熔剂，在转炉中熔炼成含金 40%~50% 的合金。金的冶炼回收率达 98%，金的总回收率为 85%。

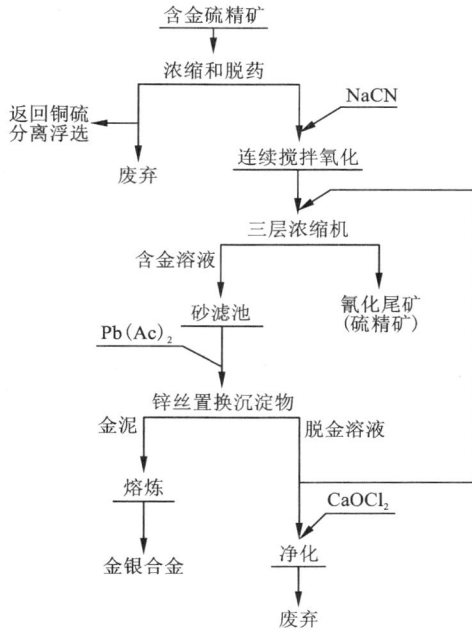

图 7-14　我国某厂含金硫精矿搅拌氰化工艺流程

7.4.2　常规堆浸–活性炭吸附提金

我国灵湖金矿矿石属含金石英脉氧化矿，矿物组分简单，石英等脉石占 90% 以上，主要金属矿物为褐铁矿、磁铁矿及赤铁矿。自然金多呈细粒（-0.074 mm），64.4% 赋存于褐铁矿的孔穴中，10.4% 赋存于石英的裂隙和晶粒间，但也有 25.5% 包裹于石英晶体中。采出的高品位矿石采用全泥氰化炭浆法提金，采出的低品位矿石及含金围岩，矿石含金约 3 g/t，采用常规堆浸炭浆法提金，有固定堆场 4 个，每堆约 1500 t。

该矿堆浸于 1981 年建成投产。场地先用推土机整平压实，并修整成三面高一面低向中间汇液的坡度约 5% 的堆场，上铺聚乙烯塑料膜二层，再铺油毛毡一层，周围修筑高 300 m 的防雨排水沟。堆下铺一厚层块度约 300 mm 的低品位大块矿，再用-50 mm 的矿石筑成长宽高各约 3 m 的堆。

浸出使用淋浴喷头先喷淋石灰水 5~10 d 至 pH 10~11 后，再喷含 NaCN 0.03%~0.05% 的浸矿液，喷液量 10~20 L/（m^2·h），浸出时间 50~60 d，金的浸出率为 62.50%~66.33%。

贵液含金 3~4.6 mg/L，用 3~4 只 ϕ300 mm×1200 mm 炭柱串联吸附金。每柱装活性炭 25~30 kg，溶液流速 1~3 L/min，金的吸附率为 97.09%~98.03%。

载金炭含金 9 kg/t，使用含 NaCN 5%、NaOH 2% 的溶液在 95℃ 解吸 2~6 h，并用 10 体积水洗 10 h，金的解吸率 98.13%。解吸液含金 300 mg/L，使用钛板阴极在极间距 35 mm、电压 3~3.5 V，阴极面积电流 15~20 A/m^2 条件下电解 24~48 h，金的电积回收率为 98.06%。从阴极刮下的海绵金用火法熔炼，产出的合金锭含金大于 90%。

电解后的尾液含金 6 mg/L 左右，经净化后返回用于解吸炭的洗涤。

7.5　含氰污水的处理

氰化提金过程产出大量的脱金贫液，俗称含氰污水。含氰污水的处理大致有三种方法：①脱金贫液直接返回氰化有关作业循环使用，如返回磨矿、配制新氰化试剂、洗涤浓缩底流等；②含氰污水净化，采用化学药剂破坏含氰污水中的氰化物，使含氰污水转变为无毒废水；③氰化物再生回收，采用酸处理含氰污水，使氰根呈氰化氢气体逸出，随后用碱液吸收获得浓氰化物溶液，此法既能净化含氰污水，同时又能回收氰化物。

7.5.1　含氰污水直接返回使用

含氰污水直接返回氰化作业循环使用是污水处理的最佳方案，脱金贫液的适量返回不仅不会降低金银的浸出率，而且可降低氰化物的消耗量，有利于氰化提金厂的水量平衡。只将过剩的部分贫液经处理后排放。

7.5.2　含氰污水净化

含氰污水净化的方法很多，如碱性氯化法、SO_2-空气氧化法、铁离子沉淀法和生物净化法等。

1. 碱性氯化法

在碱性介质（pH=8~9）中，可用漂白粉 $CaOCl_2$、次氯酸钠（NaClO）或氯气分解含氰污水中的氰化物。此法能将污水含氰浓度降至 0.1 mg/L，而且沉渣少、设备简单、工艺成熟，因此在国内外氰化厂广泛应用。

其反应为：

$$2CaOCl_2+2H_2O \Longrightarrow 2HClO+Ca(OH)_2+CaCl_2$$
$$CN^-+ClO^-+H_2O \Longrightarrow CNCl+OH^-$$
$$CNCl+2OH^- \Longrightarrow CNO^-+Cl^-+H_2O$$
$$2CNO^-+3ClO^- \Longrightarrow CO_2\uparrow+N_2\uparrow+3Cl^-+CO_3^{2-}$$

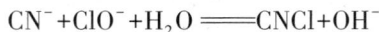

从上述反应式可知，加漂白粉净化时，漂白粉先分解为次氯酸，然后将氰根氧化为氰酸盐，此过程称为局部氧化。氰酸盐继续被次氯酸根进一步氧化为二氧化碳气体和氮气，此过程称为完全氧化。

局部氧化时 $CN^-:Cl_2=1:2.73$
完全氧化时 $CN^-:Cl_2=1:6.83$

漂白粉净化含氰污水时主要控制投药量、溶液 pH 和反应时间。

漂白粉的投入量取决于漂白粉中活性氯的含量（一般为 20%~30%）、污水中氰根离子浓度及其他耗氯物质的含量。漂白粉的投入量应使污水中的氰根离子完全氧化为二氧化碳及氮气。氰酸根（CNO^-）的毒性虽然只有氰根（CN^-）的千分之一，但在某些条件下（如在河流中），氰酸根可被还原为氰根离子。因此，应将污水中残存的氰酸根离子（CNO^-）全部氧化为二氧化碳和氮气。

漂白粉的投入量一般为理论量（$CN^- : Cl_2 = 1 : 2.73$）的 3~8 倍，投药有湿法和干法两种方法。湿法投药是将漂白粉配成 5%~15% 的溶液加入，干法投药是将漂白粉破碎至细粒后直接加入。湿法投药反应时间短而且较安全，常被企业采用。

在氧化过程，反应时间主要与介质 pH 有关。氧化初期，一定要保证 pH 达 10 以上，因为中间产物 CNCl 易挥发，其毒性和 HCN 相当。只有在碱性较强的溶液中，CNCl 才能与 OH^- 反应生成 CNO^-。实践证明，pH<9 时，CNCl 的水解反应很不完全，而且反应速度很慢，有时长达数小时以上，而当 pH>10 时，反应只需 10~15 min 便可完成。

完全氧化阶段，pH 控制在 7.5 至 8.5 之间最有效，反应时间约需 30 min。

2. SO_2-空气氧化法

此法是国际镍公司（INCO）80 年代初研制的，它克服了碱性氯化法不能除去铁氰配合物的缺点，除游离氰外，其余含氰配合物都能除去。氰的除去率可达 99%，重金属离子浓度可降至 1 mg/L 以下。其主要反应为：

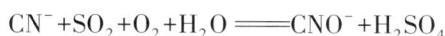

$$CN^- + SO_2 + O_2 + H_2O \longrightarrow CNO^- + H_2SO_4$$

该法是在温度 40~60℃ 下，加入 $CuSO_4$ 作催化剂，向废液中鼓入含 SO_2 1%~3% 的空气（或烟气），并不断加石灰乳使 pH 保持在 9 至 10 之间。用于处理含总氰量为 400~1000 mg/L 的贫液时，经 24 h 净化，总氰可降至 0.7 mg/L，弱酸可溶氰化物通常小于 0.2 mg/L。

SO_2-空气氧化法能在室温下快速反应，处理后的废液中总氰小于 1 mg/L，能达到排放标准，而且该法采用的氧化剂（SO_2），可来源于焙烧炉的烟气或燃烧单质硫，价廉易得，所以处理成本较低，净化效果很好，这是一种很有发展前途的新方法。

7.5.3　氰化物的再生和回收

含氰污水中含有大量的游离氰化物及铜、锌、铁的氰配合物，还含有相当数量的硫氰化物及其他杂质，通常采用硫酸酸化法和硫酸锌-硫酸法可消除含氰污水的毒性，并同时再生回收氰化物及回收其中所含的铜、银等有价组分。

1. 硫酸酸化法

硫酸酸化法又称密尔斯-克鲁法，是目前工业上应用最广泛的再生回收氰化物的方法。其原理是往接近或高于 26.5℃（HCN 的沸点温度）的含氰溶液中加硫酸或通 SO_2（来自焙烧炉或燃烧硫磺的炉气）使 pH 小于 7，游离的氰化物和铜、锌等金属离子的氰配合物分解生成易挥发的 HCN，将挥发出来的 HCN 用碱液[NaOH 或 $Ca(OH)_2$]吸收，净化过程中形成的有价金属化合物沉淀可经浓缩过滤回收。因此，酸化法的作业包括酸化、吹脱、碱吸收和过滤四个过程。

（1）酸化

当往含氰污水中加酸时，首先中和保护碱，然后分解游离的氰根和金属与氰根的配合物生成 HCN 气体：

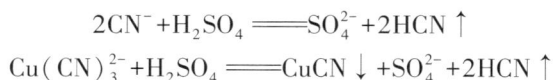

$$2CN^- + H_2SO_4 \longrightarrow SO_4^{2-} + 2HCN \uparrow$$

$$Cu(CN)_3^{2-} + H_2SO_4 \longrightarrow CuCN \downarrow + SO_4^{2-} + 2HCN \uparrow$$

含氰污水中的硫氰化物及铁氰配合物在硫酸轻微酸化时不会分解为氰化氢。此时会发生包括生成 $CuCNS$、$Cu_4Fe(CN)_6$ 等物质的许多副反应，这些物质经转化可生成 HCN 和 H_2S 气体。

（2）吹脱

将酸化处理后的溶液，充分地暴露在空气中，借助于空气流的作用，使反应生成的氰化氢从液相中挥发逸出并随气流带走，可以使污水中氰化物的净化率达96%以上。

（3）碱吸收

逸出的 HCN 随气流带走后，用浓度大于15%的 NaOH 溶液循环吸收，生成氰化钠而回收：

$$HCN+NaOH =\!\!\!= NaCN+H_2O$$

同时，过程中产生的 H_2S 气体也在吸收器中与碱作用生成 Na_2S，造成碱的消耗。可向溶液中加入密陀僧（PbO）或硝酸铅分解 H_2S，可消除其有害影响。

（4）过滤

经酸化、吹脱处理后的废水中有 CuCN、CuCNS 及 AgCNS 等乳白色的化合物沉淀，可通过浓缩过滤将其回收。其浓缩溢流或滤液经再处理（中和残酸或再处理残氰）后，排放到尾矿库或污水池。

酸化法原则工艺流程如图 7-15 所示。

2. 硫酸锌-硫酸酸化法

硫酸锌-硫酸酸化法又称基科法。其原理是向氰化污水中加入硫酸锌，使氰离子及铜、锌等金属离子的氰配合物转化为白色的氰化锌沉淀：

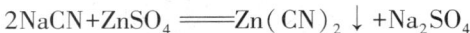

$$2NaCN+ZnSO_4 =\!\!\!= Zn(CN)_2\downarrow +Na_2SO_4$$
$$2NaCu(CN)_2+ZnSO_4 =\!\!\!=$$
$$Zn(CN)_2\downarrow +2CuCN+Na_2SO_4$$

将产生的 $Zn(CN)_2$ 分离出来加硫酸酸化，使 $Zn(CN)_2$ 分解放出 HCN：

$$Zn(CN)_2+H_2SO_4 =\!\!\!= ZnSO_4+2HCN\uparrow$$

日本某金矿采用硫酸锌-硫酸酸化法处理含氰化物浓度（折算为 KCN）1510 mg/L 的废液，氰化物的总回收率88%，处理后废液中的氰化物浓度（折算为 KCN）降至 50 mg/L。其工艺流程如图 7-16 所示。

该法只需对少量的氰化锌沉淀进行酸化处理，酸的用量少，处理成本低。

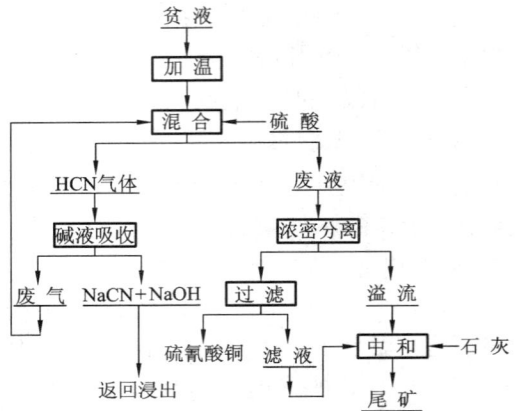

图 7-15　酸化法回收氰化物的原则工艺流程

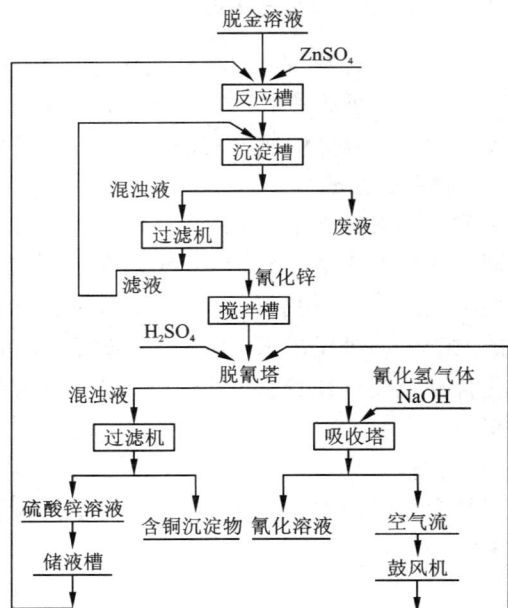

图 7-16　硫酸锌-硫酸酸化法回收氰化物工艺流程

7.6　氰化物的安全防护

氰化物都是剧毒物质。据报道，口服 0.1 g 氰化钠或 0.12 g 氰化钾或 0.05 mg 氢氰酸均可使人瞬间致死，1 kg 的动物吸收 0.1~0.14 mg 氰化钠或 0.06~0.09 mg 氰化钾即可死亡。

在氰化法提取金银的生产过程中，最主要的氰毒来自氰化液的充气、加热和酸化作业时逸出的 HCN，以及氰化物的固体粉尘和含氰溶液。

氰化物中毒，可由吸入 HCN 气体或者氰化物从皮肤裂口、伤口侵入血液而引起。氰化物进入人体后，生成氰化氢，抑制细胞色素氧化酶，使之不能吸收血液中的溶解氧，造成生物氧化作用不能正常进行而发生细胞内窒息。

氰化物中毒主要为急性中毒，临床症状可分为四期：

(1)前驱期。眼及咽喉等上呼吸道出现刺激、灼烧、麻木、呕吐，并伴有头昏、头痛、耳鸣、乏力、大便紧迫等。

(2)呼吸困难期。胸闷、心悸、呼吸急迫、血压升高、脉搏加快、心律不齐等，逐渐神志不清而进入昏迷。

(3)痉挛期。痉挛、惊厥、大小便失禁、大汗和体温下降。

(4)麻痹期。感觉和反射消失，呼吸浅、慢渐至停止。

急性氰中毒的重症，如能及时、妥善抢救，可能制止病情发展，使中毒者有获救希望。急性中毒的轻症经抢救后，可在 2~3 d 后逐渐好转并恢复健康。

长期小量吸入的慢性中毒，可引起神经衰弱、全身乏力、神经肌肉痛及胃肠道症状等。皮肤接触的中毒，可引起斑疹、丘疹和疤疹。氰化钾接触皮肤能生成小疖和小疱。

对剧毒的氰化物，生产中应以预防为主。主要预防措施有：

(1)工作人员必须按规定佩戴劳保用品。

(2)所有进行氰化物溶液作业的工作区，都应有换气通风装置，每个可能析出氰化氢的设备都应有局部通风。在有可能有大量氰化氢逸到空气中的地方，要有紧急通风系统，或装上自动报警器，当空气中 HCN 含量增高时及时报警。

(3)工艺过程的控制及设备监督尽可能自动化和远距离操作。

(4)工作后应淋浴和更衣，并用专门配好的解毒液或清水洗手。严禁将食物和餐具带入现场，严禁在现场吸烟。

(5)有氰化物的地方着火，不能用二氧化碳灭火器救火，否则会产生有毒、易燃的 HCN气体。

(6)生产工厂应备有急救药物及设备，操作人员不但要懂得预防中毒，还应熟悉中毒的抢救方法，以便及时就地抢救。

当 HCN 气中毒时应立即将中毒者撤离现场，到空气新鲜的地方去，并给中毒者吸入硝酸戊醋，必要时进行人工呼吸。如果是氰化物(液体或固体)经消化道进入人体，口服 0.4%高锰酸钾溶液或 2%双氧水，然后用纸管刺激咽喉，使其呕吐。

抢救中毒者最要紧的是及时发现，并在任何情况下，不论中毒轻重，都要找来医生。

第 8 章　硫脲法提金

氰化法由于成本低、金回收率高、工艺成熟，至今仍是一种占据统治地位的提金工艺。但它需要使用剧毒的氰化物，过程中产出的氰化渣、氰化残液等废弃物易对环境造成严重污染，操作不慎易发生人身中毒，而且氰化物浸金速度缓慢，对于含有 Cu、As、Sb 的金矿效果很差。因此，人们一直在寻求无毒或低毒的非氰化物提金溶剂，在已探索过的许多非氰溶剂中，最有前途的似乎是有机试剂硫脲。试验研究表明，硫脲酸性溶液浸出金银具有浸出速度高、毒性小、药剂易再生回收和铜、砷、锑、碳、铅、锌、硫的有害影响小等特点，适用于从氰化法难处理或无法处理的含金矿物原料中提取金银。经过 50 多年的试验研究，硫脲法提金作为低毒提金新工艺发展日臻完善，已经由试验研究阶段逐渐进入工业生产阶段。

8.1　硫脲的性质

硫脲又称硫化尿素，是一种白色而有光泽的菱形六面结晶体，味苦，微毒，无腐蚀作用。分子式为 $SC(NH_2)_2$，分子量 76.12，密度 $1.405\ g/cm^3$，熔点 $180\sim182℃$。易溶于水，水溶液呈中性，20℃时在水中的溶解度为 $9\%\sim10\%$，25℃时为 14%，能满足硫脲浸出金对浓度的任何要求。

硫脲在碱性液中不稳定，易分解为硫化物和氨基氰：

$$SC(NH_2)_2 + 2NaOH =\!=\!= Na_2S + CNNH_2 + 2H_2O$$

分解生成的氨基氰可水解为尿素：

$$CNNH_2 + H_2O =\!=\!= CO(NH_2)_2$$

而且在碱性介质中，硫脲分解生成的 S^{2-} 还可与溶液中的 Au^+、Ag^+、Cu^{2+} 等各种金属阳离子生成硫化物沉淀。

在酸性溶液中硫脲具有还原性，它的配制液长时间存放时，可被氧化成多种产物，故通常应现配现用。在室温下的酸性介质中，硫脲易被氧化为二硫甲脒：

$$2SC(NH_2)_2 =\!=\!= (SCN_2H_3)_2 + 2H^+ + 2e$$

而 $\varphi^{\ominus}[(SCN_2H_3)_2/SC(NH_2)_2]=0.42\ V$，比 25℃时硫脲溶金过程 $Au(SCN_2H_4)_2^+/Au$ 的标准电位 0.38 V 高，因此，在溶金过程中二硫甲脒是活泼的氧化剂。它可进一步分解为硫脲、氨基氰和元素硫。

硫脲在酸性或碱性溶液中，加热至 60℃时均会发生水解：

$$SC(NH_2)_2 + 2H_2O =\!=\!= CO_2 + 2NH_3 + H_2S$$

8.2　硫脲溶金的原理

在氧化剂存在的条件下，金(银)可溶于硫脲酸性溶液中，一般认为硫脲酸性溶液溶解金属于电化学腐蚀过程，其反应如下：

$$Au+2SC(NH_2)_2 =\!=\!= Au(SCN_2H_4)_2^+ +e$$

$$\varphi^{\ominus}(Au(SCN_2H_4)_2^+/Au)=0.38\ V$$

根据能斯特方程，$Au(SCN_2H_4)_2^+/Au$ 电对的电位为：

$$\varphi(Au(SCN_2H_4)_2^+/Au)=\varphi^{\ominus}(Au(SCN_2H_4)_2^+/Au)+\frac{0.0592}{n}lg\frac{\alpha_{Au(SCN_2H_4)_2^+}}{\alpha^2_{SC(NH_2)_2}}$$

$$=0.38+0.0592\ lg\alpha_{Au(SCN_2H_4)_2^+}-0.1184\ lg\alpha_{SC(NH_2)_2}$$

由上式可知，在硫脲酸性液中金被氧化溶解的平衡电位仅与硫脲的游离浓度和金硫脲配阳离子浓度有关。硫脲酸性液溶金时因生成金硫脲配阳离子，使 Au^+/Au 电对的标准还原电位由+1.68 V 降至 $Au(SCN_2H_4)_2^+/Au$ 电对的+0.38 V，因而金在硫脲酸性液中易被常用氧化剂氧化呈配阳离子转入硫脲酸性液中。采用酸性液可以提高溶液中硫脲的稳定性，从而可以提高溶液中硫脲的游离浓度。

$Au(SCN_2H_4)_2^+/Au$ 电对与 $(SCN_2H_3)_2/SC(NH_2)_2$ 电对的标准还原电位相近（分别为 +0.38 V 和+0.42 V），所以选择合适的氧化剂类型及其用量是实现硫脲提金的一个关键问题。

实验研究证明，硫酸铁作氧化剂比较合适，而且溶液中有溶解氧存在时比较有利。因此硫脲溶金的总化学反应式可表示为：

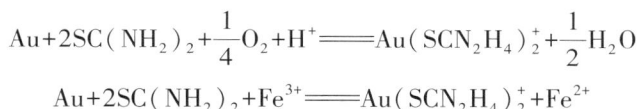

$$Au+2SC(NH_2)_2+\frac{1}{4}O_2+H^+ =\!=\!= Au(SCN_2H_4)_2^+ +\frac{1}{2}H_2O$$

$$Au+2SC(NH_2)_2+Fe^{3+} =\!=\!= Au(SCN_2H_4)_2^+ +Fe^{2+}$$

与氰化溶金(银)相似，要使金(银)以最大速度溶解，溶液中硫脲浓度与溶液中氧的浓度应保持一定的比值。在室温条件下，其比值为 10~20。

由硫脲溶金时，溶液中的氧化剂除了溶解的氧外，还有高铁盐，而且高铁盐在溶液中的浓度比氧的浓度要高得多，所以硫脲溶金比氰化物更有利。

硫脲浸金时可用调节溶液酸度和氧化剂用量的方法控制溶液的还原电位，使金能氧化配合浸出，使硫脲的氧化分解减至最低值以获得较高的金浸出率。

8.3　硫脲提金的技术条件控制

1. 硫脲浸出的 pH

硫脲提金时，一般采用硫脲酸性液作浸出剂，常用硫酸调节介质 pH，因为硫酸既可防止硫脲被快速氧化，又能离解出大量 H^+ 使溶液易于达到要求的 pH，设备的防腐也简单些。但硫酸加入水中是放热反应，故配制矿浆时应先加硫酸，调好 pH 后再加硫脲，以免矿浆局部温度过高而造成硫脲的氧化损失。

介质酸度与硫脲浓度有关，一般介质酸度应随硫脲浓度的提高而增大。但介质酸度过高会增加杂质矿物的溶解，使硫脲消耗增加并降低金的浸出率，实验研究 pH 多控制在 1 至 4 之间。

2. 矿浆的浓度

浸出矿浆的液固比影响硫脲用量和矿浆的黏度。提高浸出矿浆的液固比，可降低矿浆的黏度，有利于药剂扩散、矿浆搅拌、输送及固液分离。当其他条件相同时，矿浆液固比大可获得较高的金浸出率。浸液中金含量将随浸出液固比的提高而下降，高液固比会增大后续工序的处理液量。浸出矿浆的浓度通常采用液固比 2∶1。当处理含大量矿泥黏性氧化矿浆时，也可将固液比适当提高。

3. 矿浆温度

硫脲法浸出金、银的作业通常是在室温和常压下进行。试验也证明，金、银的初始溶解速度随作业温度的提高而加快。但温度的提高会使溶液中硫脲的氧化速度加快，而使金、银的溶解速度随时间的延长急剧下降。当温度升高至 100℃ 左右时，硫脲会剧烈氧化而失效。故硫脲提金的作业温度主要取决于硫脲的稳定性，以尽量减少硫脲在浸金过程中的损失。大多数研究者认为应在低于或等于 25℃ 的条件下进行。

8.4　硫脲提金实例

经报道的硫脲提金工艺主要有常规硫脲浸出法、硫脲浸出-铁板置换法、硫脲浸出-SO_2 还原法(SKW 法)等。其中一些已小规模地在实践中得到应用，有一些仍处在工业试验阶段。

现今硫脲法提金的原料大多使用含金高的金精矿或焙砂，作业技术几乎与用压缩空气进行搅拌浸出的氰化法一样，只是需要采用耐酸设备。从浸出矿浆中回收金的方法多采用铁浆法和炭浆法等。

1. 常规硫脲浸出法

此法是向 pH 为 1.5~2.5(用硫酸调节)的酸性硫脲矿浆中鼓风搅拌进行金银浸出的常规方法。矿浆中的已溶金经过滤洗涤后，采用置换、吸附或电解法从滤液和洗液中回收金。

澳大利亚新南威尔士的新英格兰锑矿用硫脲法处理含金 30~40 g/t 的锑精矿，浸出规模 8 t/d，浸出时间仅 15 min，浸出后用压滤机过滤，滤液中加入活性炭吸附浸出的金，活性炭最后的载金量可达 6000~8000 g/t，金的回收率在 50%~80%。

2. 硫脲浸出-铁板置换法提金

此法是在硫脲浸出金时向浸出槽的矿浆中插入一定面积的铁板，使已溶金、银及铜、铅等电位比铁正的金属离子沉积在铁板上。由于沉积速度较快，一般每 2 h 要提出铁板刮洗一次金泥，然后再插入槽中继续使用。

此法属于无过滤作业，设备和操作都较简单，金的沉积回收率也可稳定在 99% 以上，已在我国的一些矿山推广应用。

某金选厂用浮选法获得含金黄铁矿精矿，主要金属矿物为黄铁矿、黄铜矿、方铅矿、闪锌矿、褐铁矿、孔雀石和自然金。脉石矿物主要为石英、绢云母、绿泥石、高岭土及碳酸盐类矿物。绝大部分自然金呈细粒嵌布。工业试验的工艺条件为：浮选精矿再磨至-0.045 mm 占 80%~85%，矿浆液固比 2∶1，硫脲用量 6 kg/t(原始浓度 0.3%)，用硫酸调整 pH 在 1 至 1.5 之间，铁板置换面积 3 m²/m³ 矿浆，金泥刷洗时间间隔 2 h，浸置时间 35~40 h，金浸出率大于 94%，置换沉积率大于 99%。

硫脲浸出-铁板置换提金工艺对原料的适应性广，指标稳定可靠，但硫酸和铁板消耗量大，所得金泥品位较低(含金仅 1%~5%)，而且含有大量的黄铁矿及其他矿物的矿泥，因此金泥处理工序相当复杂。该工艺的适应性试验表明，其工艺指标与氰化提金相当，但生产成本略高于氰化提金。

第三篇　冶金副产品中贵金属的回收

第 9 章　阳极泥中贵金属的综合回收

在铜、铅、锑、铋、锡、镍等重金属冶金过程中均产出含贵金属的副产品，其中铜、镍、铅、锑、锡等粗金属电解精炼过程产出阳极泥，而铋、铅等粗金属火法精炼还产出银锌壳，这些副产品中的主要有价(值)金属为金银，是提取金银的原料。本章主要介绍从铜、铅阳极泥中回收贵金属的工艺。

9.1　阳极泥的组成和性质

9.1.1　铜阳极泥的组成和性质

铜阳极泥是由铜阳极在电解精炼过程中不溶于电解液的各种物质组成的，其成分主要取决于铜阳极的成分、铸造质量和电解的技术条件，其产率一般为 0.2%~0.8%。国内外一些厂家产出的铜阳极泥化学成分见表 9-1，物相组成见表 9-2。金主要以金属态存在，部分金

表 9-1　国内外一些厂家产出的铜阳极泥化学成分　　　　　　%

工　厂	Au	Ag	Cu	Pb	Bi	Sb	As	Se	Te	Fe	Ni	Co	S	SiO$_2$
1厂(中国)	0.8	18.84	9.54	12.0	0.77	11.5	3.06		0.5		2.77	0.09		11.5
2厂(中国)	0.08	19.11	16.67	8.75	0.70	1.37	1.68	3.63	0.20	0.22				15.10
3厂(中国)	0.08	8.20	6.84	16.58	0.03	9.00	4.5			0.22	0.96	0.76		
4厂(中国)	0.10	9.43	6.96	13.58	0.32	8.73	2.6			0.87	1.28	0.08		
5厂(中国)	1.64	26.78	11.20	18.07						0.80				2.37
保利颠纳(瑞典)	1.27	9.35	40.0	10.0	0.8	1.5	0.8	21.0	1.0	0.04	0.50	0.02	3.6	0.30
诺兰达(加拿大)	1.97	10.53	45.80	1.00		0.81	0.33	28.42	3.83	0.40	0.23			
蒙特利尔(加拿大)	0.2~2	2.5~3	10~15	5~10	0.1~0.5	0.5~5	0.5~5	8~15	0.5~8		0.1~2			1~7
奥托昆普(芬兰)	0.43	7.34	11.02	2.62		0.04	0.7	4.33		0.60	45.21		2.32	2.25
佐贺关(日本)	1.01	9.10	27.3	7.01		0.91	2.27	12.00	2.36					
日立(日本)	0.445	15.95	13.79	19.20	0.4	2.62		4.33	0.52				6.55	1.55
津巴布韦	0.03	5.14	43.55	0.91	0.97	0.06	0.29	12.64	1.06	1.42	0.27	0.09		6.93
莫斯科(俄罗斯)	0.1	4.69	19.62		0.48			5.62	5.25		30.78			6.12
肯尼柯特(美国)	0.9	9.0	30.0	2.0		0.5	2.0	12.0	3.0					
拉里坦(美国)	0.28	53.68	12.26	3.58	0.45	6.76	5.42							
奥罗亚(秘鲁)	0.09	28.1	19.0	1.0	23.9	10.7	2.1	1.6	1.75					

形成碲化金或与银形成合金。银除呈金属态外，常与硒、碲结合，过剩的硒、碲也可与铜结合。铂族金属一般呈金属态或合金态存在。铜主要呈金属铜(阳极碎屑、阴极粒子和铜粉)和氧化铜、氧化亚铜的粉末形式存在，部分与硒、碲、硫结合，铜还与砷、锑的氧化物生成复盐；除此之外，还存在一定量的硫酸铜。铅主要以硫酸铅或硫化铅形态存在。表 9-3 为我国某厂铜阳极泥物相定量分析结果。

表 9-2　铜阳极泥中各种元素的物相组成

元素	主要物相
Cu	Cu，Cu_2O，CuO，Cu_2S，$CuSO_4$，Cu_2Se，Cu_2Te，$CuAgSe$，$CuCl_2$
Pb	$PbSO_4$，$PbSb_2O_6$
Bi	Bi_2O_3，$(BiO)_2SO_4$
As	$As_2O_3 \cdot H_2O$，$Cu_2O \cdot As_2O_3$，$BiAsO_4$，$SbAsO_4$
Sb	Sb_2O_3，$(SbO)_2SO_4$，$Cu_2O \cdot Sb_2O_3$，$BiAsO_4$
S	Cu_2S
Fe	FeO，Fe
Te	Te，Cu_2Te，$(Au,Ag)_2Te$
Se	Ag_2Se，Cu_2Se
Au	Au，Au_2Te
Ag	Ag，Ag_2Se，Ag_2Te，$AgCl$，$CuAgSe$，$(Au,Ag)_2Te$
Pt 族	金属或合金状态(Pt, Pd)
Zn	ZnO
Ni	NiO
Sn	$Sn(OH)_2SO_4$，SnO_2

表 9-3　我国某厂铜阳极泥主要成分物相组成

元素	形态	$w/\%$	元素	形态	$w/\%$	元素	形态	$w/\%$
铜	金属铜	1.58	金 $/(g \cdot t^{-1})$	单体金	2523.40	硒	元素硒	0.26
	硫酸铜	3.78		易溶性金	19.45		二氧化硒	0.012
	氧化铜	12.00		硒化金	49.96		硒化金等	0.051
	硒碲化铜	0.45		碲化金	597.15		硒化银	4.37
	其他铜	0.16					硒酸盐	0.013
	总铜	17.97		总金	3191.96		总硒	4.71
铅	金属铅	0.18	银	金属银	0.015	碲	元素碲	1.47
	硫酸铅	3.68		硫化银	8.93		二氧化碲	1.91
	氧化铅	2.68		硒化银	0.85		碲化金等	0.61
	硫化铅	3.39		碲化银	0.023		碲化银等	1.70
				硫酸银	痕量		碲酸盐	0.53
	总铅	9.93		总银	9.82		总碲	6.22
砷	元素砷	0.08	锑	氧化锑	4.30	铋	金属铋	0.12
	硫化砷	1.56		硫化锑	1.25		氧化铋	2.33
	砷酸盐	3.12		锑酸盐	0.61		硫化铋	0.56
	总砷	4.76		总锑	6.16		总铋	3.01

　　铜阳极泥经洗涤、筛分除去阳极碎屑和阴极粒子后，呈灰黑色，其粒度通常为 0.250 ~ 0.075 mm(60 ~ 200 目)，铜粉及氧化亚铜含量高时呈暗红色，杂铜阳极泥呈浅灰色。铜阳极泥在常温下相当稳定，氧化不显著，在没有空气的情况下不与稀硫酸和盐酸作用，但当存在氧化剂或空气的情况下，阳极泥中的铜会发生显著溶解。

　　在空气中加热铜阳极泥时，其中一些重金属会转变为相应的氧化物或它们的亚硒酸盐、亚碲酸盐，当温度较高时，硒和碲会形成 SeO_2、TeO_2 而挥发。

　　将铜阳极泥与硫酸共热，则发生氧化及硫酸盐化反应，铜、银及其他贱金属形成相应的硫酸盐；金仍为金属态；硒、碲氧化成氧化物及硫酸盐，硒的硫酸盐随着温度的升高可进一步分解成 SeO_2 挥发。

9.1.2　铅阳极泥的组成和性质

　　铅电解精炼时，产出粗铅质量 1.2% ~ 1.75% 的铅阳极泥。大部分阳极泥黏附于阳极板表面，通过洗刷残极而收集；少部分因搅动或生产操作的影响从阳极板上脱落而沉于电解槽中。各个厂家因铅精矿成分和操作的不同，致使产出的铅阳极泥成分变化较大。铅阳极泥成分主要是以金属单质、金属间化合物、氧化物或固溶体形式存在，在铅电解精炼中，金、银几乎全部进入阳极泥，砷、锑、铜、铋等则部分或大部分进入阳极泥。国内外一些厂家产出的铅电解阳极泥的化学组成如表 9-4 所示。

表 9-4　国内外部分企业铅阳极泥的主要成分　　　　　　　　　　%

厂名	Au	Ag	Pb	Cu	Bi	As	Sb	Sn	Te
1 厂(中国)	0.02 ~ 0.07	8 ~ 14	10 ~ 25	0.5 ~ 1.5	4 ~ 25	5 ~ 20	10 ~ 30		0.1 ~ 0.5
2 厂(中国)	0.001	5.01	17.45	1.17	2.0	19.5	16.93	6.0	0.05 ~ 0.31
3 厂(中国)	0.003	1.85	15.15	1.07	3.2	18.7	18.10	13.8	
4 厂(中国)	0.02 ~ 0.045	8 ~ 10	6 ~ 10	2.0	10	25 ~ 30			0.1
5 厂(中国)	0.025	2.63	8.81	1.32	5.53	0.67	54.3	0.38	
新居浜(日本)	0.2 ~ 0.4	0.1 ~ 0.15	5 ~ 10	4 ~ 6	10 ~ 20	25 ~ 35			
细仓(日本)	0.021	12.82	8.28	10.05			43.26	2.13	
特雷尔(加拿大)	0.016	11.50	19.70	1.80	2.1	10.6	28.10	0.07	
奥罗亚(秘鲁)	0.11	9.5	15.60	1.6	20.6	4.6	33.0		0.74

　　从表 9-4 所列数据可知，铅阳极泥中银、铅、铋、砷、锑的含量都相对较高，可以综合回收的金属种类也较多，采用 X 射线衍射、激光分析和扫描电镜进行了研究，其物相组成结果见表 9-5。银基本上无单质存在，小部分以 AgCl 存在，大部分以 Ag_3Sb、$\varepsilon'-Ag-Sb$ 状态存在。含金量一般都很低，金颗粒嵌布极细。

　　使用硅氟酸铅电解液生产电解铅时，铅阳极泥中夹带大量电解液，溶液有时含铅高达 323 g/L，总酸量 304 g/L(其中游离酸 78 g/L)，并含有少量未溶解的添加剂。为了回收这些物质，从电解槽中取出和从残极上刮下来的铅阳极泥必须先经沉淀过滤，再在液固比 1.2:1、温度 50℃ 条件下搅拌洗涤 2 h 以上，使硅氟酸铅、游离酸及添加剂充分溶于热水中，经离心机或压滤机脱水，获得含水约 30% 的铅阳极泥送去处理。由于各厂铅阳极泥组成及设备条件不尽相同，阳极泥的处理流程也各异，但各厂除回收金、银外，均尽可能回收其他有用组分。

表 9-5　铅阳极泥的物相组成

金属	金属物相及化合物
Ag	Ag，Ag_3Sb，$\varepsilon'-Ag-Sb$，$AgCl$，$Ag_ySb_{2-x}(O \cdot OH \cdot H_2O)_{6\sim7}$, $x=0.5$, $y=1\sim2$
Sb	Sb，Ag_3Sb，$Ag_ySb_{2-x}(O \cdot OH \cdot H_2O)_{6\sim7}$, $x=0.5$, $y=1\sim2$
As	As，As_2O_3，$Cu_{0.95}As_4$
Pb	Pb，PbO，$PbFCl$
Bi	Bi，Bi_2O_3，$PbBiO_4$
Cu	Cu，$Cu_{0.95}As_4$
Sn	Sn，SnO_2
其他	SiO_2，$Al_2Si_2O_3(OH)_4$

9.2　阳极泥的处理方法

电解精炼过程中产出的阳极泥，含有大量的贵金属和稀有元素，是提取贵金属的重要原料。选择处理阳极泥流程的主要依据是阳极泥的化学成分（如硒、碲和贵金属等元素的含量）和生产规模的大小。当硒、碲含量高而生产规模又比较大时，则应力求在处理过程中回收全部有价元素。

任何一个阳极泥的处理工艺，其目标均是：①最大限度地回收贵金属；②工艺中滞留的金属量减到最少；③能够彻底分离出少量有价值的元素如硒、碲；④工作环境好；⑤对环境有污染的气体和液体排放量少；⑥药剂和能源消耗少。

阳极泥的处理方法主要有：传统方法（火法工艺）、湿法工艺以及选冶联合工艺流程。目前国内外主要冶炼厂处理铜铅阳极泥的现行生产流程基本相似，一般由下列工序组成：①除铜和硒；②还原熔炼产出贵铅合金；③贵铅氧化精炼为金银合金，即银阳极板；④银电解；⑤银阳极泥作某些处理后，进行金电解精炼。铅阳极泥由于铜、硒含量较低，不需要进行工序①。铂族金属大都是从金电解母液中进行富集回收。

我国主要大型冶炼厂也是以火法作为骨干流程。中、小型冶炼厂由于使用火冶设备投资大，利用率低，且设备配套不全、公害难解决等原因，而向采用湿法处理工艺的方向发展。从 20 世纪 70 年代后期以来，结合我国的实际情况，选冶联合流程及全湿法处理工艺在部分工厂投产，并取得了较好的经济效益。

9.3　火法处理阳极泥回收贵金属

火法处理阳极泥回收贵金属（阳极泥处理的传统方法）主要有如下几个步骤：①硫酸化焙烧、蒸硒；②酸浸脱铜；③贵铅炉还原熔炼；④分银炉氧化精炼；⑤银电解精炼；⑥金电解精炼；⑦铂钯的提取；⑧粗硒精炼；⑨碲的提取。

阳极泥处理的传统工艺流程如图 9-1 所示。

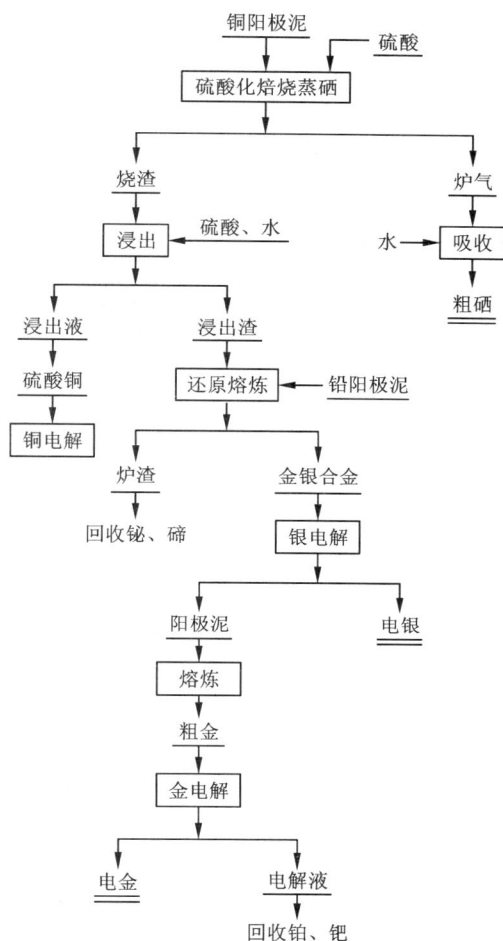

图 9-1　阳极泥处理的传统工艺流程

9.3.1　硫酸化焙烧与蒸硒

1. 概述

硫酸化焙烧主要有两个作用：一是将铜、镍等金属硫酸盐化，以便浸出脱除；二是使硒以 SeO_2 的形态挥发并吸收还原成单体硒。硫酸化焙烧渣用水浸（或用稀硫酸）脱铜，脱铜渣送至金银冶炼系统，浸铜液用铜板置换银，粗银粉送金银冶炼系统。硫酸铜溶液用泵输送至铜电解车间回收铜。

阳极泥脱铜的方法很多，已用于生产的有：①氧化焙烧-酸浸法；②硫酸化焙烧-酸浸法；③空气搅拌稀酸浸出法；④加压酸浸法；⑤硫酸高铁浸出法。

通常根据物料组成及有关条件选择脱铜方法。在阳极泥含 Se 很少（小于 0.2%）的情况下，可不用硫酸化焙烧-浸出法，而采用空气搅拌稀酸浸出。

由于硫酸化焙烧-酸浸法兼有脱铜与提取两个作用，故得到广泛采用。

硫酸化焙烧与蒸硒作业，早期分别在蒸馏炉内进行，由于是人工操作，劳动强度大，条件差，容易局部过热，造成炉料烧结，影响硫酸盐化与蒸硒效果，目前仅在小型企业使用。有的工厂已将蒸馏用的马弗炉改成电阻炉，大中型工厂已都改用回转窑，焙烧与蒸硒作业在一个设备内完成，处理能力大，机械化程度高，劳动条件较好。

　　焙烧作业是先将含水约20%的铜阳极泥与工业浓硫酸混合搅拌成浆料，如用电阻炉，则将料浆装入多个不锈钢盘中，放入电阻炉内进行间断焙烧作业；如用回转窑，则用加料装置将料浆连续加入窑内进行焙烧。焙烧时铜镍等贱金属在250℃下即可完全转变为水溶性硫酸盐。硒化物先在240~300℃下与硫酸反应生成硒酸盐，然后在500~650℃的较高温度下分解为SeO_2。SeO_2的升华温度为315℃，温度越高，挥发越快，挥发出来的SeO_2进入吸收罐被水吸收形成亚硒酸，同时被炉气中的SO_2还原为单体硒，得到的粗硒一般含硒 96%~98%。

　　阳极泥硫酸化焙烧时，主要反应为：

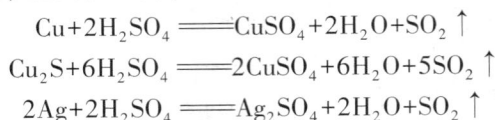

$$Cu+2H_2SO_4 \Longrightarrow CuSO_4+2H_2O+SO_2\uparrow$$
$$Cu_2S+6H_2SO_4 \Longrightarrow 2CuSO_4+6H_2O+5SO_2\uparrow$$
$$2Ag+2H_2SO_4 \Longrightarrow Ag_2SO_4+2H_2O+SO_2\uparrow$$

　　阳极泥中的硒以硒化物（Cu_2Se、Ag_2Se）存在，碲以碲化物（Ag_2Te）存在。这些硒化物、碲化物比较稳定，在焙烧的温度下不易分解成元素硒、碲，当硒化物与硫酸接触时，在低温（220~300℃）时反应为：

$$Ag_2Se+3H_2SO_4 \Longrightarrow Ag_2SO_4+SeSO_3+SO_2\uparrow+3H_2O$$

　　在高温（550~680℃）时$SeSO_3$分解：

$$SeSO_3+H_2SO_4 \Longrightarrow SeO_2\uparrow+2SO_2\uparrow+H_2O$$

　　碲化物反应为：

$$Ag_2Te+3H_2SO_4 \Longrightarrow Ag_2SO_4+TeSO_3+SO_2\uparrow+3H_2O$$

　　但在高温下$TeSO_3$不分解，Ag_2SeO_3分解：

$$2TeSO_3+3H_2SO_4 \Longrightarrow 2TeO_2\cdot SO_3+3SO_2\uparrow+3H_2O$$

$$Ag_2SeO_3+CuSO_4 \Longrightarrow Ag_2SO_4+CuO+SeO_2\uparrow$$

　　SeO_2与吸收塔中H_2O作用生成亚硒酸：

$$SeO_2+H_2O \Longrightarrow H_2SeO_3$$

　　硫酸化焙烧时，炉气中有SO_2，此炉气进入吸收塔后SO_2将亚硒酸还原成粗硒，然后精馏，可得到纯度为99.5%~99.9%的成品硒。

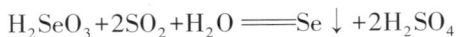

$$H_2SeO_3+2SO_2+H_2O \Longrightarrow Se\downarrow+2H_2SO_4$$

2. 原料

　　常见的铜阳极泥可分为三类：硫化铜矿电解铜阳极泥、铜镍硫化矿电解铜阳极泥及杂铜阳极泥。表9-6为国内外不同类型铜阳极泥化学组成实例。

　　从表9-6可知，与硫化铜矿电解铜阳极泥相比，铜镍硫化铜矿电解铜阳极泥含铜、镍高，金、银较少；而杂铜阳极泥则含锡较高，金银也较少。

　　硫化铜矿与杂铜电解铜阳极泥产率一般为电解溶解阳极质量的0.4%~0.8%。铜镍硫化矿电解铜阳极泥因阳极含镍高，其产率一般为2%~5%。矿铜阳极泥多半呈灰黑色，杂铜阳极泥呈淡灰色。铜阳极泥粒度一般为0.074~0.15 mm，含水20%~30%，阳极泥密度约为1.25 g/cm³，干阳极泥密度为1.8 g/cm³，堆积密度为1.45~1.5 g/cm³。

表 9-6　国内外不同类型铜阳极泥成分实例　　　　　　　　　%

阳极泥类别	厂别	Au	Ag	Cu	Pb	Se	Te	Bi	As	Sb	Ni	Sn	S	$\rho(\text{Pt})/$ $(\text{g}\cdot\text{t}^{-1})$	$\rho(\text{Pd})/$ $(\text{g}\cdot\text{t}^{-1})$
硫化铜矿电铜阳极泥	1	0.5~3.5	15~30	15~20	7~20	2~5	0.3~1.5	1.0	3.0	2.0					
	2	0.4	5~11	22~28	6~12	4~10	6~10	3~5	4~7	4~6					
	3	0.8~1.2	15~28	8	5	1~1.5	0.5	0.5	1	5	1~4		15~20		10
	4	2~3	8~18	15~19	7~12	0.6~0.9	0.22	0.13	1~1.5	2.4					
	日本某厂	0.5~1.5	6~10	20~30	10~15	6~10	2~4	1~1.5	3~5	1~2					
铜镍硫化矿铜阳极泥	一次	0.0074	0.5	53.91	0.0011	1.94					15.88		12.2	23.5	23.6
	二次	0.0365	4.518	45.55	0.0067	9.81					13.74	6.10		151	126
杂铜阳极泥		0.28	4.05	34.86	6.15	1.42	0.14	0.083	0.45	0.98	0.38	8.06	11		48

3. 技术操作与控制

（1）炉料配制

混酸前阳极泥含水一般要求小于 20%，含水过高会稀释混料中硫酸浓度，造成设备腐蚀，同时炉料过稀还会减少物料在窑内停留时间，影响蒸硒效果。配酸量根据阳极泥中几个主要金属（铜、镍、银、硒、碲）与硫酸反应所需的酸量来确定，另外还要考虑焙烧料中含有一定的游离酸，以保持炉内有足够的氧化气氛，促使砷锑等的三价氧化物转变成不挥发的五价氧化物，以防止砷锑进入粗硒而影响其质量。因此，硫酸加入量为理论量的 1.1~1.2 倍，但一般是根据经验配入干阳极泥量 0.7~1.0 倍的浓硫酸。硫酸与阳极泥必须混合均匀，混料设备为兼有加料作用的机械搅拌槽。混合料的密度随配酸量的不同而改变，一般为 1.9~2.0 t/m³。

（2）焙烧温度

硫酸化焙烧是在回转窑中进行的。回转窑由 16 mm 锅炉钢板焊接而成，尺寸为 ϕ1000 mm× 1000 mm，转速为 1 r/min，倾斜角度为 1.6°，日处理为 1.6 t/台。为防止炉料黏壁，窑内设有滚齿，用来翻动阳极泥。窑外以耐火砖砌成一个燃烧室，用煤气间接加热。其温度的控制除考虑前述铜镍等金属硫酸盐化及硒化物反应、硒酸盐分解以及氧化硒挥发等所需的温度外，还要考虑硫酸铜的分解以及有害杂质 As_2O_3 与 Sb_2O_3 等的挥发问题。硫酸铜的热分解从 650℃ 开始，而 As_2O_3 从 500℃ 便开始挥发，Sb_2O_3 的挥发温度虽然比 As_2O_3 高，但也属易挥发物质，故焙烧温度不能过高。回转窑可分为两个温度带，窑头至窑中为硫酸化焙烧带，一般为 250~500℃；窑中到窑尾为 SeO_2 挥发带，一般为 500~650℃。回转窑焙烧温度控制实例见表 9-7。

表 9-7 回转窑焙烧温度控制实例

厂别	窑头	窑中	窑尾
1	240~300	500~600	600~650
2	280~300	530~580	550~650
3	280~300	500~550	600~640
4	500	580	640
5	350~400	600~650	650~700

(3)窑内负压

为保证炉气顺利进入吸收塔,窑头设置负压检测点,窑内与吸收塔内须保持一定负压,负压过大会使气流速度过快,造成炉气含尘增高,影响粗硒质量。一般控制在 100~200 Pa,由 S-Z 真空泵提供。

(4)吸收液酸度

通常,吸收液中硫酸浓度(质量分数)在 25% 左右时吸收效果较好。超过 60%,已还原析出的硒会大量返溶,实践中采用的硫酸浓度为:吸收前 150~200 g/L,吸收后不大于 500 g/L。

4. 焙烧产物

焙烧产物包括焙砂和粗硒,其中焙烧后焙砂产率一般为加入干阳极泥量的 125%,粗硒含 Se 一般为 96%~98%。

5. 技术经济指标

表 9-8 为硫酸化焙烧的技术经济指标。

表 9-8 硫酸化焙烧的技术经济指标

项 目	指 标	说 明
焙砂含硒/%	0.1~0.2	阳极泥含 $w(Se)>5\%$ 取 0.2;阳极泥含 $w(Se)<5\%$ 取 0.1
粗硒回收率/%	95	由阳极泥至回转窑产出粗硒的回收率
硫酸消耗/[t·t^{-1}(阳极泥)]	0.7~1.0	视阳极泥 Cu、Ni、Ag 含量而定
煤气消耗/[m³·t^{-1}(阳极泥)]	700	煤气热值 $Q=15900$ kJ/m³

9.3.2 酸浸脱铜

1. 酸浸脱铜工艺概述

焙烧后的铜阳极泥——焙砂,其所含铜、镍等贱金属已转变为硫酸盐,用水即可浸出。但为提高浸出率,在浸出液中加入少量硫酸,使转化为硫酸银的银也转入溶液,故浸出过滤后的浸出液需用铜置换出其中的银,得到粗银粉。铜置换一般用铜残极板或废铜丝、片,架于置换槽假底上进行,置换后的硫酸铜溶液多用于生产胆矾,粗银粉送分银炉处理。浸出渣经热水充分洗涤后进贵铅炉还原熔炼。浸出过程的工艺流程图如图 9-2 所示。

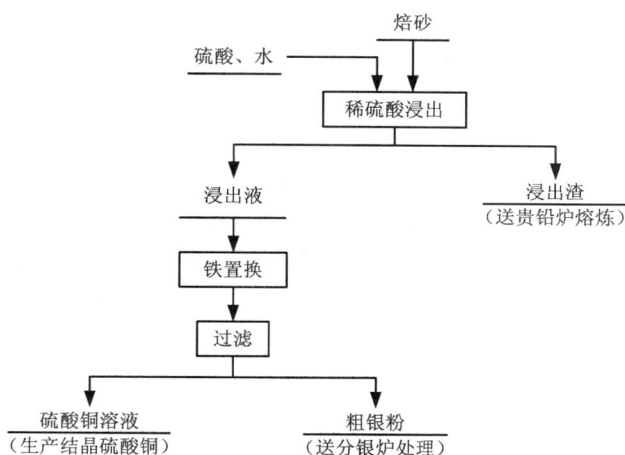

图 9-2　酸浸脱铜生产流程图

2. 技术操作与控制

浸出液固比：视物料成分而定，一般为 5:2~5:1；

浸出温度：80~90℃；

硫酸浓度：150 g/L 或浸出物料量的 10%~15%；

浸出时间：3~5 h；

浸出渣洗涤温度：80℃；

置换温度：80~90℃；

置换时间：2.5~4 h；

粗银粉洗涤温度：大于 90℃。

3. 产物

(1)浸出渣

浸出渣率与阳极泥中铜、镍、银、硒等金属含量有关，一般约为铜阳极泥量的 50%。经离心机过滤后的浸出渣一般含水 20%~30%，堆积密度约为 1.68 g/cm^3。表 9-9 给出了浸出后铜阳极泥的化学成分实例。

表 9-9　浸出后铜阳极泥的化学成分实例　　　　　　　　　　　　　　　%

厂别	Au	Ag	Cu	Pb	SiO$_2$	As	Sb	Bi	Se	Te
1	1~1.5	12~15	<3	15~20	14.7	2.6~2.7	3~14	0.59	0.3~0.4	0.4
2	0.14	21.85	1.48	9.36	9	0.86	0.41	2.03	1.62	0.13
3	0.5~1.9	9~25.8	0.6~3.8	11.7~23.1	0.9~3.2					
4	0.192	21.35	0.66	16.7~17	6.67					

(2)硫酸铜浸出液

经铜置换后，浸出液中铜镍含量可根据阳极泥成分、浸出液固比以及浸出率算得。浸出液一般用来生产结晶硫酸铜。

（3）粗银粉

铜置换产出的粗银粉为灰白色泥状物，一般含银80%~85%，经洗涤过滤后含水20%~30%，堆积密度为1.2 g/cm³。粗银粉一般送分银炉熔铸成阳极。表9-10为粗银粉杂质含量实例。

表9-10 某厂粗银粉杂质质量分数实例

元素	Pb	Sn	Sb	As	Bi	Zn	Te	Au	Fe	Cu	Se	Ge	Ni
w/%	>1	≥1	1~3	0.3~1	0.3~1	0.3	≥(0.3~1)	≤0.01	<0.01	≥1	≥01	≤0.1	约0.3

4. 技术经济指标

铜浸出率：95%~97%；

银浸出率：45%~50%；

粗银粉含银：>85%；

银置换率：>99%；

浸出渣含铜：<2.5%；

硫酸消耗：阳极泥量的10%。

9.3.3 贵铅炉还原熔炼

1. 概述

还原熔炼原料为经脱铜硒后的铜阳极泥或铅阳极泥，其杂质主要以氧化物或含氧化物的盐类存在。还原熔炼的目的是使这些杂质进入渣中或挥发进入烟尘而除去，使铅的化合物还原为金属铅。铅是贵金属的良好捕集剂，熔炼过程中贵金属溶解在铅液中形成贵金属与铅的合金，即贵铅。

还原熔炼时，铜的化合物绝大部分还原为金属铜而集中于贵铅中，这些铜在贵铅氧化精炼时使作业时间增长，贵金属损失增加，故阳极泥浸出脱铜渣要求含铜在2.5%以下。As_2O_3的熔点为315℃，沸点为500℃，故在炉料熔化前即强烈挥发，进入烟尘。而Sb_2O_3熔点为635℃，沸点为1456℃，挥发缓慢，部分与熔剂作用进入炉渣，部分进入贵铅。铋的氧化物主要被还原进入贵铅。铅的化合物除少部分呈硅酸盐进入炉渣外，大部分还原形成贵铅，贵金属则以金属状态进入贵铅。还原熔炼后期，往往向贵铅中鼓入空气，以使溶解在贵铅中的少量铜、铋、砷、锑等杂质氧化进入渣或挥发进入烟尘。

贵铅炉还原熔炼的原料有浸出后铜阳极泥和铅阳极泥两类：

（1）浸出后铜阳极泥。表9-9已给出浸出后铜阳极泥的化学成分实例。

（2）铅阳极泥。铅阳极泥可分为三类：硫化铅矿、铅锌硫化矿及高金铅矿产电铅阳极泥。硫化铅矿阳极泥砷高金低，高金铅矿金高砷低，而铅锌硫化矿金砷均较低。国内外不同类型铅阳极泥化学组成实例如表9-11所示。

表 9-11 国内外不同类型铅阳极泥化学组成实例 %

阳极泥类别	厂别	Au	Ag	Cu	Pb	As	Sb	Bi	Se	Te
硫化铅矿阳极泥	1	0.02~0.05	8~10	0.5~1	6~10	18~25	25~30	6~8	0.015	0.2~0.4
	2	0.005	3~5	1~1.5	15~19	25~35	20~30	4~6	痕量	0.1
	3	0.059	4~5	1.74	18.42	15~23	16~19	5.6		
铅锌硫化矿阳极泥	1	0.009	9.56	0.53	14.69	3.83	31.91	16.97		0.46
	2	0.02	14~16	5~10	8~10	0.3~0.5	36~42	5~6		
高金铅矿阳极泥		0.85	6.95	4.89	11.15	0.87	41.3	2.83		

铅阳极泥的特点是砷、铋、锑含量高，硒、碲、铜少，颜色发黑。经过滤后的湿阳极泥含水一般为 40%~45%，干阳极泥密度为 4.8 g/cm³，粒度不大于 0.2 mm。长时间与空气接触会发生氧化，其表面似覆上一层白霜。

2. 技术操作与控制

（1）配料

根据浸出脱铜后的铜阳极泥与铅阳极泥成分、造渣成分与渣量，确定加入熔剂的种类及数量。炉渣成分的选择原则是渣熔点低、渣量少、密度小、流动性好、对贵金属的溶解能力低。熔炼贵铅所用的熔剂，一般为苏打、石灰、萤石等，还原剂有焦粉或煤粉、铁屑。

①焦粉或煤粉 焦炭粉或煤粉用作还原剂，其用量以能还原出适量的金属铅为度，焦率过低氧化铅还原不完全，过高会使过多氧化物被还原进入贵铅，不但降低贵铅质量，还会使炉渣中游离的二氧化硅含量相对增加，增大炉渣黏度，从而使炉渣中贵金属含量升高。适当的焦率应通过试验确定。一般单独处理铜阳极泥时焦率为 6%~10%，铜铅阳极泥混合处理时焦率可降至 2%~3%。

②苏打 碱性熔剂，能与阳极泥中砷、锑等高价氧化物造渣，同时还能降低炉渣熔点，改善其流动性，使炉渣易与贵铅分离。其配入量视阳极泥中酸性成分（SiO_2）的含量而定，以产出硅酸度为 1~1.5 的炉渣为宜，一般配入量为 8%~14%。

③石灰 碱性熔剂，主要成分为 CaO，能与酸性杂质生成密度较小的炉渣，配入量一般为 3%~4%。

④萤石 属中性熔剂，主要成分是 CaF_2，可降低炉渣密度和熔点，改善其流动性，配入量为 3%~4%。

⑤铁屑 还原剂，可使铅、铋的金属氧化物从硅酸盐渣中被还原出来，而自身氧化呈 FeO 与酸性杂质造渣，配入量一般为 2%~4%。表 9-12 给出了贵铅炉还原熔炼配料比实例。

表 9-12　贵铅炉还原熔炼配料比实例

厂别	原料种类	配料比/%				
		焦粉或煤粉	苏打	石灰	萤石粉	铁屑
1	铜铅阳极泥混合处理	2~3	3~4	3~4	3~4	2~3
2	铜铅阳极泥混合处理	0~3	1~2		适量	适量
3	单独处理铜阳极泥	6~10	8~12	6~10	3~4	2~4
4	单独处理铜阳极泥	5~8	5~10		3~4	2~3
5	单独处理铅阳极泥	3	3			
6	单独处理铅阳极泥	8~20	4~8			

（2）炉温控制与操作

还原熔炼是在 ϕ2400 mm×4200 mm 的转炉中进行的，用重油加热，熔炼作业分加料、熔化、造渣、沉淀、放渣及放贵铅等步骤。转炉的操作比较方便，劳动条件较好，炉子的寿命较长，金银损失于炉衬中的数量较少。转炉用 16 mm 锅炉钢板做外壳，炉子尺寸一般为 ϕ（1200~2500）mm×（1800~4500）mm，转炉的构造如图 9-3 所示。

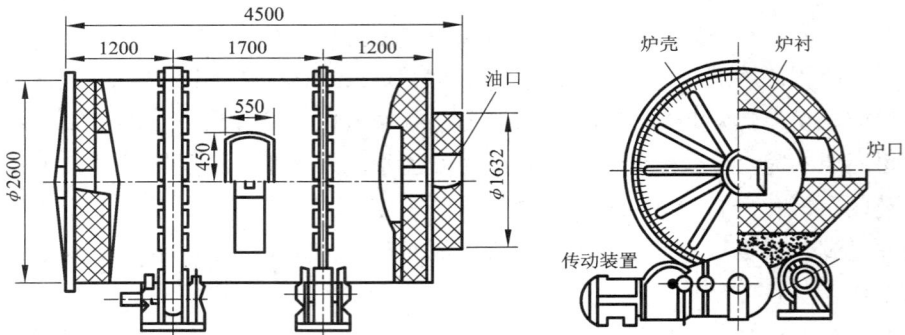

图 9-3　熔炼贵铅用转炉构造示意图

配好的炉料分批或一批加入，加料时炉温以 700~900℃ 为宜，熔化时炉温至 1200~1300℃，一般为 12 h。熔化时向熔体中鼓入空气，既翻动炉料，又促进氧化造渣。熔化造渣后，静置澄清 2 h 左右再放渣。放渣时炉温保持在 1200℃ 左右，此时炉渣分为上下两层，上层为硅酸盐、锑酸盐，流动性较好，称为稀渣；下层炉渣流动性较差，夹杂有微细的贵铅颗粒，称为黏渣。为减少贵金属损失，先放出稀渣，然后升温 1 h，使黏渣中的贵铅颗粒得以沉降，再放出黏渣。放完黏渣后吹风氧化，使溶在贵铅中的铜、铋、砷锑等杂质氧化入渣或挥发，此时炉温保持在 900℃ 左右，再扒出少许干渣后即可放出贵铅。出炉时炉温保持在 800~1000℃。表 9-13 为铜阳极泥单独处理时贵铅炉作业时间与炉温控制实例。

表 9-13　贵铅炉作业时间与炉温控制实例（处理铜阳极泥时）

工序	操作时间/h		温度/℃
	处理浸出后阳极泥	处理返回渣	
加料	0.25~0.4	0.25~0.4	900~1000
熔化	11~13	16~18	1100~1200
澄清	2~3	2~3	1100~1200
放渣	0.16~0.4	0.5~0.6	1100~1200
扒渣	0.25~0.3	0.25~0.5	1000~1100
出炉	0.16~0.25	0.25~0.5	约 1000
总作业时间	14~17	19~23	

贵铅炉熔炼的产物有贵铅、稀渣、黏渣和烟尘。如熔炼后期吹风氧化，还产出氧化渣。各产出物的产率随物料组成及还原产物气氛而变。表 9-14 给出了某厂还原熔炼各产物的产率。表 9-15 给出了主要金属在各产物中的分配实例。

表 9-14　某厂还原熔炼各产物的产率

产物名称	产率(占阳极泥量的比例)/%
贵铅	30~40
稀渣	25~35
黏渣	5~15
氧化渣	5~10
烟尘	30~35

表 9-15　还原熔炼时主要金属在各产物中的分配　　　　　　　　　　　　　　%

名称	Au	Ag	Cu	Pb	Sb	Bi	As	Te
稀渣	0.5	0.5	3~5	30~35	10~15	0.5~1	15~20	
氧化渣	0.5	2~4	88~90	32~38	2~4	85~90	1~2	9~13
苏打渣			1.0			1~2		75~85
烟尘		2~5		30~35	80~85	8~10	75~80	3~5
损失	0.5~1	0.5~1	2~4	1~2	1~2	1~2	2~4	3~5

3. 熔炼产物

（1）贵铅

铜阳极泥、铅阳极泥分别熔炼时产出的贵铅不同，前者含金、铜较高，后者含银、铋高而金较少。贵铅主要由金、银、铅、铋、铜、砷、锑等金属组成，其金银含量波动较大，一般（Au+Ag）为30%~40%，高者可达50%。其产率一般为阳极泥量的30%~35%。表 9-16 给出了某些厂贵铅化学组成实例。

表 9-16　贵铅化学组成实例　　　　　　　　　　　　　　　%

厂别	Au	Ag	Cu	Pb	Bi	As	Sb	Te	Se
1	0.76	36.68	15.38	6.8	24.49	2.0	2.42		0.22
2	0.56	56.55	3.98	7.94	3.53	0.66	9.58	0.35	
3	0.9~6.8	15~34	4.5~20.8	11.5~40				0.17~1.3	

（2）炉渣

炉渣成分对熔炼效果关系较大。据研究，当前期渣（稀渣）中酸性成分 SiO_2 含量为 35%、碱性成分（CaO+FeO）为 5%~10% 时，渣中金银损失可降到 Au 0.005%、Ag 0.5% 以下。表 9-17 给出了贵铅炉熔炼渣（前期渣）成分的化学分析实例。

表 9-17　贵铅炉熔炼前期渣的化学分析实例　　　　　　　　　　　%

实例编号	Au	Ag	Cu	Pb	Zn	S	CaO	SiO_2	FeO	MgO	Na_2O	Al_2O_3
1	0.0044	0.68	1.83	0.03		0.85	5.54	27.41	3.09	1.5	32.5	3.61
2	0.167	0.880	4.96	1.15	13.01	1.93	30.80	4.65	4.05	1.26	29.35	6.75
3	1.79	2.57	6.45	0.58	18.20	0.43	38.96	3.30	3.30	0.93	25.25	7.80

还原熔炼初期形成的稀渣密度小，流动性好，含金、银少，一般含 Au 0.005%、Ag 0.5% 左右。此外还含有一定量的铅、铜等有价金属。其产率一般为 30% 左右，可送铅系统处理。后期黏渣密度大、黏度高、流动性较差，金、银含量较高，一般含 Au 0.05%~0.1%、Ag 3.5%~7.0%。其产率较小，一般在 10% 左右，可返回贵铅炉重新熔炼。如有氧化渣，则其含金、铅更高，但产率不大，须返炉处理。

（3）烟尘

贵铅炉的烟气量是根据燃料消耗、漏风量确定的，漏风量一般按 100% 计算。还原熔炼时易挥发的成分如砷、锑、硒、碲等化合物大量进入烟气，同时也有相当数量的阳极泥微粒被炉气机械带出，因此烟气中含尘量相当高。据测定，贵铅炉烟气含尘平均达 3.23 g/m³。烟尘率的高低与所处理物料的粒度、挥发物的含量等因素有关，变化范围较大，一般为 4%。如果处理的是粉料，挥发物含量高，其烟尘率可高达 30%。表 9-18、表 9-19 分别给出了贵铅炉烟尘的化学成分与粒度组成实例。

表 9-18　贵铅炉烟尘化学成分实例　　　　　　　　　　　　%

Au	Ag	Pb	As	Sb	Bi	Te
0.00056~0.012	0.2~0.3	1~5	1.66	约40	0.4~2.4	0.0003~0.0008

表 9-19　贵铅炉烟尘粒度组成实例　　　　　　　　　　　　%

<0.147 mm	<0.175 mm	<0.246 mm	<0.35 mm	>0.35 mm
67	9.2	5.9	2.9	13

4. 技术经济指标

金银回收率:98% ~ 99%;

贵铅产率:30% ~ 35%;

烟尘率:4%左右;

稀渣产率:30%左右;

黏渣产率:10%左右;

燃料消耗:0.8 t(重油)/t(阳极泥)。

9.3.4　分银炉氧化精炼

氧化精炼的原料为贵铅与粗银粉。贵铅中(Au+Ag)含量一般为 30% ~ 40%,高者可达 50%以上,其余为铜、铅、铋、砷、锑等杂质。氧化精炼的目的就是利用氧化法把贵铅中除金、银外的杂质包括铅在内尽量除去,得到含(Au+Ag) 97%以上的金银合金板,以便进一步电解分离金银。

贵铅中各金属的氧化序列为:Sb、As、Pb、Bi、Cu、Te、Se、Ag。另外,氧化的难易还与含量有关,贵铅中一般含铅最多,故铅最先氧化形成 PbO,然后由于 PbO 对氧的传递作用,使砷、锑氧化。砷锑的低价氧化物易于挥发而进入炉气。如进一步氧化形成高价氧化物(As_2O_5、Sb_2O_5),则与碱性氧化物(如 PbO、Na_2O 等)形成砷(锑)酸盐入渣。但由于 As_2O_5 的离解压比 Sb_2O_5 低,更易形成砷酸盐,而锑酸盐较难形成,多数挥发进入炉气,故一般烟尘含砷低而锑高。

铅、砷、锑氧化造渣或挥发后,铋开始氧化形成 Bi_2O_3,其熔点较低(710℃),在熔炼温度下能与 PbO 组成熔点低、流动性好的稀渣,即氧化前期渣。

铜、硒、碲的彻底氧化,要靠加入强氧化剂硝石(KNO_3)或 $NaNO_3$ 才能实现。硒在硫酸化焙烧时已经除去,碲大部分进入贵铅,氧化精炼加入硝石时,碲被氧化为易挥发的 TeO_2,为了能在渣中回收碲,需加入苏打(Na_2CO_3)以使碲形成碲酸钠即苏打渣,苏打渣是回收碲的重要原料。

除碲后继续加入硝石以除去残余的铜,使合金品位达 95%以上。金银在氧化精炼过程中不被氧化,但会有少量银挥发,极少量的金银被机械夹带在渣中。

1. 技术操作与控制

氧化精炼是在 φ1800 mm×2000 mm 的转炉中进行的,处理量为 10 ~ 15 t/炉。为避免贵金属的损失,将粗银粉放在炉底,贵铅放在粗银粉的上面。用重油加热,待贵铅化透后,扒掉熔化渣,再进行表面吹风氧化,氧化过程中产生的氧化渣要及时放出以暴露出金属液面,加速氧化的进行。采取分次加料的方式,每班加一次料,加料量为 1 ~ 2 t,大约加料 8 ~ 10 次。当合金品位达到 75% ~ 85%时,按 $m(Na_2CO_3):m(NaNO_3) = 1:3$ 的比例加入适量碳酸钠和硝酸钠,用耙子在金属液内部进行搅动,使其反应充分。当反应停止时即可放碲渣作为回收碲的原料。造碲渣结束后,升高炉温,将炉墙结渣熔化,开始吹纯氧操作。吹纯氧时,氧气管插入深度应适当,避免合金溅出。每炉吹纯氧 8 ~ 10 瓶。

清合金是氧化精炼最后一道工序,是为了清除最难氧化的铜杂质。清合金分次进行,清一次合金放一次渣,并取样观察断面结晶,判断清合金效果,每炉清合金需要硝酸钠 200 kg。

贵铅氧化精炼的温度不宜过高,否则会使氧化铅的挥发量增加,而且会增加金银的损失。各个阶段的温度控制、操作时间及熔剂用量应依具体情况而定，各厂不一。表9-20给出了分银炉操作实例。

表9-20　分银炉操作实例

工序	作业时间/h		温度/℃	其　　他
	处理贵铅	处理粗银粉		
加料	0.6~1.0	0.5~0.6	900~1000	
熔化	4~5	8~10	1100~1200	
吹风氧化	52~62	12~16	950~1050(前期)	风压0.04 MPa
			1050~1100(后期)	
造苏打渣	1.5~2	1~1.5	1000~1100	加Na_2CO_3 9%，$NaNO_3$ 3%
吹风氧化	4~6	4~6	1100~1200	加Na_2CO_3 5%~8%
除铜	2~5	1.5~3	1000~1100	
出炉	0.5~0.7	0.4~0.8	1000~1100	
总作业时间	61~77	20~30		

2. 精炼产物

分银炉氧化精炼产物共有6种：金银合金板、氧化前期渣、氧化后期渣、苏打渣、铜渣及烟尘。表9-21给出了贵铅氧化精炼时几种主要金属在各产物中的分配率。

表9-21　贵铅氧化精炼时主要金属在各产物中的分配　　　　　　　　　　　　　%

项目	Au	Ag	Pb	Bi	Te	Cu
金银合金板	76.3	89.7	0.064	0.27	1.0	11.1
氧化前期渣	0.42	1.20	75.5	13.6	6.2	24
氧化后期渣	0.65	1.40	19.8	76	20	62.4
苏打渣	0.006	0.01	0.28	2.8	66.6	2.1
铜渣	0.47	0.86	1.90	4.0	5.7	6.9

(1)金银合金板

金银合金板的产率一般为贵铅装入量的25%~30%。按银电解要求，其中(Au+Ag)总量大于97%、Cu小于2%、Te小于0.06%、Bi小于0.2%。金银合金板即银电解阳极板，其规格随规模及电解槽尺寸而定，各厂不一，无统一要求。表9-22给出了金银合金板化学成分实例。

表 9-22　金银合金板化学成分实例　　　　　　　　　　　%

厂别	Au	Ag	Cu	Pb	Bi	Sb	Te	As	Pt	Pd
1	1.32	96.94	1.21	0.081	0.14	0.095	0.0125	0.039		
2	0.5~1.0	97.50	约1	0.01~0.1	<0.2	0.0003~0.02	<0.06			
3	0.04~0.93	94.15~98.15	0.28~4.86	0.13~0.83	0.06~0.84		<0.06		0.003~0.015	0.01~0.07
4	0.73~6.53	90.5~97.95	0.62~1.87							

（2）炉渣

根据分银炉操作顺序分述各种炉渣如下：

氧化前期渣，产率一般为 15%~30%，含金、银、铅、铋较高，一般返回贵铅炉集中处理，有的工厂作为提取铅铋合金的原料。

氧化后期渣，产率约为贵铅量的 8%，单独处理铅阳极泥或铜铅阳极泥混合处理时含铋、铅很高，是提取铋的原料。

苏打渣，产率为贵铅量的 13%~20%，以含碲为主，是提取碲的原料。

铜渣，产率约为贵铅量的 6%~10%，含金、银较高，一般返回分银炉处理。

表 9-23 给出了分银炉氧化精炼各种炉渣成分实例。

表 9-23　分银炉氧化精炼各种炉渣成分实例　　　　　　　%

渣名	Au	Ag	Cu	Pb	Bi	Te	As	Sb	Se	其他
稀渣	0.023~0.05	1.16~5.62	0.63~4.5	16~38	0.4~4	0.06	9~10	10~16		余量
黏渣	0.0045	5.58	12.04	4.725	50.2	2.41		0.35		余量 Na_2CO_3
苏打渣	0.002	0.022	1~1.5	0.4~0.5	7~14	15~20	0.1	0.76	0.1~0.5	Na_2O
铜渣	0.003~0.1	3~8	5.47	0.4~3.8	6~13.77	0.8~2		2~3		余量

（3）烟尘

分银炉的烟气量主要根据燃料消耗量来确定。漏风量可按 100% 计，烟尘量约占贵铅量的 3%~4%。烟气含尘量及烟尘化学成分各操作阶段不一。表 9-24、表 9-25 分别给出了分银炉烟气含尘量实例和分银炉各操作阶段烟尘化学成分实例。

表 9-24　分银炉烟气含尘量实例

操作阶段	烟气含尘量/($g \cdot m^{-3}$)
氧化除砷、锑、铅、铋	2.9
造苏打渣	0.5
造氧化后期渣	0.47
造铜渣	0.8

表 9-25　分银炉各操作阶段烟尘化学成分实例

操作阶段	Au	Ag	Cu	Pb	Bi	Te	Se
氧化除砷、锑	0.0007	1.05	0.016	1.36	1.22	0.43	0.21
氧化除铅、铋	0.00095	1.15	0.033	2.48	3.07	0.2	0.69
造苏打渣	0.0018	2.7	0.12	3.09	3.84	0.52	0.87
造后期渣	0.0017	5.2	0.17	5.71	7.3	2.46	1.87
造铜渣	0.002	6.4	0.7	6.14	7.7	2.32	1.78

3. 技术经济指标

表 9-26 给出了金银合金生产的主要技术经济指标。

表 9-26　金银合金生产的主要技术经济指标

项目	指标	备注
金回收率/%	99.5	至金银合金
银回收率/%	98.8	至金银合金
碲回收率/%	50	至苏打渣
铋回收率/%	70	至氧化后期渣
燃料消耗/[t（重油）·t^{-1}（贵铅）]	1~1.2	

9.4　湿法处理阳极泥回收贵金属

9.4.1　阳极泥湿法处理工艺

　　阳极泥火法处理工艺经过长期的实践，设备和技术不断改进，日臻完善和成熟，金银的回收达到了较高的水平，综合回收的元素也比较多。但火法流程存在着固有的缺点：返渣多、金银直收率低、生产周期长、积压大量贵金属，影响企业资金周转。特别是一些中小企业，还存在设备利用率低、砷铅烟尘危害等问题。因此，阳极泥湿法处理工艺应运而生。我国 1978 年湿法处理铜阳极泥工艺投产，1986 年湿法处理铅阳极泥工艺投产，湿法工艺由于金银直收率高、生产周期短等优点而获得迅速的发展。

　　近二十多年，国内外对铜阳极泥处理方法的研究，在完善改进火法流程的同时也发展了湿法新工艺。目前，尽管火法流程在国内外大型生产中仍占重要地位，但为了克服传统流程的缺点和着眼于节能、环保和提高金银直收率，湿法流程的研究已取得突破性进展。在国内铜阳极泥处理生产工厂中，采用湿法流程的已达 40% 以上，且有继续扩展之势。

　　与传统火法流程相比较，湿法流程具有以下特点：

　　（1）金银直收率高。一般可达 97%~98%，好的可达 99% 以上，比传统火法流程高出 8%~14%。

　　（2）生产周期短。一般为 10~20 天，这表明湿法流程金银积压量比传统火法流程少。流动资金利息损失也相应减少,在同等条件下,湿法的预付资金年周转次数比传统火法流程多,利税将明显增加。

(3)能耗较低。以处理每吨干阳极泥计,湿法流程比传统火法流程的能耗低$(30 \sim 40) \times 10^9$ J,相当于节约标准煤 $1 \sim 1.37$ t。

(4)工序少,流程短。湿法流程可产出高质量金银粉,熔铸成阳极后即可进行电解精炼,省去了黑金粉二次电解工序,有的经简易化学处理后可直接熔铸成商品金锭和银锭,从而取消了金、银电解工序,这对提高金银回收率和降低成本有利。

(5)不产出中间循环返料。湿法流程用分金、分银两工序取代火法流程的贵铅炉和分银炉,不再产出占阳极泥量 30% ~ 40% 的中间循环返料,有利于提高直收率、降低能耗和成本。

(6)劳动条件较好,有利于环境保护。湿法流程取消了贵铅炉和分银炉,避免了铅蒸气和铅尘的危害,省去了相应的收尘及烟尘处理系统的设施与作业,改善了操作环境和劳动条件,提高了金属回收率,降低了"三废"治理费用。

(7)综合利用好。在湿法分离过程中,阳极泥的各种有价元素,均以较高的富集比分别富集于渣或液相中,每个工序都能产出一个产品或中间产品,比较方便地实现了综合利用。一般都无废弃渣,返回处理或待进一步利用的最终渣量较少。

(8)经济效益好。在金银生产中,原料成本占总成本的 95% 以上,金的回收率每提高1%,其金的加工成本将下降 10% 左右。由于湿法流程金银回收率高,生产周期短,能耗低,综合利用好,所以经济效益较好。

(9)湿法流程适用于各种规模的铜冶炼企业,尤其是中小型冶炼厂。而火法流程需有一定的处理规模,如果炉子过小,会给操作带来不便。

湿法流程适用范围有:

(1)用于硫化铜精矿、硫化铜精矿加金精矿以及铜镍硫化矿和杂铜等生产电铜所副产的阳极泥处理。

(2)用于处理各种成分复杂的阳极泥,也具有良好的发展前景。

湿法流程尚待改进之处有:液固分离技术与设备;提高设备、建筑的防腐质量与降低防腐造价;改进环保设施,提高环境治理效果;提高工艺过程自动化程度、设备效率和劳动生产率等。

虽然湿法流程多种多样,但都包括以下主要工序:①首先是脱除贱金属以富集贵金属,为后者的回收创造条件;②分银,即浸出银后从浸出液中还原出银粉;③分金,即浸出金后从浸出液中还原出金粉;④从金还原后液中回收铂钯。其中分银、分金两工艺的组合顺序由银的物质形态决定,如果银的氯化程度(AgCl 的转化率)不足够高,则分金放在分银之前(见图 9-4)。

阳极泥中 Cu、Pb、Bi、As、Sb 等贱金属以及与之相结合的稀有金属和非金属,约占阳极泥质量 70% 以上。脱除贱金属(脱杂)的目的,一是富集贵金属,以保证得到高的贵金属回收率和高品位的贵金属;二是综合回收有价金属。

1. 阳极泥脱除贱金属

(1)铜阳极泥硫酸化焙烧蒸硒-酸浸脱铜-NaOH 浸出砷铅

湿法工艺仍采用铜阳极泥拌浓硫酸焙烧蒸硒-酸浸脱铜这一成熟、高效的方法。但焙烧时间要长一些,要求通过硫酸化焙烧使 99% 的银转成硫酸银,若用无 Cl⁻ 离子水浸出,

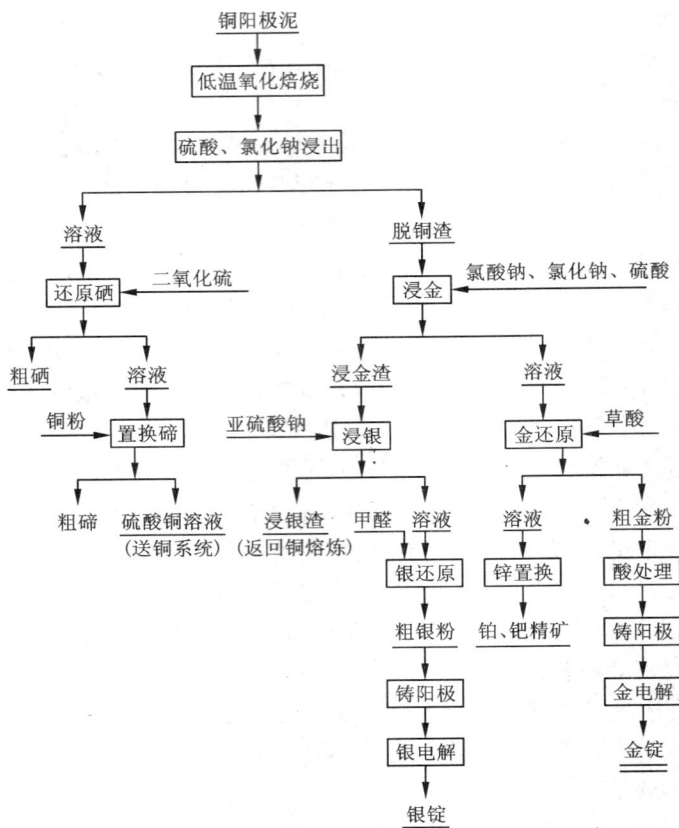

图 9-4　低温氧化焙烧-湿法提取金银的工艺流程

Ag_2SO_4 可进入浸出液。曾有工厂采用铜板置换从浸出液中回收 Ag，但由于有部分 Te（25%～50%）也进入浸出液，置换时有 Cu_2Te 产生，反应式为：

$$2H_2TeO_3+4H_2SO_4+6Cu =\!=\!= Te+Cu_2Te+4CuSO_4+6H_2O$$

这会使 Ag 粉品位降低。因此，湿法工艺多在酸浸铜时配入 NaCl 或 HCl，使银以 AgCl 形态沉入浸出渣中。

浸铜作业通常在衬钛的反应釜中进行。H_2SO_4 120～300 g/L，温度为 80～90℃，NaCl 或 HCl 用量为理论量的 1.2～1.5 倍，其浸铜渣率为 30% 左右，渣含 Cu 小于 0.2%。

蒸硒渣中 50% 以上的碲留在浸铜渣中。当浸铜渣含碲高时，将影响金银的直收率和金银质量，有必要增加一道脱碲工序。

从浸铜渣中脱碲有 NaOH 法和 HCl 法。

采用 NaOH 溶液浸碲时，铅、碲转变成亚铅酸钠和亚碲酸钠，反应式为：

$$TeO_2+2NaOH =\!=\!= Na_2TeO_3+H_2O$$

$$PbSO_4+4NaOH =\!=\!= Na_2PbO_2+Na_2SO_4+2H_2O$$

Na_2TeO_3 溶液用 H_2SO_4 或 HCl 中和，沉淀出 TeO_2，反应式为：

$$Na_2TeO_3+H_2SO_4 =\!=\!= TeO_2+Na_2SO_4+H_2O$$

分碲通常用 120~160 g/L NaOH 溶液，在 80~90℃浸出 3~4 h。碲浸出率为 60%~70%。HCl 浸碲反应为：

$$TeO_2+4HCl = TeCl_4+2H_2O$$

技术条件为：HCl 5 mol/L，H_2SO_4 0.5 mol/L（室温），液固比 3:1，浸出时间 2~3 h。$TeCl_4$ 溶液在室温下通 SO_2 沉淀 Te，其反应式为：

$$TeCl_4+2SO_2+4H_2O = Te+2H_2SO_4+4HCl$$

脱碲过程中 Pb、As、Sb 也进入浸出液。

（2）铜阳极泥低温氧化焙烧-酸浸 Cu、Se、Te

铜阳极泥低温氧化焙烧的目的是用空气氧化，使铜氧化为易溶于稀 H_2SO_4 的 CuO，并破坏 Ag_2Se 的结构，硒呈可溶性亚硒酸盐形式留于烧渣中而不挥发，主要反应有：

$$Cu+1/2O_2 = CuO$$
$$2Cu_2S+5O_2 = 2CuSO_4+2CuO$$
$$Cu_2Se+2O_2 = CuSeO_3+CuO$$
$$2Ag_2Se+3O_2 = 2Ag_2SeO_3$$
$$Ag_2Se+O_2 = 2Ag+SeO_2$$
$$Cu_2Te+2O_2 = CuTeO_3+CuO$$
$$2Ag_2Te+3O_2 = 2Ag_2TeO_3$$

碲的氧化速度比硒慢。焙烧在电阻炉中进行，向炉内鼓入空气，控制的最高温度为 375℃。

焙烧渣用稀硫酸浸出，温度 80~90℃，机械搅拌 2~3 h，并在浸出过程中加入适量 HCl 沉银。铜、硒、碲进入溶液，然后分别用 SO_2 还原硒，用铜粉置换碲，置换后液送生产硫酸铜。

在国外，铜阳极泥焙烧温度达 700~780℃，称为高温氧化烧结。在此条件下，SeO_2 挥发进入气相。高温氧化焙烧产生熔结现象，往往要加惰性物质（如石英粉、Al_2O_3 粉）防止熔结，烧渣按湿法处理时需要细磨。

（3）铅阳极泥盐酸-氯化钠浸出脱 Cu、Pb、Se、Te、Bi

将氧化烘干后的阳极泥，投入到盐酸-氯化钠水溶液中，其中的贱金属氧化物与酸生成盐进入到溶液中，金、银等贵金属几乎全部富集在渣中，从而达到分离贵贱金属的目的。主要化学反应有：

$$PbO+2HCl = PbCl_2+H_2O$$
$$CuO+2HCl = CuCl_2+H_2O$$
$$Sb_2O_3+6HCl = 2SbCl_3+3H_2O$$
$$Bi_2O_3+6HCl = 2BiCl_3+3H_2O$$
$$As_2O_3+6HCl = 2AsCl_3+3H_2O$$

生产实践中，将 600 kg 的预处理后的阳极泥，投入 6 m^3 的玻璃钢反应釜中，先浆化 30 min，然后用盐酸-氯化钠进行浸出，控制液固比为 6:1、$[Cl^-]_T$=5 mol/L。浸出过程中用蒸汽进行加热至 60~70℃，搅拌反应 3 h 后，进行压滤，得到浸出渣和浸出液。浸出渣的产率为阳极泥的 35%~45%，金银品位达到阳极泥中的 2~3 倍，其中 $w(Sb)<4\%$，$w(Bi)<0.5\%$，浸出沉铅液控制 Au 小于 5 mg/L，Ag 小于 300 mg/L。

（4）三氯化铁浸出脱除 Cu、Bi、Sb

该工艺以三氯化铁作浸出剂，浸出液用水稀释、碳酸钠中和，使锑以氯化氧锑、银以氯化银、铋以氯化氧铋的形态沉淀析出，沉淀后液组成基本达到排放标准。铁屑置换废液中的铜，可得高质量的海绵铜，再用石灰中和至 pH＝8~9，废液达到直接排放标准。

95%以上的银和全部金富集于三氯化铁浸出渣中。

（5）铅阳极泥控制电位氯化浸出

铅阳极泥不经氧化焙烧，在 4 mol/L HCl 中搅拌浆化，同时通入 Cl$_2$ 气，控制电位至 450 mV（对甘汞电池），恒电位 2 h，使 Sb、Bi、Cu、As 氧化溶解而贵金属和铅留在浸出渣中。

所产浸出渣按火法处理，由于浸出渣含氯化物（AgCl、PbCl$_2$ 等）很高，在火法熔炼前最好用 NaOH 浸出或用铁置换除去氯离子。

2. 分银、银还原

进入分银的原料（脱除贱金属后的浸出渣或分金渣）中的银基本上都已转化成AgCl，故凡能溶解 AgCl 的药剂都可作为浸出剂，但工业生产上选作浸出剂的只有氨和亚硫酸钠。

（1）氨浸分银-水合肼还原法

氨浸分银的基本原理是氨与银离子能形成稳定的 Ag（NH$_3$）$_2^+$ 配合离子而进入溶液：

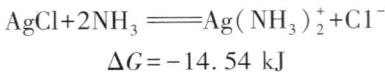

$$AgCl+2NH_3 \rightleftharpoons Ag(NH_3)_2^+ + Cl^-$$
$$\Delta G = -14.54 \text{ kJ}$$

图 9-5 为 AgCl-NH$_3$-H$_2$O 系 φ-pH 图，从图中可以看出，在一定条件下，只有 pH>7.7 时，AgCl 才能转化为 Ag（NH$_3$）$_2^+$；溶液pH>13.5 时，Ag（NH$_3$）$_2^+$ 将转变为 Ag$_2$O 沉淀。因此，分银终了时的 pH 不应过高。

$\alpha_{Ag(NH_3)_2^+}=0.5 \text{ mol/L}, \alpha_{Cl^-}=0.6 \text{ mol/L},$

$[NH_3]_T=1 \text{ mol/L}, p_{O_2}=p_{H_2}=1\times10^5 \text{ Pa}。$

图 9-5　AgCl-NH$_3$-H$_2$O 系 φ-pH 图

通常分银在室温下进行，氨浓度为8%~10%，按 Ag 浓度≤35 g/L 确定液固比，搅拌 4 h。

氨浸液用水合肼（联氨）还原，得到品位 98%以上的银粉，反应式为：

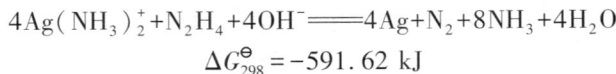

$$4Ag(NH_3)_2^+ + N_2H_4 + 4OH^- \rightleftharpoons 4Ag + N_2 + 8NH_3 + 4H_2O$$
$$\Delta G_{298}^{\ominus} = -591.62 \text{ kJ}$$

水合肼用量为理论量的 2 倍，60℃时还原 30 min，银还原率达 99%以上。

氨浸分银工序往往还同时进行铅的碳酸盐转化，即用 NH$_4$HCO$_3$ 或 Na$_2$CO$_3$ 将 PbSO$_4$、PbCl$_2$ 转化为更难溶的 PbCO$_3$，反应式为：

$$PbSO_4 + NH_4HCO_3 + NH_4OH \rightleftharpoons PbCO_3 + (NH_4)_2SO_4 + H_2O$$

这是由于 PbCO$_3$ 的溶度积（25℃时 $K_{sp}=7.4\times10^{-14}$）远小于 PbCl$_2$（$K_{sp}=1.6\times10^{-6}$）及 PbSO$_4$（$K_{sp}=1.6\times10^{-8}$）的溶度积。

分银时按每千克铅加 0.6 kg 碳铵。分银渣用 5%氨水、热水洗涤后，在不锈钢反应釜中

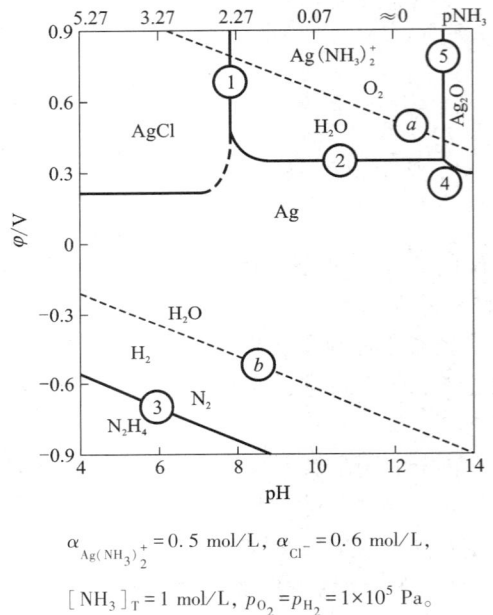

加 HNO_3 溶铅，控制终点 pH=1，常温搅拌 2 h。

（2）亚硫酸钠分银-甲醛还原法

亚硫酸钠浸出氯化银是由于银能与亚硫酸根生成 $Ag(SO_3)_2^{3-}$ 配合离子而进入溶液，反应式为：

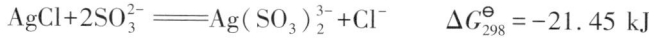

$$AgCl+2SO_3^{2-}\Longrightarrow Ag(SO_3)_2^{3-}+Cl^- \qquad \Delta G_{298}^{\ominus}=-21.45\ kJ$$

图 9-6 为 $AgCl\text{-}SO_3^{2-}\text{-}H_2O$ 系 $\varphi\text{-}pH$ 图（25℃）。

从图 9-6 中可以看出，AgCl 只有在 pH>5 时才能转变为 $Ag(SO_3)_2^{3-}$ 配合离子，增大溶液中 SO_3^{2-} 浓度和减少 Cl^- 浓度将有利于 AgCl 的浸出。$Ag(SO_3)_2^{3-}$ 转变成 Ag_2O 的 pH 很大，因此浸出过程中不会生成 Ag_2O 沉淀。

SO_3^{2-} 只能在 pH>7.2 时稳定存在，pH<7.2 时生成 HSO_3^-，pH<1.9 时生成 H_2SO_3。所以用 Na_2SO_3 浸出 AgCl 时溶液 pH 应大于 7.2，在 pH=8 左右作业是合适的。

亚硫酸钠浸出液可用甲醛（HCOH）、水合联氨（$N_2H_4 \cdot H_2O$）或连二亚硫酸钠（$Na_2S_2O_4$）还原并使亚硫酸钠再生。

甲醛（HCOH）在 pH<6.38 时，将被氧化成 H_2CO_3，在 pH=6.38~10.25 时氧化成 HCO_3^-。甲醛氧化时要产生大量 H^+ 使溶液酸度上升，反应式有：

图 9-6　$AgCl\text{-}SO_3^{2-}\text{-}H_2O$ 系 $\varphi\text{-}pH$ 图

$\alpha_{Ag(SO_3)_2^{3-}}=0.25\ mol/L$，$\alpha_{Cl^-}=0.5\ mol/L$，

$[SO_3^{2-}]_T=1\ mol/L$，$p_{O_2}=p_{H_2}=1\times10^5\ Pa$。

$$H_2CO_3+4H^++4e\Longrightarrow HCOH+2H_2O \qquad \varphi^{\ominus}=-0.05\ V$$

$$HCO_3^-+5H^++4e\Longrightarrow HCOH+2H_2O \qquad \varphi^{\ominus}=-0.044\ V$$

$$CO_3^{2-}+6H^++4e\Longrightarrow HCOH+2H_2O \qquad \varphi^{\ominus}=-0.197\ V$$

在碱性溶液还原时：

$$HCO_3^-+3H_2O+4e\Longrightarrow HCOH+5OH^- \qquad \varphi^{\ominus}=-0.989\ V$$

$$CO_3^{2-}+4H_2O+4e\Longrightarrow HCOH+6OH^- \qquad \varphi^{\ominus}=-1.043\ V$$

溶液的 pH 愈大，甲醛的还原能力愈强，通常在室温及 pH>10.55 下作业，其反应式为：

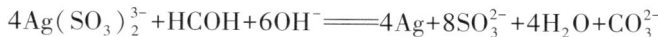

$$4Ag(SO_3)_2^{3-}+HCOH+6OH^-\Longrightarrow 4Ag+8SO_3^{2-}+4H_2O+CO_3^{2-}$$

分银条件为：Na_2SO_3 250~280 g/L，pH 为 8~9，温度为 30~40℃，按 Ag 30 g/L 计算液固比，搅拌浸出 5 h。银还原条件为：按 30 g/L 计加入 NaOH，40~50℃ 下加甲醛还原，甲醛∶银=1∶（2.5~3），终点含 Ag 0.5~1 g/L。还原终了通 SO_2 至 pH 为 8.5~9。过滤银粉后母液返回分银。随着循环次数增加，母液中 Cl^- 浓度增加，故使分银效果逐渐变差。当银浸出率达不到预期指标时，将母液进行深度还原，而后弃去。母液循环次数通常为 10 次。

亚硫酸钠浸出氯化银，浸出液受污染的程度较小，作业环境好，母液可以循环使用，是

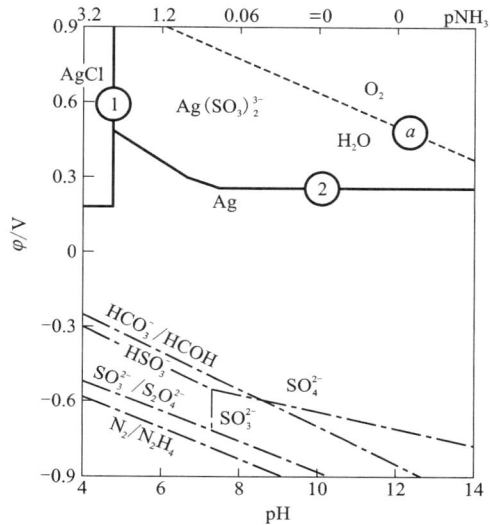

一种比较好的分银方法。

3. 分金、金还原

进入分金的原料中金仍然以金属状态存在，为使金溶解，除国外有几个工厂采用 5% NaCN 作为浸出剂外，大多采用氯化法，即用氯气或氯酸钠作氧化剂，在 HCl-NaCl 溶液或 H_2SO_4-NaCl 溶液中溶解金。由于固体氯酸钠使用方便，故被广泛采用。

氯化分金浸出液初始酸度为 $1 \sim 2$ mol/L，NaCl 浓度视所用酸不同而不同，当用 HCl 时为 $30 \sim 40$ g/L，当用 H_2SO_4 时为 $60 \sim 80$ g/L。采用 H_2SO_4 是为了抑制 $PbCl_2$ 生成，以提高金粉品位。当原料中含易水解的杂质（如 Sb、Bi、Sn 等）较多时，分金酸度取高限。固液比为 $1 : (3 \sim 6)$。分金温度控制在 $80 \sim 90\,^\circ\!C$，在此温度下与 $NaClO_3$ 进行氧化反应：

$$2Au + ClO_3^- + 6H^+ + 7Cl^- =\!=\!= 2AuCl_4^- + 3H_2O$$

$$\varphi = 0.456 - 0.0591pH + 0.0098\lg\frac{\alpha_{Cl^-}^7 \cdot \alpha_{ClO_3^-}}{\alpha_{AuCl_4^-}^2}$$

显然，溶液中 pH 愈小，$\alpha_{ClO_3^-}$、α_{Cl^-} 愈大，愈有利于金的溶解。

图 9-7 为 Au-Cl⁻-H₂O 系 φ-pH 图（25℃）。从图中可以看出，$AuCl_4^-$ 只有在 pH<3 的水溶液中热力学才是稳定的；在 pH>6.5 的溶液中，$AuCl_4^-$ 容易水解成胶体 $Au(OH)_3$；在 pH>14.4 时则转变成 $HAuO_3^{2-}$。$Au(OH)_3$ 和 $HAuO_3^{2-}$ 在水溶液中热力学上都是不稳定的。

贵金属精矿中的铂、钯比金更容易被氯酸钠氧化溶解，反应式为：

$$3Pd + ClO_3^- + 6H^+ + 11Cl^- =\!=\!= 3PdCl_4^{2-} + 3H_2O$$

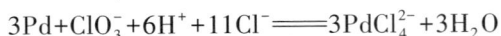

$$\varphi = 0.828 - 0.0591pH + 0.0098\lg\frac{\alpha_{Cl^-}^{11} \cdot \alpha_{ClO_3^-}}{\alpha_{PdCl_4^{2-}}^3}$$

$PdCl_4^{2-}$ 还可以进一步氧化为 $PdCl_6^{2-}$，反应式为：

$$3PdCl_4^{2-} + ClO_3^- + 6H^+ + 5Cl^- =\!=\!= 3PdCl_6^{2-} + 3H_2O$$

$$\varphi = 0.163 - 0.0591pH + 0.0098\lg\frac{\alpha_{PdCl_4^{2-}}^3 \cdot \alpha_{Cl^-}^5 \cdot \alpha_{ClO_3^-}}{\alpha_{PdCl_6^{2-}}^3}$$

同样：

$$3Pt + ClO_3^- + 6H^+ + 11Cl^- =\!=\!= 3PtCl_4^{2-} + 3H_2O$$

$$\varphi = 0.721 - 0.0591pH + 0.0098\lg\frac{\alpha_{Cl^-}^{11} \cdot \alpha_{ClO_3^-}}{\alpha_{PtCl_4^{2-}}^3}$$

$$3PtCl_4^{2-} + ClO_3^- + 6H^+ + 5Cl^- =\!=\!= 3PtCl_6^{2-} + 3H_2O$$

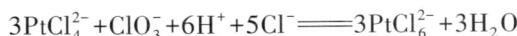

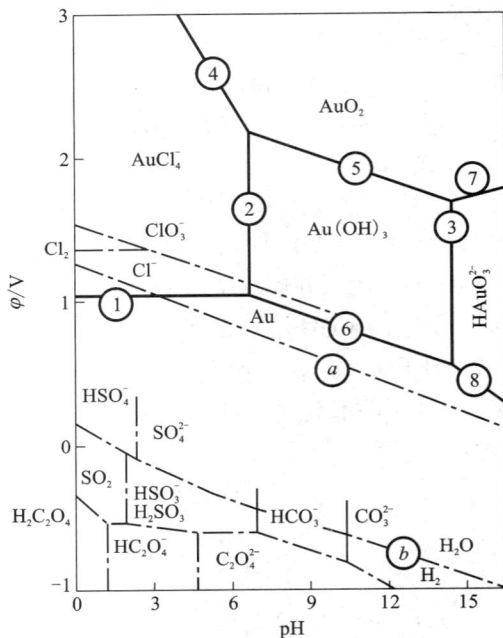

$\alpha_{AuCl_4^-} = 0.5$ mol/L，$\alpha_{Cl^-} = 0.1$ mol/L，

$p_{O_2} = p_{H_2} = 1 \times 10^5$ Pa。

图 9-7　Au-Cl⁻-H₂O 系 φ-pH 图

$$\varphi = 0.163 - 0.0591\text{pH} + 0.0098\ \lg\frac{\alpha^3_{\text{PtCl}_4^{2-}}\cdot\alpha^5_{\text{Cl}^-}\cdot\alpha_{\text{ClO}_3^-}}{\alpha^3_{\text{PtCl}_6^{2-}}}$$

在 pH=1.29 的水溶液中，铂的氯配合离子也容易转变成氢氧化物。

综上所述，为了保证金、铂、钯的溶出，同时防止水解产生金、铂、钯的氢氧化物，溶液 pH 应保证小于 3，而溶液的酸度愈大以及溶液中的 $\alpha_{\text{ClO}_3^-}$、α_{Cl^-} 愈大，愈有利于金、铂、钯的溶出，浸出时通常在 1 当量酸度(1 mol/L H$^+$)以上并加入适当氯酸钠和氯化钠来作业。

溶出后进行液固分离，贵金属浸出液通入 SO$_2$ 气体或加入草酸还原金。用 SO$_2$ 还原 AuCl$_4^-$ 的反应为：

$$2\text{AuCl}_4^- + 3\text{SO}_2 + 6\text{H}_2\text{O} = 2\text{Au} + 3\text{HSO}_4^- + 9\text{H}^+ + 8\text{Cl}^-$$

$$\varphi = 0.873 + 0.088\text{pH} + 0.0098\ \lg\frac{\alpha^2_{\text{AuCl}_4^-}\cdot\alpha^3_{\text{SO}_2}}{\alpha^3_{\text{HSO}_4^-}\cdot\alpha^8_{\text{Cl}^-}}$$

可以看出，溶液的 pH、$\alpha_{\text{AuCl}_4^-}$、α_{SO_2} 愈大，溶液中 $\alpha_{\text{HSO}_4^-}$、α_{Cl^-} 愈小，愈有利于金的还原，为了防止重金属杂质离子还原得到品位高的金粉，往往在酸度比较大的情况下还原，溶液酸度在 1 当量以上。

草酸还原时草酸加入水中，在 pH<1.27 时以 H$_2$C$_2$O$_4$ 存在；pH=1.27~4.27 时为 HC$_2$O$_4^-$；pH>4.27 时则为 C$_2$O$_4^{2-}$。草酸还原时，其氧化产物在不同 pH 的溶液中也不相同。在 pH<6.38 时草酸氧化成 H$_2$CO$_3$；pH=6.38~10.25 时产物为 HCO$_3^-$；在 pH>10.25 时则为 CO$_3^{2-}$。草酸还原时的反应为：

pH=1.27 时，

$$2\text{e} + 2\text{AuCl}_4 + 3\text{H}_2\text{C}_2\text{O}_4 + 6\text{H}_2\text{O} = 2\text{Au} + 6\text{H}_2\text{CO}_3 + 6\text{H}^+ + 8\text{Cl}^-$$

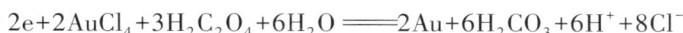

$$\varphi = 1.372 + 0.591\text{pH} + 0.0098\ \lg\frac{\alpha^2_{\text{AuCl}_4}\cdot\alpha^3_{\text{H}_2\text{C}_2\text{O}_4}}{\alpha^6_{\text{H}_2\text{CO}_3}\cdot\alpha^8_{\text{Cl}^-}}$$

pH=1.27~4.27 时，

$$2\text{e} + 2\text{AuCl}_4 + 3\text{HC}_2\text{O}_4^- + 6\text{H}_2\text{O} = 2\text{Au} + 6\text{H}_2\text{CO}_3 + 3\text{H}^+ + 8\text{Cl}^-$$

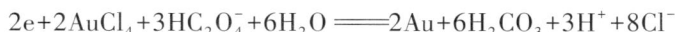

$$\varphi = 1.409 + 0.0295\text{pH} + 0.0098\lg\frac{\alpha^2_{\text{AuCl}_4}\cdot\alpha^3_{\text{HC}_2\text{O}_4^-}}{\alpha^6_{\text{H}_2\text{CO}_3}\cdot\alpha^8_{\text{Cl}^-}}$$

草酸还原能力随溶液的 pH、$\alpha_{\text{HC}_2\text{O}_4^-}$ 的增加和 α_{Cl^-} 及草酸氧化产物的活度减小而增强。故生产上通常用 NaOH 液缓慢中和氯化液至 pH 为 1~2，并加温至沸腾，再加草酸还原 4~6 h，并在热态下过滤金粉。

草酸比 SO$_2$ 还原所得金粉纯度高些(达 99.9%)，但费用高。

当处理含 Au 低的阳极泥时，氯化分金液中 Au 浓度往往很低，直接还原 Au 粉很细，难以收集。在这种情况下最好用萃取法富集 Au，然后从有机萃取剂中还原 Au。

用 SO$_2$ 或草酸还原金的时候，铂、钯通常不被 SO$_2$ 或草酸还原，溶液中铂、钯可用锌粉置换成铂、钯精矿。

铂、钯精矿可用王水溶解，赶尽硝酸根后，用水解法使钯生成氢氧化钯沉淀析出，溶液加氯化铵使铂成氯铂酸铵沉淀并煅烧成粗铂，氢氧化钯沉淀用盐酸溶解后加氢氧化铵配合，再加盐酸酸化沉淀出二氯二铵配亚钯再煅烧,并用氢还原成金属钯。

9.4.2　焙烧

1. 传统硫酸化焙烧

传统硫酸化焙烧详见第9.3.1节。

2. 高酸比硫酸化焙烧

高酸比硫酸化焙烧和传统硫酸化焙烧在本质上是一致的,其差别在于处理铜、镍等元素含量较高的阳极泥时,浓硫酸配入量约为传统硫酸化焙烧的1.5倍,约为理论量的2倍,其他工艺控制条件均相同。

硫酸化焙烧的目的,在于实现铜阳极泥中硒化物、碲化物以及铜、镍等元素物相形态的转化,以利分别提取。

硫酸化焙烧的固体产物为蒸硒渣,渣中铜、银、镍等元素已转化成可溶性硫酸盐,并在下道工序浸出时转入液相,从而与渣中难溶或不溶元素(如金、铂、钯及其他化合物)以及硫酸铅、硫酸钙等分离。

(1)原料

①阳极泥化学成分。高酸比硫酸化焙烧处理的阳极泥主要是由铜镍硫化矿电解产生的,由于炼铜原料的不同和电解技术条件的差异,各厂阳极泥成分也不同(见表9-6)。

②原料准备。原料准备的主要目的有:降低铜含量,降低水分含量,控制粒度、避免块状阳极泥入炉,以求取得良好的技术经济指标。其主要内容包括阳极泥预处理、配酸、浆化三部分。

预处理的方法有:筛滤、分离粗颗粒铜;氧化浸出,采用空气氧化、稀硫酸浸出阳极泥中金属铜,使铜进入液相;过滤脱水,分离进入液相的铜,并使其水分降到22%以下。配酸:浓硫酸的配入量是根据阳极泥中铜、银、镍、硒、碲与硫酸化合时的耗酸量来确定的。就传统硫酸化焙烧而言,其耗酸量为理论量的1.1~1.2倍,实际泥酸比为1:(0.7~1.2)(硫酸浓度93%);对高酸比硫酸化焙烧而言,其耗酸量为理论量的1.2~1.5倍,实际泥酸比为1:(1.4~1.5)。浆化:浆化方法一般采用预浸泡和搅拌浆化,通常预浸泡时间不小于4 h,搅拌时间为1~2 h,并在加料过程中保持搅拌状态。

(2)焙烧操作技术条件(表9-27)

表 9-27　酸化焙烧操作技术条件实例

项目	贵溪冶炼厂	富春江冶炼厂	金川有色公司
设备形式:焙烧	回转窑	焙烧锅	回转窑
蒸硒	回转窑	马弗炉	回转窑
阳极泥处理量(干)/(t·a^{-1})	1.35~1.42	0.10~0.20	0.15~0.17
酸泥比	(0.70~0.80):1	0.70:1	1.50:1
硫酸浓度/%	93	93	98
焙烧温度/℃:焙烧	250~350	250~300	250~400
蒸硒	550~600	550~600	600~650

项目	贵溪冶炼厂	富春江冶炼厂	金川有色公司
焙烧时间/h：焙烧	1~1.5	4	3~3.5
蒸硒	2~3	10~12	3~3.5
吸收液酸度/($g \cdot L^{-1}$)	<500	<500	<600
出塔时间/d：1、2 号塔	3~5	3~4	2~3
3、4 号塔	6~7	6~10	7~10
负压/Pa：窑尾	98		98
窑头	150~200		147~196
蒸硒渣残硒/%	<0.5	<0.05	0.06~0.07
蒸硒渣颜色	黄绿	黄绿	

（3）产物

硫酸化焙烧产物有蒸硒渣（焙砂）、粗硒、废酸液以及含硫废气（表 9-28~表 9-32）。

表 9-28　蒸硒渣化学成分和渣率实例　　%

厂别	Au	Ag	Cu	Se	Te	Pb	As	Sb	Bi	Ba	渣率[6]
1[1]	0.278	5.419	16.22	0.637	4.491	5.635	2.479	2.81	1.64	4	138
2[2]	0.7~1.2	12~15	7.0	0.05							120
2[3]	0.497	16.53	7.74	0.01		17.72	Sn6.29	Pt4	Pd11.5		
3[4]	0.024	1.15	36.85	0.07	Ni7.2			Pt210	Pd120		130
3[5]	0.274	11.2	3.63	<0.002	Ni4.94			Pt2400	Pd1370		120

注：[1]为工业试验平均值；[2]为生产实际值；[3]为扩大试验结果；[4]为一次焙砂；[5]为二次焙砂；[6]渣率=蒸硒残渣产出量/阳极泥投入量×100%。

表 9-29　粗硒品位及直收率实例　　%

项目	1	2	3
粗硒品位	98	93	90~95
硒直收率	85	90	86~88

表 9-30　废酸液成分和产出量实例

项目	1	2	3
$\rho(H_2SO_4)/(g \cdot L^{-1})$	500~600	300~400	约 500
$\rho(Se)/(g \cdot L^{-1})$	<0.8	少量	0.5~1
产出量/[$m^3 \cdot t^{-1}$(干泥)]	0.75~1.5	0.37~0.40	1.6~2.2

表 9-31　含硫废气成分和废气量实例

项目	数值
$\varphi(SO_2)/\%$	0.25~0.50
$\varphi(SO_3)/\%$	0.10~0.15
废气量/[$m^3 \cdot t^{-1}$(干泥)]	24~32

表 9-32　硫酸化焙烧技术经济指标实例

项目		厂　　别		
		1	2	3
硒直收率/%		85	90	86~88
酸耗(H_2SO_4 100%)/[$t \cdot t^{-1}$(干泥)]		0.65~0.95	0.874	1.470
能耗	燃料名称	重柴油	煤	
	单耗/[$kg \cdot t^{-1}$(干泥)]	470	2595	
	或单耗/[$kg \cdot t^{-1}$(干泥)]	20×10^6	10^6	

3. 氧化焙烧

　　某些用湿法流程处理阳极泥的工厂采用氧化焙烧进行原料准备。氧化焙烧是使阳极泥中硒、碲、铜等元素转化为易溶于稀硫酸的物质以利分离提取。

　　阳极泥于 350~375℃的低温下，利用空气中的氧使铜、硒化物、碲化物氧化成易溶于稀硫酸的氧化铜、亚硒酸盐、亚碲酸盐，并有少量的硒、砷呈 SeO_2 和 As_2O_3 挥发逸出。

　　与酸化焙烧比较，氧化焙烧能耗低，而且不消耗硫酸。这不仅有利于环保，而且节省能耗。氧化焙烧采用的远红外干燥焙烧箱式电阻炉，适用于中小型企业。由于箱式电阻炉属间断操作，作业率低，设备效率低，不适用于大规模生产。

　　(1)原料

　　采用氧化焙烧处理的铜阳极泥化学成分实例见表 9-33。

表 9-33　铜阳极泥化学成分实例　　　　　　　　　　　　　　　　%

厂别	Au	Ag	Cu	Se	Te	Ni	Sn	As	Pb	Pt/($g \cdot t^{-1}$)	Pd/($g \cdot t^{-1}$)
1	0.5	6	16	2~3	0.2		10		16	10	50
2	1.16~1.9	18~21	26~36	9.5~9.9	2.4~2.9	0.4~0.5		1~1.3	4~6		

　　(2)焙烧操作技术条件

　　氧化焙烧操作技术条件实例见表 9-34。

表 9-34　氧化焙烧操作技术条件实例

技术条件	数值
阳极泥粒度/mm	0.70～1.65
焙烧温度/℃	350～375
空气流速/(L·min^{-1})	30
料层厚度/mm	30～40
干燥焙烧时间/h	8
单炉焙烧能力/(kg·炉$^{-1}$)	200～225
日处理炉次	2～3

氧化焙烧产物有焙砂和烟气。焙砂产出率为干阳极泥量的110%～120%，粒度小于1.65 mm，堆积密度为1200～1300 kg/m^3，颜色为草黄色。氧化焙烧的烟气中，含微量的二氧化硒和三氧化砷，应吸收处理后再放空。吸收液应与污水一并处理后再排放。

（3）主要技术经济指标

表9-35列出了氧化焙烧主要技术经济指标实例。

表 9-35　氧化焙烧主要技术经济指标实例

项目	指标
焙烧能力(干泥)/(t·d^{-1})	0.6～0.8
回收率/%：Au	>99.5
Ag	>99.5
电耗(干泥)/(kW·h·t^{-1})	900

9.4.3　铜镍提取

1. 硫酸浸出分铜镍

硫酸浸出蒸硒渣和氧化焙砂，是分步分离贱金属、富集贵金属的重要步骤，属于原料准备作业。

在蒸硒渣中，铜、镍、银、硒、碲等元素已转化成易溶化合物。在氧化焙砂中，除银物相转化困难、可溶性差外，上述其他元素均转化成易溶性化合物。当用稀硫酸浸出时，即转入液相以便从溶液中提取。在蒸硒渣和氧化焙砂的浸出过程中，对以 Ag_2SO_4 形态进入溶液的银通常是提供足够的氯离子，让它生成 AgCl 而沉入渣中，或让它留在液相，待下步对浸出液处理时用铜置换得银粉。

在不同的湿法流程中，由于原料不同和提取金属的先后顺序不同，或下道工序对原料的要求有差别等原因，致使所采用的工艺技术条件也不尽相同。例如，有的工厂采用高酸浸出，有的工厂则采用低酸浸出。高酸浸出的酸度一般为 3 mol/L，低酸浸出的酸度一般为 0.5 mol/L。在不同的湿法流程中，硫酸浸出的具体目的也因原料不同而有所差别。例如：富春江冶炼厂流程以分铜为主，并同时要求完成银的物相转化，使银留在渣中；重庆冶炼厂和大冶冶炼厂流程却以分铜、分硒、分碲为主，不要求完成银的物相转化，而是让银留在渣中；贵溪冶炼厂流程以分铜为主，并不要求银进入液相，但要求对进入液相的银全部沉到渣中；烟台冶炼厂流程以分铜银为主，要求铜和银全部转入液相，以便在处理分铜银溶液时，用阴极铜置换溶液中的银而获得银粉；金川有色公司流程则以分铜镍为主，也不要求银进入液相，对已进入液相的银，要求全部沉入渣中，即用海绵铜或生阳极泥中的铜置换液相中的银，使银重回渣中。

（1）原料

硫酸浸出分铜镍所用的原料为阳极泥经过硫酸化焙烧蒸硒后的蒸硒渣或氧化焙烧后产出的氧化焙砂。

（2）技术操作与控制

影响硫酸浸出分铜镍效果的主要因素有酸度、温度、液固比和反应时间。工艺技术条件的选择，一般都是针对原料特点，并经过试验或参照同类工厂的实践经验来确定；关于搅拌强度，通常都按照物料不沉底的强力搅拌型来考虑。

有关工厂的酸浸技术操作与控制实例见表9-36。

表 9-36　酸浸技术操作与控制实例

项目	重庆冶炼厂	贵溪冶炼厂	富春江冶炼厂	烟台冶炼厂	金川有色公司
原料	氧化焙砂	蒸硒渣	蒸硒渣	蒸硒渣	酸化焙砂
硫酸浓度/$(g \cdot L^{-1})$	150	80~150	280~320	150	90~100
液固比	4:1	(4~5):1	4:1	(8~9):1	6:1
反应温度/℃	80~90	80~90	80~85	80	80~90
反应时间/h	2	3~4	5	约6	4
食盐用量:理论量		1.2:1①	1.1:1		
生泥用量:焙砂量					0.036:1③
盐酸用量:理论量	1:1②				

注：①、②为按 Ag 生成 AgCl 消耗 NaCl 或 HCl 量的倍数计；③为用生阳极泥中的铜置换银消耗的生泥量与焙砂投入量之比计。

（3）产物

硫酸浸出分铜镍的产物为浸出渣和浸出液，或称分铜渣和分铜液。

表9-37和表9-38分别列出了有关工厂的浸出渣和浸出液的成分实例。

（4）技术经济指标

硫酸浸出分铜镍的主要技术经济指标实例见表9-39。

2. 浸出分铜液处理

（1）基本情况

浸出液处理是为了从溶液中提取有价金属。常用的方法有置换、还原、结晶、中和等。具体选择时应针对浸出液成分、产品形态、金回收率、成本等因素来考虑。在不同的湿法流程中，浸出液成分随蒸硒渣、氧化焙砂和浸出条件的不同而异。对不同成分的浸出液采用不同的处理方法。

表 9-37　浸出渣化学成分实例 　%

厂别	Au	Ag	Cu	Se	Te	Pb	As	Sb	Bi	Sn	$\rho(Pt)/(g\cdot t^{-1})$	$\rho(Pb)/(g\cdot t^{-1})$	渣率
1	0.772	15.495	0.169	0.268	6.069	13.32	4.564	6.973	3.801				74
2	1~1.5	25~30	<0.1			25							70
3	0.8	9	0.4	0.2	0.05	25			20	13	65		
4		<1.5	<0.5										8.5
5[①]		13.44	4.35	0.05	Ni 5.73								
5[②]		1.46	0.23		Ni 0.65								75

注：①为一次焙砂浸出渣成分；②为二次焙砂浸出渣成分。

表 9-38　浸出液成分实例

厂别	$\rho(Au)/(mg\cdot L^{-1})$	$\rho(Ag)/(mg\cdot L^{-1})$	$\rho(Cu)/(g\cdot L^{-1})$	$\rho(Se)/(g\cdot L^{-1})$	$\rho(Te)/(g\cdot L^{-1})$	$\rho(As)/(g\cdot L^{-1})$	$\rho(Sb)/(g\cdot L^{-1})$	$\rho(Bi)/(g\cdot L^{-1})$	酸度/$(g\cdot L^{-1})$
1	<0.5	2	42.35	1.62	6.41	2.19	0.03	0.63	0.94
2		<10							
3	<0.4	<0.4					$\rho(Pt)<0.4$ mg/L		$\rho(Pt)<0.4$ mg/L
4[①]		15	71.4		13.10				
4[②]		20	6.9		8.90				

注：①为一次焙砂浸出液成分；②为二次焙砂浸出液成分。

表 9-39　酸浸技术经济指标实例

项目		厂别					
		1	2	3	4	5[①]	5[②]
浸出率/%	Cu	99	99.6	>98	>97	99	95
	Ag	98.5~99	84.40		>98	0.63	90
	Se		50	>98			
	Te			>98			
	Ni					93	90
单耗	硫酸 98%/[t·t⁻¹(干泥)]	0.80~1.00	0.50		1.50	0.76	0.76
	盐酸 31%/[kg·t⁻¹(干泥)]			70			
	食盐大于 90%/[kg·t⁻¹(干泥)]		55				

注：①为一次焙砂浸出液成分；②为二次焙砂浸出液成分。

（2）原料

浸出液成分见表 9-38。

（3）技术操作与控制

表 9-40 列出了浸出液处理技术操作与控制实例。

表 9-40　浸出液处理技术操作与控制实例

厂别	项目		指标
1	还原硒	温度/℃	60~80
		搅拌时间/h	2~4
	置换碲	温度/℃	80~90
		搅拌时间/h	4~6
		铜粉用量/[kg·kg⁻¹(碲)]	2.20
2	置换碲	温度/℃	70~80
		搅拌时间/h	4
		铜粉用量/[kg·kg⁻¹(碲)]	1.67~2.0
3①	结晶硫酸铜	浓缩终点密度/(g·cm⁻³)	1.42
		母液 Ni^{2+} 浓度/(g·L⁻¹)	<60
		结晶温度/℃	≤18
3②	氯化沉银	食盐加入量/[kg·kg⁻¹(银)]	0.65
		母液含银/(g·L⁻¹)	0.02
4	置换银	温度/℃	70
		搅拌时间/h	1~2

注：①为一次浸出液；②为二次浸出液。

（4）产物

表 9-41 列出了处理浸出液的产物实例。

表 9-41　处理浸出液的产物实例

厂别	产物名称	主要成分			
贵溪冶炼厂	海绵碲精矿/%	Cu 52~56	Se 9.3~9.8	Te 30~33	H_2SO_4
	置换后液/(g·L⁻¹)	50~52	<0.3	<1.0	120~130
重庆冶炼厂	粗硒/%	Se>95			
	碲精矿/%	Te 15~30			
烟台冶炼厂	粗银粉/%	Ag 98~99			
	置换后液/%	Cu 40			
金川有色公司	硫酸铜/%	$w(CuSO_4·5H_2O)≥96$, $w(Cu)≥24.43$, $w(H_2SO_4)≤0.1$			

（5）技术经济指标

表 9-42 列出了处理浸出液的技术经济指标实例。

表 9-42　处理浸出液的技术经济指标实例

厂别	项目	指标
1	还原硒 SO_2 消耗/$[\text{kg}\cdot\text{kg}^{-1}(\text{Se})]$ 置换碲铜粉消耗/$[\text{kg}\cdot\text{kg}^{-1}(\text{Te})]$ 铜直收率/%	$2.5\sim3.0$ 2.2 ≥95
2	置换银阴极铜消耗/$[\text{kg}\cdot\text{kg}^{-1}(\text{Ag})]$ 银直收率/%	0.3 $97\sim98$
3	置换碲回收率: Cu/% Se/% Te/% 单耗铜粉消耗/$[\text{kg}\cdot\text{kg}^{-1}(\text{Te})]$ 蒸汽消耗/$[\text{kg}\cdot\text{kg}^{-1}(\text{Te})]$	97 95 95 $1.67\sim2.00$ $15\sim20$

9.4.4　脱碲铅

1. 碱浸分碲

分碲是为了从分铜渣中尽量脱除碲、铅、砷等杂质，为下道工序的分金作业准备杂质少而金银富集比高的原料，并为提取碲、铅等有价元素创造有利条件。分碲过程使金银在渣中进一步富集。硫酸浸出分铜时生成的氯化银在碱浸分碲时转化成氧化银，分碲渣呈黑褐色。

以贵溪冶炼厂为例，尽管分铜时碲的浸出率高达50%左右，然而因其渣量小，分铜渣中碲质量分数仍高达6%。用这种分铜渣直接分金，金的产品质量和回收率都很差。而用碱浸分碲渣分金，则金的产品质量和回收率都较好。因此，分碲是分金前不可缺少的原料准备作业。贵溪冶炼厂用10%氢氧化钠溶液浸出分铜渣，使碲、铅和砷分别以亚碲酸钠、铅酸钠和亚砷酸钠的形态进入液相，是提取碲、铅等有价元素的有效方法。

（1）原料

碱浸分碲的原料为硫酸浸出分铜工序产出的分铜渣。碱浸前要求用热水洗涤分铜渣至渣中残液 pH=3~5，以减少碱耗和提高铜的回收率。表9-43列出了贵溪冶炼厂碱浸分碲原料化学成分实例。

表 9-43　贵溪冶炼厂碱浸分碲原料化学成分实例

成分 /%	$\rho(\text{Au})$ /$(\text{g}\cdot\text{t}^{-1})$	$\rho(\text{Ag})$ /$(\text{g}\cdot\text{t}^{-1})$	Cu	Se	Te	Bi	As	Pb	Sb	Ba
工业试验	0.7718	15.495	0.17	0.27	6.07	3.801	4.56	13.32	6.793	
设计	0.8412	11.385	0.169	0.127	7.467	4.768	6.25	20.294	10.584	11.34

（2）技术操作与控制

表9-44列出了碱浸分碲技术操作与控制实例。

表9-44　碱浸分碲技术操作与控制实例

项目	指标	项目	指标
单槽能力/kg	200~250	反应温度/℃	80~85
$w(NaOH)/\%$	10	搅拌时间/h	2
液固比	(5~6):1		

（3）产物

碱浸分碲的产物为分碲渣和分碲液。其成分见表9-45、表9-46。

表9-45　分碲渣化学成分实例　　　　　　　　　　　　　　　　%

成分	Te	Pb	As	Bi	Au	Ag	Cu	Se
工业试验	2.26	13.4	0.346	4.752	0.985	19.529		0.15
设计	2.162	19.5	0.465	5.484	1.115	15.049	0.224	0.168
生产	1~4	10~20			1~1.6	17~22		

表9-46　分碲液化学成分实例

成分/%	Te	Pb	As	$\rho(Au)/(mg \cdot L^{-1})$	$\rho(Ag)/(mg \cdot L^{-1})$
工业试验	7.760	6.650	7.760	<1.000	34
生产	3~6	3~6		<1.000	<30
设计	7.890	8.090	8.450	<1.950	<46

（4）技术经济指标

表9-47列出了碱浸分碲技术经济指标实例。

表9-47　碱浸分碲技术经济指标实例

经济指标		工业试验	设计	生产
浸出率/%	Te	72.00	78.19	72.00
	Pb	26.00	27.62	26.00
	As	94.40	94.39	95.00
	Bi	9.52	9.52	

续表 9-47

经济指标	工业试验	设计	生产
渣含碲/%	2.26	2.16	2.03
碲直收率/%		76.90	72.00
渣率/%	75.33	75.33	75.00
碱耗(NaOH 100%)/(kg·t^{-1})		184	260

2. 分碲液的处理

以提取转入液相的碲和铅为主要目的的分碲液处理，是采用一次中和法或分步沉淀法来提取铅和碲，并对处理后液中的有价元素与贵金属在开路排放前加以控制。

一次中和法：用硫酸中和碱性分碲液，使铅和碲呈硫酸铅和二氧化碲固态沉淀，产出中和铅碲渣与中和处理后液。

分步沉淀法：先用硫化钠脱除碱性分碲液中的铅，产出硫化铅精矿；再用硫酸中和沉淀，产出二氧化碲与中和处理后液。

（1）原料

提取碲和铅的原料为分碲液。其成分如表 9-48 所示。

（2）技术操作与控制

一次中和法：中和剂为硫酸(H_2SO_4 93%)，中和终点 pH 为 5.4～5.8。

分步沉淀法：①除铅，除铅温度为 80～90℃，硫化钠(Na_2S)加入量为理论量的 1.2 倍；②沉碲，中和剂为硫酸(H_2SO_4 93%)，中和终点 pH 为 6～6.5。

（3）产物

表 9-48 列出了一次中和法的产物成分实例。

表 9-48　一次中和法的产物成分实例

产　物	Au	Ag	Pb	Te	As	Se	pH
铅碲渣质量分数/%	0.005	0.250	28	30	4.2	0.3～0.6	5.4～5.8
中和处理后液/(g·L^{-1})	0.001	0.0035	0.014	0.18	6.5	0.4～0.9	5.4～5.8

（4）技术经济指标

表 9-49 列出了分碲液处理的技术经济指标实例。

表 9-49　分碲液处理的技术经济指标实例

技术经济指标		一次中和法	分步沉淀法
单耗：H_2SO_4 93%/[kg·t^{-1}(干泥)]		265	300~350
Na_2S 26%/[kg·t^{-1}(干泥)]			40~50
沉淀率	Te/%	>97.8	99
	Pb/%	99.8	88
损失	Au/%	<0.07	<0.08
	Ag/%	<0.11	<0.11

3. 硝酸浸出分铅

富春江冶炼厂流程中以分银渣为原料进行分铅处理，目的既是为提取铅，也是为分金提供杂质少的原料。

分银渣中 95% 以上的铅已转化成 $PbCO_3$。当用硝酸溶液浸出分银渣时，渣中的固态 $PbCO_3$ 与硝酸反应，铅以 $Pb(NO_3)_2$ 形态进入液相。固液分离后，产出的分铅渣含金比阳极泥高 4~5 倍，对氯化分金很有利。液相产物为分银液，是提取铅盐的原料。

（1）原料

分铅所用的原料为上道工序产物分银渣，其成分为：Au 2%；Ag 0.50%；Pb 43%；Sb 10.2%；Sn 6.20%。

（2）技术操作与控制

表 9-50 列出了分铅技术操作与控制实例。

表 9-50　分铅技术操作与控制实例

项目	指标	备注
液固比	(6~8):1	
始液硝酸质量的量浓度/(mol·L^{-1})	2	按铅量计
温度/℃	常温	
搅拌浸出时间/h	2	加酸后计时
终点 pH	1~1.5	无 CO_2 逸出为止
分铅渣含铅/%	2	
加酸方式		边搅拌边防止冒槽

（3）产物

分铅过程的产物分铅渣，其成分实例如下：Au 4%；Ag 1%；Pb 2%。

（4）技术经济指标

表 9-51 列出了分铅技术经济指标实例。

表 9-51　分铅技术经济指标实例

项目	指标
铅直收率/%	>90
分铅渣含铅/%	2
渣率/%	22
硝酸消耗/[kg·kg^{-1}(Pb)]	0.37
碳酸钠消耗/[kg·kg^{-1}(Pb)]	0.80

4. 分铅液处理

分铅液处理是采用硫酸中和沉淀法来提取铅。

往沉淀过滤后的分铅液中加入硫酸时，铅以硫酸铅形态沉淀，液固分离后产出硫酸铅和分铅后液。硝酸在分铅后液中获得再生。

在工业生产的分铅过程中，有少量分银渣中的银被硝酸浸出进入分铅液，分铅液的沉铅后液，即再生稀硝酸液，可返回分铅作业。随着返回次数增多(约 100 次以上)，Ag$^+$ 不断积累，当 Ag$^+$ 质量浓度达到 1 g/L 以上后，加入氯离子使其呈 AgCl 沉淀以回收银。

生产操作时，为沉铅加入的硫酸不能过量，沉铅后液需残存少量铅方可返回分铅作业循环使用。

9.4.5　提金

1. 氯化分金

阳极泥脱除贱金属后，料量减少至原量的35%以下，而金却富集了2.5倍以上，这有利于分金作业。在用于分金的原料中，金、铂、钯一般都以金属形态存在。为使它们进入溶液，过去一般采用水溶液氯化法，即在加温搅拌的盐酸或硫酸介质中供给氯气，使99%以上的金、铂、钯溶解，生成四氯金酸、四氯铂酸、四氯钯酸而进入液相，同时其中的银、铅将生成氯化银、二氯化铅进入渣中。目前许多厂家采用在盐酸或硫酸介质中加氯酸钠(钾)的氯化分金。如富春江冶炼厂流程以分铅渣为分金原料，在盐酸介质中添加氯化钠、氯酸钠(钾)来氯化分金。豫光金铅同样以分铅渣为分金原料，在硫酸介质中添加氯化钠、氯酸钠(钾)来氯化分金。这些均实现了对金、铂、钯的氯化，使其转入液相。水溶液氯化分金采用硫酸介质可抑制铅的溶出，其次硫酸挥发性比盐酸小，可改善操作环境，减缓介质对设备的腐蚀。

关于提取金银的顺序，一般厂家采用先提银后提金；与之相反，贵溪冶炼厂流程采用先提金后提银，这是由银的物相形态转化要求决定的。贵溪冶炼厂的银在分铜过程中生成氯化银进入渣，经碱浸分碎后，又全部被氧化成氧化银。只有先提金，使氧化银在分金条件下再次被氯化成氯化银，才能满足下步分银对其物相形态的要求。

(1)原料

分金作业用的原料化学成分实例如表 9-52 所示。

表9-52　分金原料化学成分实例　　　　　　　　　　　　　%

分金原料	Te	Pb	As	Bi	Au	Ag	Cu	Se
分碲渣①	2.260	13.40	0.346	4.752	0.985	19.529		0.150
分碲渣②	2.162	19.50	0.465	5.484	1.115	15.049	0.224	0.168
分碲渣③	2.028	15.56	0.312	0.3212	1.025	20.499	0.221	0.027

注：①来自贵溪冶炼厂工业试验；②、③为贵溪冶炼厂设计。

（2）产物

氯化分金的产物分金液和分金渣的成分见表9-53、表9-54。

表9-53　贵溪冶炼厂分金液成分实例　　　　　　　　　　　g/L

成分	$\rho(Au)$ /(mg·L^{-1})	$\rho(Ag)$ /(mg·L^{-1})	$\rho(Bi)$	$\rho(Pb)$	$\rho(Cu)$	$\rho(Te)$	$\rho(Se)$
工业试验	1.7	11.2	2.5	84	0.21	1.00	0.15
生产	1~2	1~3					

表9-54　贵溪冶炼厂分金渣成分实例　　　　　　　　　　　%

成分	$\rho(Au)$ /(g·t^{-1})	$\rho(Ag)$ /(g·t^{-1})	Bi	Pb	Cu	Te	Se	As	Sb
工业试验	93.60	20.298	2.684	13.577					
设计	70.00	15.520	4.498	20.109	0.231	1.462	0.174	0.480	14.490
设计	60.00	21.090	3.983	15.780	0.228	2.080	0.028	0.328	8.292

（3）技术操作与控制

表9-55列出了分金作业操作技术条件实例。

表9-55　分金作业操作技术条件实例

项目	贵溪冶炼厂	富春江冶炼厂
$\rho(H_2SO_4)$/(g·L^{-1})	75~100	
$\rho(HCl)$/(g·L^{-1})		35
氯酸钠（钾）：金	(8~10)∶1	(3~4)∶1
温度/℃	80~90	80~85
液固比	(4~7)∶1	(4~6)∶1
$\rho(NaCl)$/(g·L^{-1})	60	35~40
反应时间/h	4	2~3

（4）技术经济指标

表9-56列出了氯化分金作业技术经济指标实例。

表 9-56　氯化分金作业技术经济指标实例

技术经济指标	贵溪冶炼厂
金浸出率/%	99.43
金直收率/%	98.90
分金渣含金/($g \cdot t^{-1}$)	60~70
分金渣含银/%	15~20
硫酸消耗/[$t \cdot t^{-1}$(干泥)]	0.28
氯酸钠(钾)消耗/[$t \cdot t^{-1}$(干泥)]	0.04
食盐消耗/[$t \cdot t^{-1}$(干泥)]	0.1
盐酸消耗/[$kg \cdot kg^{-1}$(Au)]	

2. 提取金粉

在氯化分金的产物分金液中,金以四氯金酸的形态存在。通常采用二氧化硫或草酸进行还原,使金还原成金属形态,液固分离后的产物即为粗金粉和还原后液。

(1)原料

提取金粉的原料为分金液,要求冷却至常温并澄清至清澈透明。

(2)技术操作与控制

二氧化硫还原:还原温度为常温,反应终点用二氯化锡检查至无黑色为止;二氧化硫流入速度要适中,过快则终点不明显;还原时以人工方式适当搅拌溶液。

(3)产物

用分金液还原提取金粉的产物为粗金粉和金还原后液,其成分分别见表 9-57、表 9-58。

表 9-57　粗金粉成分实例　　　　　　　　　　　　　　　　　　%

成分	Au	Ag	As	Sb	Bi	Pb	Fe	Te	Se	Cu
贵冶[1]	97.48	0.164	0.016	0.102	0.116	0.44	0.009	0.016	0.005	0.005
贵冶[2]	98.31	0.067		0.001	0.028	0.86	0.004	<0.001	<0.001	0.005
富冶	94~98	<0.1				<2	<0.02			<0.03

注:①为工业试验;②为小型试验。

表 9-58　贵溪冶炼厂金还原后液成分实例　　　　　　　　　　mg/L

成分	Au	Ag	Bi	Te
工业试验	104	<10	2500	
生产	10~50	<10	1~2	100~500

(4)技术经济指标

还原剂采用二氧化硫时,二氧化硫消耗为每吨干阳极泥 40~60 kg 或 4~10 kg/kg(Au)。

金的回收率大于 99.5%。

3. 铂钯置换

还原后的分金液含有少量的铂、钯、金和银,采用锌片置换后进行液固分离。其固相产物为铂钯精矿,是进一步提取金、银、铂、钯的原料;液相产物为铂钯置换后液,流入废水处理系统,处理达标后排放。

(1)原料

铂钯置换是以金还原后液作为原料的。

(2)技术操作与控制

置换温度为常温,置换时间大于 8 h,置换终点为溶液清亮、含金小于 1 mg/L。

(3)产物

铂钯置换产物为铂钯精矿和铂钯置换后液,其成分实例分别见表 9-59、表 9-60。

表 9-59　铂钯精矿成分实例　　　　　　　　　　　　　%

成分	Au	Pt	Pd	Ag	Bi
1	4~5	0.3~0.5	1~1.2		
2	7~30	0.1~0.2	0.3~0.5	2~10	30~50

表 9-60　贵溪冶炼厂铂钯置换后液成分实例　　　　　　　　　mg/L

成分	Au	Ag	Te	Bi	Cu	Pb	Zn	Cd	As	H⁺
工业试验	<1	7.1	1240	1870						
生产	1~2	<1		1500	275.29	20.89	4703.48	0.282	0.825	1.8

铂钯精矿中含锌较高,一般先用盐酸处理除锌,再进行二次水溶液氯化分金,即在提取金的同时提高铂钯精矿的品位。

铂钯提纯采用传统通用流程,即采用氯铂酸铵煅烧法提纯铂,采用二氯二氨配亚钯法提纯钯。

9.4.6　提银

1. 配合浸出分银

从固态化合物中将银转入溶液实现提银的生产方法有:稀硫酸浸出法、氨浸配合法、亚硫酸钠溶液配合浸出分银法等。稀硫酸浸出法要求银呈硫酸银形态存在;后两种方法则要求银呈氯化银形态存在。

分银方法主要有 3 种,应根据原料成分及相关条件来选用。

稀硫酸浸出法,除要求采用较大的液固比外,还要求焙烧蒸硒过程中硫酸银生成率较高。

氨浸分银法,氨对银的配合能力很强,银可获得较高的回收率,但前提是分铜渣中氯化银的生成率要高,如果阳极泥中与硒、碲呈结合状态的银含量高,分铜时 AgCl 生成率低,银回收率必定下降；其次是氨气挥发治理较难。

　　亚硫酸钠分银法，因 SO_3^{2-} 对 Ag^+ 有良好的选择配合性，可获得品位较高的粗银粉；其次是分银液沉银后亚硫酸钠溶液还可再生复用，环保条件良好。但亚硫酸根离子对银的配合能力不如氨强，作业条件控制偏难，贵溪冶炼厂流程采用该法之所以能获得较好的银回收率，与分碲分金作业中银的硒、碲化合物先后被分解以及氯化得较彻底有关。

　　（1）原料

　　分银作业用原料成分见表 9-61。

表 9-61　分银用原料成分实例　　　　　　　　　　　　　　%

厂别	名称	Au	Ag	Bi	Pb	Cu	Te	Se	As	Sb
1	分铜渣	1~1.5	25~30		25	<0.1				
2①	分金渣	0.007	15.52	4.498	20.10	0.231	1.46	1.462	0.48	14.9
2②	分金渣	0.006	21.09	15.78	15.78	0.228	2.08	0.028	0.33	8.29

注：①为工业试验所得数据；②为小型试验所得数据。

　　（2）技术操作与控制

　　氨浸分银法与亚硫酸钠溶液分银法技术操作与控制实例见表 9-62。

表 9-62　分银技术操作与控制实例

项目	氨浸法 （富春江冶炼厂）	亚硫酸钠法 （贵溪冶炼厂）
氨液浓度/%	10	
亚硫酸钠浓度/（g·L⁻¹）		250
液固比	（4~5）:1	7:1
碳酸钠:生成碳酸铅理论量	1.3:1	
反应温度/℃	常温	30~40
搅拌反应时间/h	4	3
溶液 pH		8~8.5
终点溶液含银/（g·L⁻¹）	<35	<32

　　（3）产物

　　分银作业产物为分银液和分银渣，其成分实例分别见表 9-63、表 9-64。

表 9-63　贵溪冶炼厂分银液成分实例　　　　　　　　%

成分	Cu	Ag	Na$_2$SO$_3$
工业试验	<0.001	20.34	226
设计	<0.001	21.00	250
生产	<0.001	20~30	250

表 9-64　贵溪冶炼厂分银渣成分实例　　　　　　　　%

成分	ρ(Au)/(g·t^{-1})	Ag	Pb	Sb	Bi	Ba	Se	Te	Cu	As
工业试验	161	1.252	18.90	10.76	3.755	20				
设计	99.25	1.189	28.49	20.53	6.370	21.61	0.240	2.063	0.325	
生产	70	0.7	22.51	11.83	5.688	18.95	0.038	2.957	0.320	0.457

（4）技术经济指标

表 9-65 列出了分银技术经济指标实例。

表 9-65　分银技术经济指标实例

项　　目	贵溪冶炼厂	富春江冶炼厂
银浸出率/%	97.68	99.95
银直收率/%	96.00	98.95
分银渣含银/%	0.70	0.02
亚硫酸钠消耗/[t·t^{-1}(干泥)]	0.34	
二氧化硫消耗/[kg·t^{-1}(干泥)]	85	
液氨消耗/[kg·kg^{-1}(Ag)]		2.67
碳酸钠消耗/[kg·kg^{-1}(Pb)]		0.70

2. 提取银粉

从氨浸分银液中还原提取银粉：在氨浸分银液中，银以二氨配合离子形态存在；采用水合肼还原，可使银还原成金属形态，液固分离后得粗银粉和还原后液；还原所得的粗银粉在离心机里用热水洗涤至中性，并经烘干后送电解精炼。还原后液的废氨水、粗银粉洗水与酸性铂钯置换后液混合中和后排放。分银渣洗水返回下次氨浸分银用。

从亚硫酸钠分银液中还原提取银粉：在亚硫酸钠分银液中，银以银亚硫酸根配合离子形态存在，采用甲醛还原，使银还原成金属形态，液固分离后得粗银粉和还原后液。还原所得粗银粉在离心机里用热水洗净钠盐，并经烘干后送电解精炼。其还原后液通入 SO$_2$，将 pH 由 14 调节至 7~8，返回用于分银，循环重复使用 5~7 次，循环次数与溶液中杂质含量有关，最末次银被彻底还原，废液排放。粗银粉洗水与分银渣洗水合并，将其中银彻底还原后排放。

还原剂：水合肼与甲醛比较，在氨浸液中还原能力比甲醛强；但氨害严重，且水合肼感光分解毒性大于甲醛。甲醛在亚硫酸钠浸出液中还原能力与 pH 有关，pH 愈大，还原能力愈强。

在硫酸浸出分铜液中，银以硫酸银形态存在，采用阴极铜置换即得银粉和置换后液。银粉洗净烘干送下道工序，置换后液制取硫酸铜。

（1）原料

提取银粉的原料为氨浸分银液、亚硫酸钠浸出分银液和稀硫酸分铜银液。

（2）技术操作与控制

表 9-66 列出了分银液还原提银技术操作与控制实例。

表 9-66　分银液还原提银技术操作与控制实例

项目	亚硫酸钠分银产物		氨浸分银产物
	分银液	分银渣洗水	分银液
$\rho(NaOH)/(g \cdot L^{-1})$	30	5~10	
温度/℃	30~40	30~40	常温
甲醛：银	1:3	1:(1~3)	
时间/h	2		
终点 pH	7~8		
还原前 pH		12~14	
40%水合肼/(kg·kg^{-1})			0.3

（3）产物

提取银粉工序产物为粗银粉与还原后液、银置换后液、粗银粉洗水，其成分实例分别见表 9-67、表 9-68。

表 9-67　粗银粉成分实例　　　　　　　　　　　　　　　　　　%

厂别	Ag	Au	Bi	Fe	Sb	Pb	Cu	Te	Se	As
贵冶①	99.38	0.005	<0.005	0.051	0.057	0.0875	0.012	0.0455	0.007	<0.005
贵冶②	97.50~99	0.004	0.021		0.13					
富冶	98.5~99.3	0.001	0.0023	0.0016	0.0044	Sn 0.0138	0.008		0.026	

注：①为工业试验；②为生产数据。

表 9-68　贵溪冶炼厂银还原后液成分实例　　　　　　　　　　g/L

项目	Ag	Au	Na$_2$SO$_3$
银还原后液①	0.5000	<0.0010	208
分银渣洗水还原后液①	0.0024	<0.0020	
银还原后液②	1	<0.0010	250
银还原后液②	<0.0010	<0.0010	250

注：①为工业试验；②为生产数据。

（4）技术经济指标

提取银粉的技术经济指标实例见表9-69。

表9-69　提取银粉的技术经济指标实例

项　目	贵溪冶炼厂	富春江冶炼厂
甲醛消耗 $w(HCOH)>36\%/[kg\cdot kg^{-1}(Ag)]$	0.3~0.5	
SO_2 消耗/$[kg\cdot kg^{-1}(Ag)]$	1~1.1	
液碱消耗（NaOH 100%）/$[kg\cdot kg^{-1}(Ag)]$	0.9	
40%水合肼消耗/$[kg\cdot kg^{-1}(Ag)]$		0.3

9.5　选冶联合法处理阳极泥回收贵金属

9.5.1　概述

我国采用选冶联合流程处理铜阳极泥的冶炼厂，其铜阳极泥成分实例见表9-70。

表9-70　铜阳极泥成分实例　　　　　　　　　%

厂别	Au	Ag	Pt	Pd	Cu	Pb	Se	Te	Bi	Sn
1	0.42	14.95	0.0006	0.002	12.12	16.35	3.22	2.13	2.12	
2	0.25~0.35	4~6	0.0005~0.001	0.002~0.003	10~15	20~25	0.5~2	0.2	0.2	5~15

选冶联合流程工艺如图9-8所示。

目前我国采用选冶联合流程处理阳极泥的金银直收率（阳极泥-产品）达到93%~95%，回收率分别达到98.84%和98.94%。各工序回收率如表9-71所示。

表9-71　各工序回收率　　　　　　　　　%

工序	Au	Ag
脱铜硒碲	约99	约99
浮选	约97	98.99
熔炼	97.99	95.97
粗炼总收率	93.95	93.95

选冶联合法提炼贵金属与传统火法冶炼工艺的比较如表9-72所示。

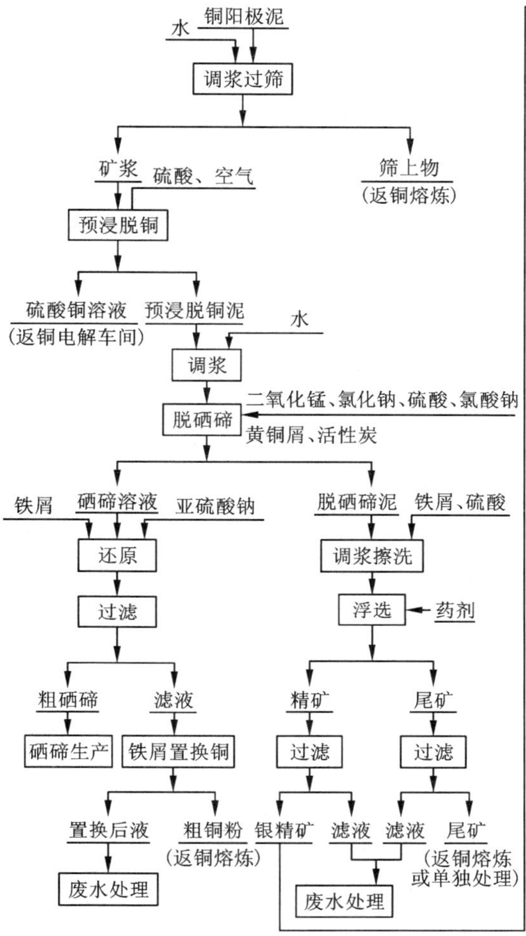

水　铜阳极泥

调浆过筛

矿浆　硫酸、空气　　　筛上物（返铜熔炼）

预浸脱铜

硫酸铜溶液（返铜电解车间）　预浸脱铜泥　水

调浆

二氧化锰、氯化钠、硫酸、氯酸钠

脱硒碲

黄铜屑、活性炭

铁屑　硒碲溶液　亚硫酸钠　　　脱硒碲泥　铁屑、硫酸

还原　　　　　　　　调浆擦洗

过滤　　　　　　　　浮选　药剂

粗硒碲　滤液　　　精矿　尾矿

硒碲生产　铁屑置换铜　　过滤　过滤

置换后液　粗铜粉（返铜熔炼）　银精矿　滤液　滤液　尾矿（返铜熔炼或单独处理）

废水处理　　　　　　废水处理

配料

熔炼

烟尘（返铜备料或单独处理）　粗合金　熔炼渣（返铜熔炼）

氧化精炼

烟尘　合金阳极板　精炼渣

电银粉　硝酸

配制电解液

阴极　电解

残极　电银粉　银阳极泥

熔铸　洗涤　洗涤

合金阳极板　洗液　洗液　银阳极泥（黑金粉）

电银粉　铜置换　提取金铂钯

铸锭

电银锭　废液　粗银粉

废水处理

图 9-8　铜阳极泥选冶联合流程工艺图

表 9-72　选冶联合法与传统火法工艺的对比

项　目	选冶联合法	传统火法工艺	对比结果
银直收率	选矿直收率 97%～99%；熔炼直收率 95%～96%；总直收率>93%	贵铅炉、分银炉的总直收率为 75%～85%	银直收率提高 5%～10%
熔炼设备与生产能力	一台 0.3 m² 熔炼炉日产合金阳极约 250 kg	一台 1.7 m² 贵铅炉、1 台 0.6 m² 分银炉生产 6 t 合金阳极约需 1 个月，平均日产 200 kg	工艺过程可省去贵铅炉，并提高生产能力
主要原料消耗／[t·t⁻¹（阳极泥）]	重油 3 苏打 0.5 少量浮选药剂	重油 7 苏打 1.2 硝石 0.27	生产加工费可省去 30%左右
劳动条件	由于 90%铅经选冶脱除，冶炼炉时缩短，改善了工人的劳动条件	全部铅均由分银炉灰吹除去，火法作业周期长，铅尘量大，铅害大	氧化铅尘污染减少 85%以上

采用选冶联合流程处理铜阳极泥具有以下优点:

(1)设备处理能力增加。原料中含有大量的铅,经过浮选处理基本上进入尾矿,选出的精矿为原阳极泥量的一半左右,使炉子生产能力大幅提高。

(2)可以综合回收铅。浮选尾矿可送铅冶炼厂回收铅,而且尾矿中含的微量金、银、硒、碲等有价金属,可在铅冶炼中进一步得到富集和回收。

(3)改善工艺流程。阳极泥经浮选处理产出的精矿,由于含铅和其他杂质极少,熔炼过程中仅添加少量熔剂和还原剂,且粗银品位较高,从而工艺过程得到较大的改善。

(4)烟尘量减少。采用浮选处理,大部分铅进入尾矿。在熔炼过程中,烟尘的生成量大大减少,铅害得到改善。

采用选冶联合流程,不仅提高了金银直收率,而且还可以降低生产成本,减少火法生产的固定资产投入和维修费用。

国内铜阳极泥浮选前采用湿法冶金预处理,即在硫酸介质中采用氯酸钠氧化浸出铜、硒、碲的方法。浮选精矿中贵金属实收率虽然比较高,但脱铜、硒、碲液体处理较复杂。尾矿含金一般在 100 g/t 左右,有时高达 250 g/t;含银 0.3% ~ 0.8%,含量还比较高。浮选精矿中铅、锑、铋等杂质分离不彻底。贵金属(主要是银)的品位还未达到直接熔铸阳极的要求。

目前,世界上采用选冶联合流程处理铜阳极泥的国家有芬兰、日本、美国、德国、加拿大等。

9.5.2　阳极泥预处理

为提取阳极泥中金银等贵金属,均须先脱除铜、硒、碲。选冶联合流程主要是增设了湿法脱铜、硒、碲与浮选两个工序,省去了传统流程中回转窑焙烧与贵铅炉熔炼两个工序。用湿法将阳极泥中铜、硒、碲与贵金属分离,并改变阳极泥组分的表面形态,为浮选创造必要的条件。溶液中硒、碲、铜分段还原予以回收,脱铜、硒、碲滤渣经调浆后进行浮选。

来自铜电解车间的阳极泥含铜 10% ~ 12%、含水约 30%,经湿式过筛并浆化分级,颗粒铜返回铜熔炼车间,细泥在一定温度下借助于压缩空气在常温、常压、低酸的条件下进行预脱铜。铜溶解率达 90% 以上,经压滤得到含铜低于 3% 的滤饼。滤液含铜不少于 40 g/L,含酸不大于 50 g/L,返回铜电解车间生产硫酸铜。

预脱铜的滤饼调浆后在反应釜中用二氧化锰、氯化钠与盐酸进行脱硒、碲和残存的铜,以少量氯酸钠调整作业终点,为不使贵金属分散,再加入少量黄铜屑和活性炭粉使转入液相的贵金属沉淀,经过滤后从其滤液中回收硒、碲和铜,除铜、硒、碲渣经洗涤浆化后送浮选工段进行选矿。

浸出脱硒、碲,脱硒率大于 80%,脱碲率大于 50%,浸出渣中含硒 0.5% ~ 1%,含铜小于 2%。浸出渣率 70% ~ 85%,浸出液中含金 0.0003 ~ 0.0055 g/L。

浸出液用铁屑或亚硫酸钠还原析出硒、碲,尾液含硒、碲均低于 0.1 g/L,尾液用铁屑置换铜后送废水处理。

1. 技术操作与控制

(1)浆化及分级

铜阳极泥经湿式过筛,在机械搅拌槽中配成液固比为 2.5 的浆料。

（2）空气氧化除铜

始液含酸：50 g/L H_2SO_4；

液固比：（2.5~3）:1；

反应温度：室温；

反应时间：8~15 h；

水洗次数：1 次，热水用量液固比为 2:1；

除铜后液：含铜大于 35 g/L，含 $\rho(H_2SO_4) \leqslant 50$ g/L；

操作终点要求：除铜后泥含铜小于 2%。

（3）氯酸盐除铜、硒、砷

始液含酸：400 g/L H_2SO_4；

液固比：3~4；

反应温度：80~90℃（反应热可使反应升温至 80~125℃）。

药剂加入量：氯酸钠加入量为银量的 40%~50% 或为干泥量的 4%~8%。氯酸钠的用量可以大部分用二氧化锰和氯化钠来代替，控制终点时用少量氯酸钠来调整。

反应终点：当溶液含金大于 1 g/L 时，即为终点。

从溶液中回调溶解的金、铂、钯，用黄铜屑作还原剂，其加入量为 1.5~2 g/kg（湿泥），以活性炭粉作吸附剂，其加入量为 3~4 g/kg（湿泥），要求终点溶液含金稳定在 0.1 mg/L。

（4）还原沉硒、碲、铜

①二氧化硫还原沉硒、碲。还原剂加入量：二氧化硫 3 kg/kg（硒），也可以用铁屑加亚硫酸氢钠作还原剂。

机械搅拌，反应温度不小于 80℃；反应时间为 8~24 h/（槽·次）；反应终点要求沉硒、碲后液含硒、碲均小于 0.1 g/L，用硫脲检验无红色沉淀物生成；二氧化硫尾气需吸收处理；所得粗硒、粗碲用于硒、碲生产，少量金也进入粗硒、粗碲中。

②铁粉置换沉铜。沉硒、碲后的溶液冷却降温，在机械搅拌下缓慢加入按铜含量计算的铁粉，控制其仅发生置换反应。

抽滤烘干后，铜粉含铜大于 50%，粗铜粉送铜熔炼系统；要求酸液含铜不大于 0.5 g/L；沉铜后酸液送污水站处理。

2. 产物

表 9-73 列出了脱铜硒碲产物成分实例。

表 9-73　脱铜硒碲产物成分实例

产物	Au	Ag	Se	Cu	Pb	Pt	Pd
脱铜硒碲滤渣/%	0.0798	26.13	0.5~1.02	约 1	11.9	13 g/t	90 g/t
脱铜硒碲滤液/（g·t⁻¹）	0.0003	<0.3	5~10	5~10			

3. 技术经济指标

酸浸脱铜率：92%；

酸浸脱硒率：75%~85%；

酸浸脱碲率：50%；

硒还原率：≥98%；

浸渣含硒：0.5%~1%；

浸渣含铜：<2%；

酸浸液含金：<0.0003 g/L；

酸浸渣率：80%~85%；

二氧化硫消耗量：3 kg/kg(Se)；

黄铜屑消耗量：1.5~2 kg/t(湿阳极泥)；

活性炭粉：3~4 kg/t(湿阳极泥)。

9.5.3　浮选

　　阳极泥经氯酸盐脱除铜、硒、碲后，其物料状态有所改变。浮选效果与酸浸渣质量密切相关，如果脱铜硒渣含硒过高，则尾矿含金、银和精矿含铅均随之增高。另一方面，即使是正常的脱铜硒渣，如放置太久也会显著恶化浮选指标。

　　向脱铜硒渣中加硫酸和水调成浓度为30%的矿浆，其中含酸30 g/L左右。进行机械搅拌"擦洗"，并同时加入铸铁屑(按还原氯化银的理论量)，使氯化银转变成金属银。2 h后用水稀释矿浆到10%~12%，终酸为10 g/L左右，往此矿浆中加入六偏磷酸钠3.5 kg/t(脱铜渣)、丁基铵黑药0.5 kg、丁基黄药0.5 kg等捕收剂，另需加入少量松醇油。经"一粗、二精、五扫"的选矿作业，所得精矿经板框压滤机过滤后含水25%~30%、含金0.1%~0.3%、含银40%~50%、含铅4%~8%。尾矿含金低于200 g/t，含银低于0.6%，返回铜熔炼处理。

1. 原料

浮选的原料为脱铜硒碲渣。

2. 技术操作与控制

(1)还原调浆

脱铜硒碲渣含硒：<1%；

调浆浓度：30%；

硫酸质量浓度：30 g/L；

铁粉用量：$m(Ag):m(Fe)=1:(0.5\sim0.8)$；

反应时间：常温下机械搅拌2~2.5 h；

调浆矿浆浓度：10%；

含硫酸：10 g/L；

六偏磷酸钠加入量：5 kg/t，配成10%溶液加入，为总加入量的1/2。

(2)浮选

浮选制度：一粗、二精、五扫；

粗选矿浆浓度：10%；

粗选矿浆含硫酸：10 g/L；

单槽浮选时间：约2.5 h；

药剂加入制度：以单选一槽矿浆计；

六偏磷酸钠：耗量10 kg/t(干矿)，浓度10%，其中1/2先加入调浆槽，另1/2加入粗

选槽;

　　丁基黄药:耗量 2.1 kg/t(干矿),浓度 2%,分别加入粗、扫选各槽中;

　　松醇油:在粗选槽加入 2~3 滴/min。

3. 产物

浮选产物的成分实例见表 9-74。

表 9-74　浮选产物的成分实例 %

元素	Au	Ag	Se	Te	Cu	Pb	Bi
银精矿	0.16	43.49	2.44	0.72	1.0	12.0	0.90
尾矿	0.023	0.57	0.11	0.56		20.17	

4. 技术经济指标

精矿产率:40%~45%;

金回收率:98%~99.5%;

银回收率:98%~99.5%;

尾矿产率:55%~60%;

铅回收率:97%~98%;

六偏磷酸钠消耗:5 kg/t(干矿);

丁基黄药消耗:0.5~1.0 kg/t(干矿);

丁基铵黑药消耗:0.5~1.0 kg/t(干矿);

松醇油消耗:0.34 kg/t(干矿);

硫酸消耗:1.8~2.1 t/t(干矿);

铁屑消耗:0.3~0.35 t/t(干矿)。

9.5.4　熔炼

　　根据浮选精矿的杂质含量,适当配入苏打、炭粉、石英砂、萤石等,在转动式分银炉中熔炼。分银炉熔炼在同一炉子内分两个阶段进行,第一阶段熔炼得到含金、银 70% 以上的粗合金,倾去熔炼渣;第二阶段吹风氧化进行氧化精炼,当合金中金与银质量分数大于 98% 时停止氧化,调整熔体温度后浇铸成合金阳极板。氧化渣扒出后集中堆放,在停炉前经配料返回分银炉进行贫化熔炼,所得合金精炼成合金阳极板,贫化渣与第一阶段的熔炼渣一起返回铜熔炼处理。烟气经沉降室进入袋式除尘器,收尘效率在 98.5% 以上。所得烟尘可单独处理,也可返回铜系统处理。

1. 原料

熔炼处理的原料为浮选所得银精矿。

2. 技术操作与控制

银精矿熔炼配料比:每 100 kg 精矿配入以下辅料(kg):钠 15~20;炭粉 1~5;铁粉 2~5;石英砂 2~5;萤石 1~3。

熔炼温度:1200~1250℃;

熔炼时间：36~48 h/炉（每炉处理 2.5~3 t 银）；

熔炼渣率：小于 20%；

渣含金：50~55 g/t；

渣含银：0.3%~0.4%。

3. 产物

熔炼所得的各种产物及成分如表 9-75 所示。

表 9-75　熔炼所得的各种产物成分　　　　　　　　　　　　%

元素	合金阳极板	分银炉烟尘	分银炉渣
Au	0.3~3	0.0146	0.01~0.03
Ag	95.64	3.24	0.1~0.5
Se	0.01	5.80	0.5
Cu	0.6	0.27	1.16
Pb	0.1	23.86	26.24
Bi	0.097		0.57

4. 技术经济指标

金银熔炼的直收率和回收率（%）：金直收率为 96.8，回收率为 98.94；银直收率为 95，回收率为 98.94。柴油消耗为 4~4.5 t/t（银）；苏打消耗为 0.5 t/t（泥）。

9.6　阳极泥加压浸出

加压湿法冶金分为加压浸出和加压沉淀两部分。阳极泥的加压浸出是在密闭的反应容器内进行，与常压情况下的浸出相比较，加压可使反应温度提高到溶液的沸点以上，使反应气体介质（如氧气、压缩空气等）在浸出过程中具有较高的分压，让反应能在更有效的条件下进行，使浸出过程得到强化。其次，在加压条件下反应温度允许升高，对反应的热力学和动力学都有利。

阳极泥加压浸出工艺具有以下特点：

(1)有价金属回收率高，环境影响小。加压浸出工艺主要过程都是在密闭容器中进行，现场环境条件好。

(2)过程强化，设备容积小，生产能力大。与传统的常压空气氧化脱铜工艺比较，可在较短时间内实现脱铜任务，脱铜较彻底。

(3)适宜于老厂的扩建改造。本工艺所需设备少、占地面积小、投资省，可充分利用现有流程中的设备，与现有湿法流程、选冶联合流程、火法流程均可合理搭配，衔接较容易。

(4)设备制作标准高，自动化程度高，管理严格。对工艺设备制作标准要求非常高，技术必须准确、可靠。因此在设备选材、制作与管理操作上都要充分考虑这个工艺过程的特殊条件。

(5)原料的适应性及工艺技术条件的选择。加压浸出工艺也和其他工艺一样对原料有特定的要求。首先要根据阳极泥中各种组分的赋存状态及对各元素走向的要求来选择不同的工艺条件。如果阳极泥中碲含量很少，对流程不会造成很大影响，就可不考虑对碲元素进行脱除，此时可适当降低工艺条件；反之，则需在较高的条件下完成对碲的部分脱除，而且还要考虑其他有价金属走向是否受到影响，在脱除碲的同时还要控制贵金属银等尽量留在浸出渣中。

9.7 生产实例

9.7.1 国内生产实例

河南豫光金铅股份有限责任公司贵金属冶炼厂拥有一条湿法生产线，已经稳定运行十余年，年处理阳极泥 600 t。其主要工艺为氯盐浸出—氯化分金—亚硝酸钠还原，工艺流程图见图 9-9。

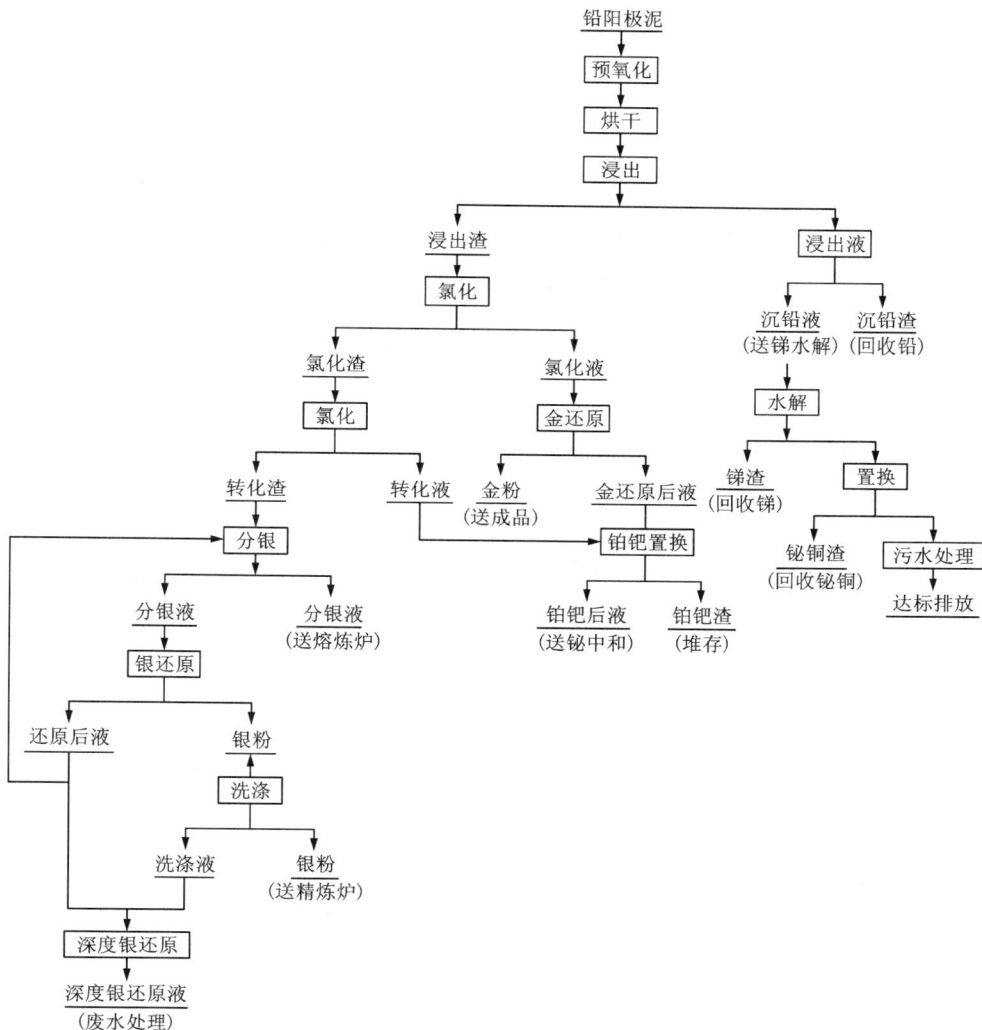

图 9-9 豫光湿法处理阳极泥工艺流程图

1. 阳极泥预氧化

新鲜铅阳极泥一般含有 20% ~ 30% 的水分，其中含有硅氟酸或人为地喷洒盐酸作为电解质,阳极泥中的贱金属单质和金属间的化合物与空气中的氧接触,在电解质作用下发生自然氧化,使其中的 Sb、Bi、Pb、Cu、As 等金属氧化,而 Au、Ag 等贵金属不参与反应。同时放出大量的热,使得阳极泥水分减少,进一步促进其氧化。

在实际生产中,喷洒一定量的盐酸,然后让阳极泥自然氧化 6~10 d。氧化到期的阳极泥,其中仍然含有 15%~20% 的水分,需要烘干 24 h;进一步氧化,烘干水分,其浸出效果更好。烘干温度控制在 200~300℃。

2. 氯化物浸出

生产实践中,将 600 kg 的预处理后的阳极泥,投入 6 m³ 的玻璃钢反应釜中,先浆化30 min,然后用盐酸-氯化钠进行浸出,控制液固比为 6:1、$[Cl^-]_T = 5$ mol/L。浸出过程中用蒸汽进行加热至 60~70℃后,搅拌反应 3 h 后,进行压滤,得到浸出渣和浸出液。浸出渣的产率为阳极泥的 35%~45%,金银品位达到阳极泥中的 2~3 倍,其中 $w(Sb)<4\%$,$w(Bi)<0.5\%$,浸出沉铅液控制 $\rho(Au)<5$ mg/L,$\rho(Ag)<300$ mg/L。

3. 氯化分金

先配 2~3 m³ 液体:加适量的 H_2SO_4 和 NaCl,控制硫酸浓度为 40~50 g/L,Cl^- 浓度为45~60 g/L;$KClO_3$ 用量一般是浸出渣的 3.5%~4.5%,开启搅拌进行升温;然后将 400~500 kg 浸出渣投入 4 m³ 搪瓷反应釜中,升温 80~90℃时开始计时,反应 3 h,检查终点。若渣变白并有氯气味,则到终点,降温到 40℃左右,开始压渣。此时得到的滤液清亮,呈淡黄色。分金渣中含金 100 g/t 以下。

4. 金还原

氯化分金液中金是以离子状态存在的,利用亚硫酸钠作还原剂选择性地还原金。在室温条件下分批加入亚硫酸钠搅拌还原 1 h。

若加入还原剂过量或酸度控制不当,容易造成其他杂质析出,影响金粉质量。生产中,将氯化后液打入 4 m³ 搪瓷反应釜,根据金氯化液中金含量,加入 Na_2SO_3,常温搅拌 1 h,即可过滤得粗金粉。金粉用稀盐酸浸泡洗涤后,用热水洗 3~4 遍,洗水 pH>2,此时可得到品位 40%~50% 的粗金粉。滤液用 $SnCl_2$ 检验不发黑,说明还原彻底,否则继续还原。控制还原后液含金<3 mg/L,送废水处理工序。

5. 亚硫酸钠分银

将 500 kg 氯化渣投入 6 m³ 玻璃钢反应釜中,加水 4.5 m³ 搅拌 30 min,直至无结块,缓慢投入纯碱至 pH=7~8,搅拌 2 h,压滤得到转化渣。

配置 4.5 m³ 分银液于 6 m³ 玻璃钢反应釜中,控制 230~280 g/L 的亚硫酸钠浓度,分银液 pH 8~9,开启搅拌,投入 250~300 kg 转化渣。升温 35~45℃,反应 3 h 后,压滤。得到含银 20~25 g/L 的分银液,送银还原工序。分银渣含银 3% 左右,渣率一般为 40%~50%,送火法回收其中的金银。

6. 银还原

将 4.5 m³ 分银液打入 6 m³ 玻璃钢还原釜,控制温度 40~50℃,用氢氧化钠调 pH>14 后开始加入甲醛,欠量还原 1 h,控制还原后液含银 1~2 g/L,压滤后得到银粉。经稀硫酸洗涤,水洗至中性,烘干即为粗银粉,送转炉熔炼成银阳极板。洗银粉后液经深度还原,送铂钯置换。

　　银还原后液母液补加部分亚硫酸钠后循环使用。随着循环次数的增加，溶液中的 Cl^- 浓度和其他杂质会增加，分银效果变差。当银的浸出效果达不到要求时，将母液深度还原后排放。生产实践证明，母液循环次数在 10 次左右。

9.7.2　国外生产实例

　　日本大阪精炼厂处理的阳极泥铅含量高，成分如表 9-76 所示。

表 9-76　日本大阪精炼厂的铜阳极泥成分　　　　　　　　　　%

项目	$\rho(Au)$ /(kg·t^{-1})	$\rho(Ag)$ /(kg·t^{-1})	Cu	Pb	Se	Te	S	Fe	SnO$_2$
阳极泥 A	22.55	198.5	0.6	26	21	2.2	4.0	0.2	2.4
阳极泥 B	6.24	142	0.6	31	17	1.0	6.7	0.1	1

　　大阪精炼厂原处理铜阳极泥的工艺流程为：氧化焙烧脱硒—熔炼铜锍和贵铅—灰吹—银、金电解。为了简化流程，提高金属回收率，进行浮选铜阳极泥的试验研究。把阳极泥磨至 3 μm 以下，并将脱铜和磨矿合并为下一个工序，以提高脱铜速度。浮选可除去铅，进入精矿的金、银、硒的实收率约为 99%。浮选用丹佛式浮选机（910 型 8 段）；pH 为 2；捕收剂为 208 黑药 50 g/t；矿浆浓度 100 g/L。

第 10 章　黄铁矿烧渣中提取金银

　　黄铁矿烧渣(硫酸烧渣)是以硫铁矿为原料,通过沸腾炉焙烧制取硫酸后所排出的一种工业废渣,俗称硫酸烧渣、黄铁矿烧渣或硫铁矿烧渣。烧渣中除含有 Fe_2O_3、Fe_3O_4、SiO_2 等主要成分外,还含有 S、Pb、Hg、Zn、Cu、Au、Ag 等元素。我国制硫酸每年要排放出黄铁矿烧渣近千万吨,约占化工废渣总量的 1/3,其物理化学性质随地而异。表 10-1 列举了国内部分烧渣的化学成分。

表 10-1　我国几个主要硫酸厂的烧渣化学组成　　　　　　　　　%

成分	南化公司	铜陵硫酸厂	苏州硫酸厂	安徽硫酸厂	河南硫酸厂	广西冶炼厂	莱州化工厂
Fe_T	54.80~55.60	51.17~55.51	53.00	55.8	53.04	64.12	37.64
Cu	0.26~0.35	0.32~0.39	0.46	0.1	0.36	0.016	0.165
Pb	0.015~0.023	0.076	0.06	0.5		0.30	
Zn	0.77~1.54	0.08	0.20	0.3	0.44	0.42	0.374
Co	0.012~0.023				0.03		
Au[①]	0.33~0.9	0.44~0.5		6.5	0.98		1.85~1.60
Ag[①]	12.00~40.00	14.70~19.70	17.10	10	32.69	38.25	10.03
S	1.02~4.80	0.30~1.07	0.77		1.08	0.05	0.477
MgO	<1	1.54		0.8			0.734
CaO	2.17	3.53		1.5			1.474
Al_2O_3	1.43	2.79		8			3.99
SO_2				11.34	11.31		29.92
As				0.65		0.39	

注:①Au、Ag 的单位为 g/t。

　　烧渣中的 Fe、Cu、Pb、Zn 等主要元素的矿物形态,一般以氧化物和硫化物为主,少量为铁酸盐和硫酸盐。

　　由表 10-1 可看出,烧渣是提取铁和有色金属、贵金属的原料,历来被作为铁矿石的重要部分而加以利用。我国黄铁矿资源丰富,随着硫酸用量的不断增加,烧渣产量与日俱增。如能加以利用,每年可为国家增加数以百万吨计的钢铁及大量有色金属和贵金属。

　　这种成分复杂的原料,用一般的冶炼方法,不能经济而有效地加以处理。人们在实践中认识到,当 Cu、Pb、Zn、S、As 的含量超过一定数量时,如果拿去炼铁,不论是对炼铁作业的顺利进行还是对生铁质量都有不良影响。因此,在炼铁之前,必须将烧渣进行处理,一方面使有害元素脱除以符合炼铁的要求，另一方面综合回收有价金属，达到综合利用的目的。

综合利用烧渣的方法较多，有稀酸直接浸出法、磁化焙烧-磁选法、氯化焙烧法等，其中氯化焙烧法是目前综合利用程度较高的方法。但这些方法主要是回收烧渣中的铜、铅、锌等有色金属，对于金、银的回收往往只是一种预处理。

10.1　氯化焙烧

氯化焙烧法作为一种常用的处理硫酸烧渣的方法，根据焙烧温度的不同，主要分为中温氯化焙烧和高温氯化焙烧两种。

10.1.1　中温氯化焙烧

烧渣配入适量食盐，混合均匀，在 $500 \sim 600 ℃$ 下焙烧，有色金属变为可溶于水或稀酸的氯化物，浸出渣烧结造块后作炼铁原料。

具体过程为：烧渣配入 8% ~ 10% NaCl，在 10 或 11 层的多膛炉中焙烧，最高温度 $550 \sim 600 ℃$，焙砂以水吸收烟气获得的稀酸(含硫酸、亚硫酸和盐酸，酸度相当于 7% 的盐酸)浸出，主要金属回收率(%)为：Cu 80，Zn 75，Ag 45，Co 50。浸出渣含铁 61% ~ 63%，经烧结后作炼铁原料。

此工艺虽较成熟，但浸出物料量太大，且金、银、铅回收率不高。

10.1.2　高温氯化焙烧

烧渣与 $CaCl_2$ 混合制粒，经干燥后在 $1000 ℃$ 以上高温焙烧，有色金属氧化并挥发。由于温度高可直接获得适于炼铁的球团矿，且有价金属回收率高，综合利用程度较好。

烧渣高温氯化挥发焙烧设备主要是回转窑和竖炉。

我国采用断面为矩形的单室竖炉，热风由位于炉身两侧的燃烧室供给，冷却风受热后不是与焙烧气体一起由炉身排出，而是从位于火口下面的炉子中部单独引出，这样就避免因大量冷却风上升而降低氯氧比及焙烧带温度，有利于氯化反应的进行。氯化挥发物采用湿式捕集，由旋风收尘器、冲击式收尘器、文丘里管、气液分离器、湍动吸收塔和排风机组成。烧渣喷入 $CaCl_2$ 溶液，在圆盘造球机造球，湿球团用竖式干燥炉干燥。然后在竖炉内进行焙烧，焙烧球团矿冷却后由下部排出送炼铁，氯化挥发物和焙烧气体经旋风收尘器除尘后，用湿式收尘系统捕集，溶液循环至一定浓度后送去回收有色金属及贵金属。

图 10-1 所示为含金黄铁矿烧渣氯化挥发物的湿法冶金流程。此流程的分步作业条件是：

(1)用 20 g/L 硫酸溶液于常温下浸出 1 ~ 2 h，使铜锌等溶解分离，并产出金-铅渣。

(2)向浸出液中加 $CaCl_2$，在常温下搅拌 0.5 ~ 1 h 沉淀硫。

(3)加石灰乳到 pH = 4.5 ~ 5，搅拌 2 ~ 3 h 沉淀铜。

(4)加石灰乳到 pH = 10，搅拌 1.5 ~ 2 h 沉淀锌。

金-铅渣采用一般常用的方法提取金、铅。

各种金属的氯化物

┌─────────┐
│ 硫酸浸出 │
└─────────┘

残渣　　　　　　　　　　　　溶液
(金-铅渣)

┌─────────┐
│ 硫沉淀 │ ← CaCl$_2$
└─────────┘

溶液　　　　　　　　　石膏沉淀物

┌─────────┐
│ 沉淀铜 │ ← Ca(OH)$_2$
└─────────┘

溶液　　　　　　　　　铜沉淀物

┌─────────┐
│ 沉淀锌 │ ← Ca(OH)$_2$
└─────────┘

溶液　　　　　　锌沉淀物
送检验分析

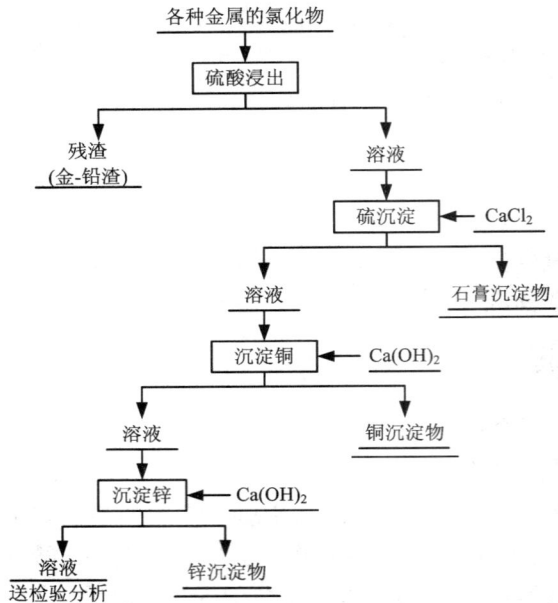

图 10-1　黄铁矿烧渣氯化挥发物湿法冶金原则流程

10.2　从黄铁矿烧渣中溶解金银

通常说来，与黄铁矿或砷黄铁矿共生的金，由于存在影响金银浸出的组分，不宜直接用氰化法提取。某些工厂采用浮选硫精矿焙烧（700～850℃）-酸浸-氰化法，从烧渣中回收金。

1. 焙烧过程

影响从烧渣中提金的因素是焙烧温度、烧渣中的残硫及硫酸化程度。当焙烧温度高时，物料易烧结，金将被包裹，浸出率低；若脱硫不彻底，残余的硫将消耗浸出液中的氧及氰化物，局部生成氧化物或在金表面生成钝化膜而影响金的浸出。

南非国立研究所将黄铁矿精矿在 φ150 mm 的连续沸腾焙烧炉内焙烧，煤气外加热至700℃，通过改变空气流速来改变烧渣的氧化程度，其成分见表 10-2。

表 10-2　试样成分

试样	成分	
	硫/%	金/(g·t^{-1})
黄铁矿精矿	43	3.56
烧渣	0.1	4.36
部分脱硫的烧渣 A	13.5	4.02
部分脱硫的烧渣 B	8.7	4.10

2. 酸浸过程

酸浸是最常用的除去烧渣中铜、锌等有害元素的预处理方法。焙砂(沸腾炉溢流)在低酸环境下就可以使铜、锌获得较好的浸出效果。金银的提取率随着硫含量的减少而增加，即随着烧渣的氧化程度(即硫脱除率)的增大而增加，如表 10-3 所示。

表 10-3　硫含量对金提取率的影响

物料	含硫量/%	金提取率/%
黄铁矿精矿	43	17
部分脱硫的烧渣 A	13.5	28
部分脱硫的烧渣 B	6.7	40
烧渣	0.1	82

酸浸控制条件为：H_2SO_4 浓度 160~180 g/L，液固比 1.5∶1，浸出时间 2 h，温度 85℃。

酸浸后，烧渣中铅大部分转变成硫酸铅形态，可以利用中性 NaCl 液将其脱去。采用石灰中和，可使铅、重金属硫酸盐等沉淀。

3. 氰化过程

在氰化体系中，金银的浸出率随氰化钠用量的增加而增加。NaCN 浓度过大，并不能提高浸出率，会造成烧渣中的贱金属溶解，金的浸出率仍主要取决于物料中的残硫量。

通过在氰化过程中加入助浸剂，可以有效提高金银氰化浸出率。同时助浸剂的加入可以降低 NaCN 的用量。

第11章　锌渣中提取金银

在湿法炼锌过程中，锌精矿所含的银几乎全部残留于高酸浸出渣中。湿法炼锌渣，大体上可分为四种：①挥发法渣（窑渣）；②赤铁矿法渣；③黄钾铁矾法渣；④针铁矿法渣。

目前，大都采用回转窑挥发法处理，使铅锌挥发而银不挥发。一般此类渣中含银约300~4000 g/t。苏联、日本和我国的一些工厂将此类渣作为铅精矿的铁质助熔剂加入，经熔炼将锌渣中的银富集在粗铅中一并回收。如果铅冶炼系统较大，则能消化这部分锌渣。若不具备这种能力，只能单独处理。目前单独处理的方法主要是：直接浸出提银、湿法-火法联合工艺和浮选富集后进一步处理。

11.1　直接浸出回收银

直接浸出回收银的方法主要有硫脲法和氯盐法。

1. 硫脲法

用硫脲溶液从锌精矿浸出渣中回收金、银，采用 H_2O_2 氧化，浸出液用铝粉置换，银回收率达90%以上。

2. 氯盐法

先用90%的硫酸处理，在200℃下进行硫酸化焙烧16 h，使铁酸盐及氯化物转变为可溶性硫酸盐，然后用80℃水浸出，使金属全部溶解，仅铅和少量的银残留在渣中，水和干滤饼的最佳质量比为3:1，溶液用氯化钠处理，得到 AgCl 沉淀。不溶残渣送去提铅。溶液处理后用锌粉沉锡，沉锡后含 Zn、Cd 等的溶液返回锌系统。

11.2　湿法-火法联合工艺

湿法-火法联合工艺流程如图11-1所示。首先用湿法，即用 $KClO_3$+HCl 对银锌渣进行氯化浸出，Bi、Zn 几乎完全进入浸出液，Ag 约99%进入渣中，另有85%的 Au 也留在渣中，浸出液分别用铋和锌两步置换回收 Au 和 Bi，置换后液用以生产氯化锌。然后用火法，即将浸渣烘干后加纯碱及少量硼砂进行还原熔炼得 Ag-Au-Pb 合金后用硝酸分金，硝酸不溶物为黑金粉，经简单熔炼可得粗金，再向溶液中加入 NaCl 沉出 Ag^+ 及 Pb^{2+} 后进行氨浸、水合肼还原得 Ag 粉。这样，银锌渣中的 Bi、Ag、Zn、Au 在此过程中分别得以回收，试验及生产实践表明：各元素的综合回收率均大于94%，经济效益显著。

该工艺方法不仅能经济有效地分离提取含金银锌渣中的各种有价金属，而且不会造成铋的损失和环境污染。

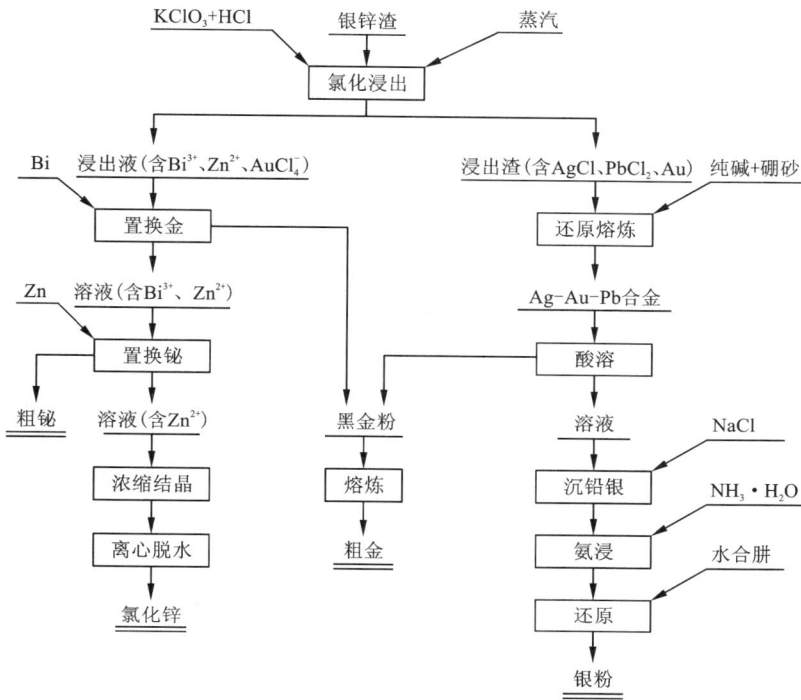

图 11-1 湿法-火法联合工艺流程

11.3 浮选富集

浸出渣中的银可经浮选富集，例如我国某厂已经进行工业性试验：浸出渣含银 300～400 g/t，浮选精矿含银 6000 g/t，尾矿含银 80～120 g/t，银的回收率 60%～70%。浮选精矿可加入铅系统处理。问题是尾矿含银仍太高，尚待处理。

比利时老山公司巴伦厂锌精矿经中性浸出、酸浸-两段热酸浸出得到富铅-银渣。这种渣含银 1152 g/t，用超热酸浸，底流过滤，滤渣送浮选，所得浮选精矿含银 10000～15000 g/t，银回收率 90%。

下面以某厂的实例来说明此工艺。锌精矿经沸腾焙烧，得到锌焙烧渣，两段连续浸出，过滤、洗涤得到的滤渣作为浮选银原料，其成分列于表 11-1。

表 11-1 锌浸出渣元素分析 %

编号	$\rho(Ag)/(g \cdot t^{-1})$	$\rho(Au)/(g \cdot t^{-1})$	Cu	Pb	Zn	Fe	$S_{总}$	SiO_2	As	Sb
1	270	0.2	0.62	3.3	19.4	27.0	5.3	8.0	0.59	0.41
2	340	0.2	0.85	4.6	20.5	23.8	8.75	9.72	0.79	0.36
3	366	0.25	0.63	4.33	21.6	23.54	5.0	10.63	0.57	0.33
4	356	0.2	0.73	3.18	20.38	21.14	5.47	8.88	0.54	0.21

锌浸出渣的筛析及物相分析列于表 11-2、表 11-3。

表 11-2　锌浸出渣筛析

粒级	网目			μm				合计
	+100	-100~+160	-160~+200	-74~+37	-37~+19	-19~+10	-10	
产率/%	3.84	8.07	3.57	13.49	14.55	12.17	44.31	100
$\rho(Ag)/(g \cdot t^{-1})$	150	130	220	360	300	220	120	235
Ag 分布率/%	2.94	5.34	4.00	24.75	22.24	13.64	27.09	100

表 11-3　锌浸出渣中 Ag、Zn 的物相分析

$w(Zn)/\%$	$ZnSO_4$	ZnO	$ZnO \cdot SiO_2$	ZnS	$ZnO \cdot Fe_2O_3$	
	16.73	14.13	0.96	7.54	60.60	
$w(Ag)/\%$	自然银	AgS	Ag_2SO_4	AgCl	Ag_2O	脉石
	10.03	61.80	2.14	3.50	5.44	17.10

从浸出液的物相分析可看出，在浸出渣中以单质银及硫化银形态存在的银占 71.83%，且可选；氯化银和氧化银占 8.94%，但难选。银与脉石共生在一起占 17.10%，为不可选。因此，锌浸出渣银回收率最好为 80% 左右。从浸出渣的筛析可看出 90% 以上的银是分布在 -0.074 μm(-200 目) 的细颗粒中，而在 -10 μm 粒级中，含银量达 27.09%。通常认为 -10 μm 的矿粒难浮，且对银的回收率及精矿品位的提高都有所影响。

1. 浮选药剂的选择

锌浸出渣是在酸性介质中进行浮选的。为了尽量减少捕收剂用量和防止环境污染，并根据价格、供应等条件，该厂选择丁基胺黑药为捕收剂，选择效果较好的 2# 油作起泡剂。

2. 浮选技术条件

矿浆浓度 30%，温度为室温；药剂用量如下：

药剂用量/($g \cdot t^{-1}$)	丁基胺黑药	2#油	Na_2S
粗选	450	180	130
三次扫选	300	100	180

3. 浸出渣中有价金属在浮选产物中的分配

浸出渣中有价金属在浮选各产物中的分配列于表 11-4。从表可知银浮选回收率为 74.37%，铜为 15%，锌、镉进入银精矿，在回收银的过程中加以回收，而 98% 以上的 Pb、In、Ga、Ge 进入尾矿。

从锌浸出渣中富集银用丁基胺黑药作捕收剂，2#油作起泡剂，加少量 Na_2S 作硫化剂，经一粗三扫浮选作业，银回收率 74.37%，精矿品位 9410 g/t，产出率 2.7%，尾矿品位 90 g/t。

用富选法富集银，工艺流程短、设备简单、动力及原材料消耗少，但银回收率不高，尾矿含银仍有待回收。

表 11-4　浸出渣中有价金属在各浮选产物中的分配

物料	成分/%									
	$\rho(Ag)/(g \cdot t^{-1})$	Cu	Pb	Zn	Fe	$S_总$	In	Ge	Ga	Cd
浸出渣	842	0.88	4.3	28.6	23.54	5.34	0.036	0.0048	0.021	0.13
精矿	8410	4.50	0.28	39.8	5.73	29.8	0.014	0.0031	0.012	0.26
尾矿	90	0.697	4.41	19.06	24.03	4.66	0.038	0.0039	0.021	0.18

物料	产出率/%	分配率/%									
		Ag	Cu	Pb	Zn	Fe	$S_总$	In	Ge	Ga	Cd
精矿	2.7	74.37	15.19	0.17	5.23	0.63	15.07	0.99	1.23	1.54	3.9
尾矿	97.3	25.63	84.81	99.83	94.77	99.37	84.93	99.01	98.77	98.48	96.1
浸出渣	100	100	100	100	100	100	100	100	100	100	100

11.4　从浮选银精矿回收银

浮选产出的银精矿，实际上是一种富银的硫化锌精矿（成分及物相组成如表 11-5、表 11-6 所示），其中含锌 40%~45%，铜 4%~5%，银 1% 左右，硫约 30%，由于含锌太高，不宜直接配入铅熔炼系统处理。另一搭配处理方案是将银精矿按比例配入氧化锌中，在多膛炉中进行焙烧，然后共同浸出，脱除其中的锌，使银、铜进入氧化锌的浸出渣（铅）返回铅系统，银、铜从铅系统中回收。采用硫酸化焙烧-浸出-置换银和铜的工艺流程，银的回收率在 95% 以上，铜的回收率在 94% 以上。

表 11-5　银精矿化学成分　　　　　　　　　　　　　%

元素	$\rho(Au)/(g \cdot t^{-1})$	$\rho(Ag)/(g \cdot t^{-1})$	Cu	Zn	Cd	Pb	As	Sb	Bi	SiO_2	Fe	$S_总$
1#精矿	2.0	1.0	4.88	48.4	0.32	0.98	0.15	0.14	0.02	4.28	5.31	28.9
2#精矿	2.0	0.94	4.85	48.7	0.29	0.94	0.16	0.13	0.02	3.90	6.06	28.7
3#精矿	2.5	0.74	4.52	46.2		0.44	0.24	0.15		3.90	6.35	29.0

表 11-6　银精矿物相组成

元素	Ag				Zn				
物相	Ag^0	Ag_2S	Ag_2SO_4	Ag_T	ZnS	ZnO	$ZnSO_4$	$ZnO \cdot Fe_2O_3$	Zn_T
$w/\%$	0.0026	0.76	0.018	0.781	41.38	0.25	0.25	6.62	48.5
分配/%	0.03	97.3	2.3	≈100	85.9	0.5	0.5	13.6	≈100

元素	Cu				
物相	$CuS+Cu_2S$	CuO	$CuSO_4$	$Cu^0_{结合}$	$Cu_{总}$
$w/\%$	4.32	0.19	0.011	0.011	4.53
分配/%	95.4	4.2	0.24	0.24	≈ 100

从锌浸出渣浮选银精矿回收银的工艺流程如图 11-2 所示。

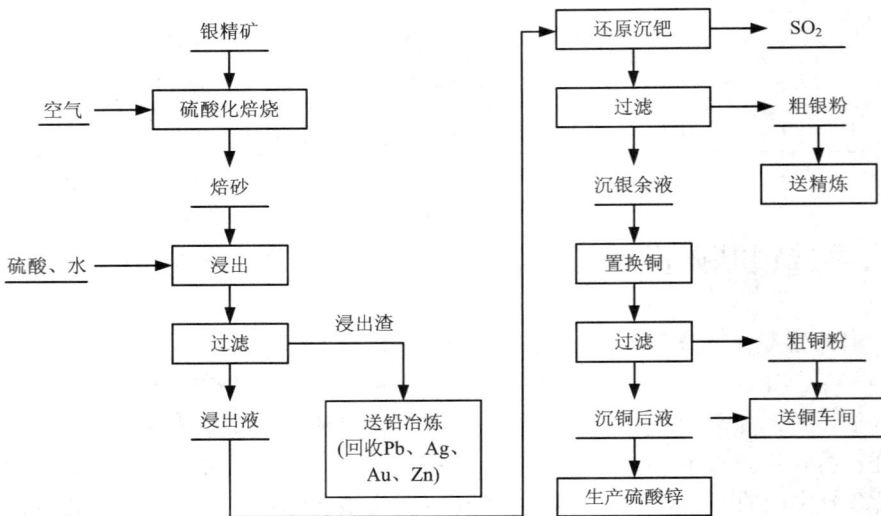

图 11-2　从锌浸出渣浮选银精矿的工艺流程

（1）硫酸化焙烧温度以 650~750℃ 为宜，当焙烧温度 <650℃ 时，烧渣中硫化银残留量明显增加。物料在炉内停留时间为 2.5 h。

（2）焙烧浸出最佳条件：硫酸配入量为干焙烧精矿质量的 0.7 倍焙烧固液比 1:4~1:5，浸出温度 85~90℃，搅拌时间 2 h，银的浸出率 >95%。

（3）浸出液还原银。采用 SO_2 作为还原剂，还原反应：

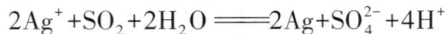

$$2Ag^+ + SO_2 + 2H_2O \Longrightarrow 2Ag + SO_4^{2-} + 4H^+$$

还原温度 50℃，银还原率 99.5% 以上，粗银粉成分 Ag 95.12%、Cu 0.05%、Zn 0.01%。

为防止铜还原进入粗银粉，需控制 SO_2 进入量，用 Cl^- 检查银是否完全沉出，一旦银完全沉出，就停止通入 SO_2。

（4）锌粉置换铜。还原银后液用 Zn 粉置换沉铜。沉铜条件：温度 80℃，搅拌 1~2 h，Zn粉加入量为理论量 1.2 倍，铜粉为 80%，置换铜后液经过滤、净化生产 $ZnSO_4 \cdot 7H_2O$。

第四篇　贵金属二次资源的回收

第 12 章　贵金属二次资源的特点及回收预处理

贵金属稀少昂贵，其废料回收价值高于一般金属，受到各国重视，并被称为"二次资源"，许多工业发达国家，把贵金属废料的回收与矿生资源的开发置于同等重要的位置。特别是 20 世纪 80 年代之后，我国在大力开发贵金属矿产资源的同时，也很重视贵金属二次资源的回收及其综合利用。

12.1　贵金属二次资源的特点

1. 品种繁多，规格庞杂

由于贵金属使用面广，因而废料种类、形状、性质、品位各异。以形状而言，五花八门，既有各种各样的型材(管、棒、丝、箔)、异形材，也有颗粒、粉末以至各种制成品(如废弃的货币、器皿、工艺品、工业元器件等)；既有纯金属和合金，也有化合物、配合物和各种复合材料，根据使用情况，品位从万分之几(如某些催化剂、粉尘等)到几乎纯净的贵金属。

2. 流通多路，来源多样

根据来源的不同可将贵金属废料分为三种类型：

(1)在生产或制造过程中产生的废料，例如加工过程中产生的废屑、边角料及生产中的次生、派生的含贵金属物料。多数由产生单位自行处理、回收。

(2)产品经工厂或部门使用后，性能变差或外形损坏，不能继续使用，需要重新加工。这种类型数量最多，是主要回收对象。如含贵金属的失活催化剂、用坏的坩埚、器皿用具以及性能变坏的电气、电子、测温材料等。多数是返回加工单位回收并加工。

(3)分散在众多的消费者(多数为个人或零星加工业)手中，已丧失使用价值的含贵金属制品，如用具、饰品、家用电器及耐用消费品(如汽车)上的贵金属零件，等等。品种最为繁杂，单件贵金属不多，但总的数量不小。往往是废品收购部门(或回收单位)从市场上收购，送冶炼厂回收或回收厂回收为纯金属，重新进入市场流通。

3. 多持原状，价值犹存

由于贵金属具有物理、化学性质的高度稳定性，因而即使某种使用性能丧失后，多数仍保持原来的形状，贵金属本身的价值也仍然继续保持。因此，多数消费者是不会轻易遗弃的。但是近年来贵金属制品趋向小型化、节约化，材料中贵金属含量不断下降，复合材料增多，在不少产品中往往只用于关键零件，因而本身价值不高，常常被消费者忽视而难以回收。

这些特点，尤其是品位不断下降带来了二次资源综合利用的复杂性和回收困难。但是，其回收的价值也越来越显得重要，这主要是由于：

（1）贵金属资源匮乏，特别是金、银不足。目前银的产量和消费相比已经严重短缺，不能满足消费，因此迫切需要开辟新的资源。

（2）二次资源中贵金属的含量大大高于原矿中的含量。如金和铂族金属在废料中的含量一般都在万分之几以上，而原矿含量仅百万分之几，甚至低于百万分之一（小于 1 g/t）的都还在开采利用，因而从废料中回收比原矿中提取的成本低，能源消耗少，经济上有利可图。

（3）人类已生产大量的贵金属（据统计铂族金属约 0.4 万 t，金约 10 万 t，银约 110 万 t），其中除一部分作为珍贵文物或黄金储备作长期保存外，多数（特别是铂族金属和银）已进入工业和生活领域，这是一项巨大的资源和财富，其中需要更新和处理的绝对量将越来越大。全球已经产出的金、银数量早已超过已知的地质储量（金约为 2.4 倍，银约为 3.2 倍），其中大部分都是本世纪内生产的。

因此，贵金属二次资源的综合利用在国外很受重视。日本成立了贵金属资源化委员会。苏联设有再生金属管理总局，制定了有关的法令、法规。许多贵金属用量大的国家都建立了独立的贵金属再生回收工业和管理体系，大力开展工作，并使它逐步国际化。国内目前尚未建立专业管理机构，贵金属废料回收单位分散，亟待解决。

12.2 贵金属二次资源的预处理

12.2.1 贵金属二次资源的分类

贵金属具有独特的物理性质及化学性质，广泛应用于现代科技和生产的各个领域。但贵金属的世界储量有限，生产困难，产量不高，价格不断上涨。因此，贵金属废料的利用作为"二次资源"受到极大重视。

贵金属废料的来源十分广泛。凡是生产或使用贵金属的单位或部门，都可能产生贵金属废料。因其形状、含量、组成等千差万别，与之相适应的处理、富集及回收方法也各不相同。

概括起来，贵金属废料主要存在于以下一些工业部门：

1. 电子电器工业废料

此类主要有：废接点、废电池、废配线、导线、焊料及废旧电路板（包括印刷电路板，集成电路板）等。由于贵金属价格不断上涨，近年来复合材料有了很大发展，且由全面复合、电镀，改进为局部复合、电镀，由纯金属镀发展为合金镀，使电子、电器工业部门废料中的贵金属品位迅速下降。

2. 照相废料、废液

照相业是银消耗量最大的工业部门之一。大部分银损失在废定影液中（黑白摄影约 80% 以上，彩色则 100%）。美国柯达胶卷回收银达 80 年历史，具备全球完善的回收渠道。

照相业产生的含银废料还包括照相胶卷、X 光胶片、废电影胶卷等，其种类及含银量见表 12-1。

表 12-1　照相业主要含银废料及其含量

废料	含银量	废料	含银量
照相胶卷/%	0.5~0.6	定影液/(g·L⁻¹)	2~5
X 光胶片/(g·m⁻²)	0.06~0.1	洗液/%	0.001~0.08
相纸/(g·m⁻²)	≈2.2		

3. 首饰、装饰工业的废料

在首饰或装饰品的生产及加工过程中，会产生大量的废屑、边角废料、研磨粉、粉尘，或者在电镀或化学镀时也会产生废电镀液、阳极泥等。这些都是回收贵金属的重要原料。这类废料中，主要含有金、银、铂、钯等金属。一般讲，这类废料中贵金属的含量较高，杂质元素较少，是回收贵金属的上等原料。其主要形态有金属固体、粉末、溶液和淤泥。

4. 石油、化学及汽车工业的废料

贵金属具有良好的催化活性、选择性及优良的化学稳定性，它广泛地应用于石油、化学工业及汽车工业，作为催化剂、电极等。近年来由于汽车尾气净化用的贵金属催化剂的使用日益普及，催化剂中起催化作用的铂族金属的用量逐年增加。催化剂中毒失效后，很大一部分不能再生，因而全世界每年要产生大量的废贵金属催化剂。据估计，20 世纪仅从汽车催化剂中就可回收利用约 14 t 的贵金属。目前，全世界汽车催化剂年消耗的铂族金属占铂总消耗量的 30%~42%，钯占 56%~76%，铑占 95%~98%。

在硝酸工业中，部分铂网催化剂损失在炉灰中。据调查，我国硝酸工业氧化炉灰中含 1%~5% 的铂族金属，每年可从中回收数十千克贵金属。

5. 医疗废料

主要用作牙科材料及抗癌和治疗风湿性关节炎药物。牙科材料多含金、银、钯及其合金。金主要以纯金的形态，或者作为合金的主要成分并添加少量贱金属或铂族金属。在我国此类废料目前尚未处于主要地位。

6. 其他部门的废料

包括玻璃纤维工业用漏板(主要为铂铑合金，或弥散强化铂)；熔化玻璃用的铂坩埚，或以钯为芯层、弥散强化铂及铂铑合金为外层的三层复合材料坩埚；拉制单晶用的铱坩埚、铱铑坩埚等。工业中测温用的热电偶，各分析部门熔样用的铂坩埚、铂舟、铂皿等。这类材料及器皿使用一定时间后，即成为贵金属的优质二次资源，它品位高，杂质少，回收简单。

此外，在玻璃纤维工业中使用的耐火砖、玻璃渣中也占有一定数量的铂族金属(耐火砖约含 0.1%)。据估计，我国每年可从玻璃纤维耐火砖中回收数十千克铂族金属。

从回收出发，贵金属废料多按其中所含的金属分类，见表 12-2。

表 12-2　贵金属废料的分类

类　别	种　　　类
含银废料	阳极、电器配件、电池、焊料合金、盐类、银币、接点、牙科合金、胶卷、镀银器件、银片、涂覆材料、定影液
含金废料	焊料合金、牙科合金、嵌金废料、首饰废料、刷电路板、树脂、盐类、镀金丝、镀金器件、渣泥

类　别	种　类
含铂、钯废料	催化剂、涂覆材料、接点、牙科合金、首饰废料、粉末及浆料、热电偶丝、漏板、坩埚、各种溶液
含金、银、铂、钯废料	电器配件、催化剂、电子废件、粉末及浆料、树脂、各种垃圾、电话废件、厚膜、丝材、各种溶液

12.2.2　预处理的必要性及方法

贵金属废料的性质、形状千差万别，有膜状的，也有块状的，大到金属板块，小到粉末尘埃；有的近于纯金属，有的含量很低，有的含有其他金属杂质，有的含有非金属杂质，有时还夹杂一些垃圾、杂物等。因此，对于专业回收厂，废料收集后首先要进行预处理，成为适合于冶金处理的高质量物料，可获得较高的技术经济指标，并得到高质量的金属。

为了不使各类废料混杂，影响以后的回收工作，最好在废料产生源就地进行适当的预处理，分门别类把各类废料分开堆放。

在废料回收厂，废料的预处理包括以下几道工序：

1. 称重

将来料进行总体称重，对于贵金属含量较高的物料，如首饰废料、器皿、坩埚、型材等，准确称量尤为重要。目前国内外大都采用电子秤自动称量累计。

2. 初选

根据废料的外貌，用目视法进行初次挑选；或者按废料的牌号进行分选。同时，剔除废料中的杂物、垃圾及尘土。分选主要是用手工进行的。

3. 分类

首先按所含贵金属的种类，将物料分为含金物料、含银物料、含其他单一贵金属物料及含多种贵金属的物料。或者根据物料的特点，再分为磁性物料、非磁性物料、低品位物料、尘土及垃圾、液体废料以及各种树脂废料等，这样便于取样和回收。

有些废料的外形很相似，但其贵金属含量可能相差很大。因此，对来料要进行认真、仔细地检查和分类。分类后，对同一类物料做上标记，以免混淆。

12.2.3　取样

取样和成分分析是废料回收厂一项十分重要的工作。取样和分析要尽可能具有代表性。根据不同类型的物料，有不同的取样方法。

1. 金、银合金块的取样

通常将全部物料重熔，然后取样，取样方法有以下几种：

（1）铸锭钻孔取样法

用钻头按一定方式在金属锭上钻孔，收集所有钻屑，再次重新熔炼，并再次铸锭钻孔取样。如此重复多次，直至得到适量的最终分析试样。

（2）锯屑取样法

将物料重熔后，浇注成一横截面很大的金属锭，然后用机械锯在金属锭上锯成很细的金属粉末，彻底混合后用四分法进一步缩分。该法所得的锯屑很细且均匀，便于称重、混合及缩分。

（3）毛细管取样法

当来料熔融后，用一毛细管插入熔体，然后拉出，得到一很细的铅笔形样品，用切割法从中取出所需的分析试样。该法需一定的实践经验，并应考虑玻璃毛细管对物料的污染问题。

（4）注模取样法

当来料熔融并彻底搅拌后，注入许多球形小模内。所得金属小珠即可作为样品，或者将其切割成几块，再次取样。采用此法往往会出现偏析，影响样品的均匀性。

（5）粒化取样法

金属熔融后，将其放入已预热到熔体温度的石墨勺或坩埚内，并浸入大水槽中，用槽内的篮子收集碎化的金属作样品。

上述五种方法均可得到均匀的样品，但前面两种费时、费力，而后三种方法可很快获得样品。

2. 垃圾废料的取样

已经预处理的垃圾废料，可认为是相对均匀的。通常先将其过筛，选出大颗粒部分，进一步研磨。然后用堆锥四分法，或用格槽缩样器进行缩分取样。所得试样还需细磨、干燥，才能作为分析样。

3. 阳极泥、淤泥及精矿的取样

这类物料常常含有一定的水分，故需烘干、称重，并记下失重量。经研磨、过筛，然后取样。或者用一根直径约 4 mm 的管子从废料堆的顶部直插到堆底，进行取样。如此取出的样品经烘干、称重、研磨并过筛后，再进行缩分得到分析试样。所有分析试样需过 80~120 目筛子。

4. 电子废料的取样

电子废料中贵金属含量变化很大，为了获得有代表性的样品，首先取出较大量的大样。然后，将其混合后按比例缩分，得到最后的大样。电子废料中通常都含有镍、铜、铁、锡及铝等金属，为了获得分析试样必须加硫或硫化铁等进行硫化熔炼，硫化后，将铜硫浇注成锭并破碎研磨，得到最终试样。

5. 含金废料的取样

主要指低品位合金废料。与金、银块取样不同，不必将其全部熔炼，往往从合金废料中任意挑选 10%~20% 的合金块，用钻孔或锯屑法从中取出一定量的样品，再将其与溶剂重熔，用金、银块取样法中的任一方法产生最终分析样。

6. 液体废料的取样

如果废液中沉淀物较多，影响取样的准确性和代表性，则需过滤废液再行取样。通常在取样的同时，测定溶液的密度和酸度，初步了解溶液的金属含量和酸碱情况。

第 13 章　金的回收

　　纯金或只有少量添加元素的金基合金较容易回收,有些只需在重熔时增加除杂工序即可。早期工作主要从此种物料中回收。现在这类物料往往由加工厂自行处理或返回使用,不进入二次资源的市场。

　　目前金的二次资源主要是含金废液、电子工业和医疗行业使用的金合金、镀金器件等,如电器配件、焊料合金、接点、牙科合金等。

　　根据常见废料的特点,主要的回收方法现述如下。

13.1　从含金废液中回收金

　　含金废液主要是镀金废液(一般酸性镀金废液含金 4~12 g/L,中等酸性含金 4 g/L,碱性达 20 g/L,但是常含氰化物)、电子元器件生产中的王水腐蚀液或碘腐蚀液。处理方法包括电解、置换、吸附等。

13.1.1　从镀金废液中回收金

　　在镀金首饰、镀金制品等行业兴旺发展的过程中,产生了一定数量的含氰镀金废液。经测定,这种含氰镀金废液中含金量为 0.08~0.12 g/L,如直接排放,不仅浪费资源而且还会产生严重的环境污染,故需要处理回收,主要的处理方法简述如下。

1. 电解法

　　镀液在直流电的作用下,金离子迁移到阴极并在阴极上沉积析出。电解设备可用开槽或闭槽电解。

　　开槽电解,是指废镀液在一敞开式电解槽中,放入不锈钢电极,液温 70~90℃,通入直流电进行电解,槽电压 5~6 V。槽中镀液定时取样分析,待金降至规定浓度以下时,结束电解,再换上新废镀液继续电积提金。当阴极析出金积累到一定数量后,取出阴极,洗涤后铸成金锭。

　　闭槽电解是采用一封闭系统的电解槽进行电解作业,如图 13-1 所示。废镀金液先装入储液循环桶中,开动泵将溶液在系统中循环,约十分钟后通入直流电,控制槽电压 2.5 V 进行电解,直到镀液含金达到规定浓度以下后,停止电解,然后出槽、洗净、铸锭。电解尾液经吸收槽处理达标后,才能废弃排放。

　　图 13-2 为我国某厂从含氰镀金废液中电解回收金的工艺流程图,采用该方法电解回收金,贵金属金的回收率达 95% 以上,电解废液中金降至 5 g/t 以下,对镀金废液实现资源化利用;同时,电解破氰也降低了废液中氰的浓度,减轻了废液后续处理的负担,真正达到了环境效益和经济效益的双赢。

　　电解法与其他回收技术相比,生产效率高,成本较低,金属回收率高。我国黄金生产中,在 1992 年就已有碳纤维电解提金槽回收氰化贵液中金的专利。碳纤维电解槽的性能指标大

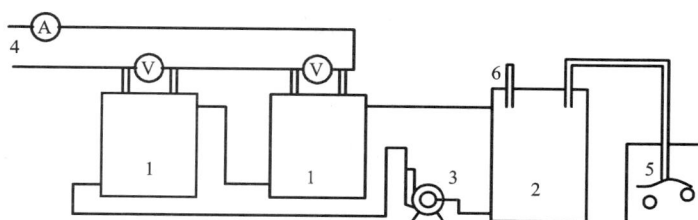

1—闭路电解槽；2—循环桶；3—泵；4—直流电源；5—吸收槽；6—取样机。

图 13-1　闭路电解提金装置

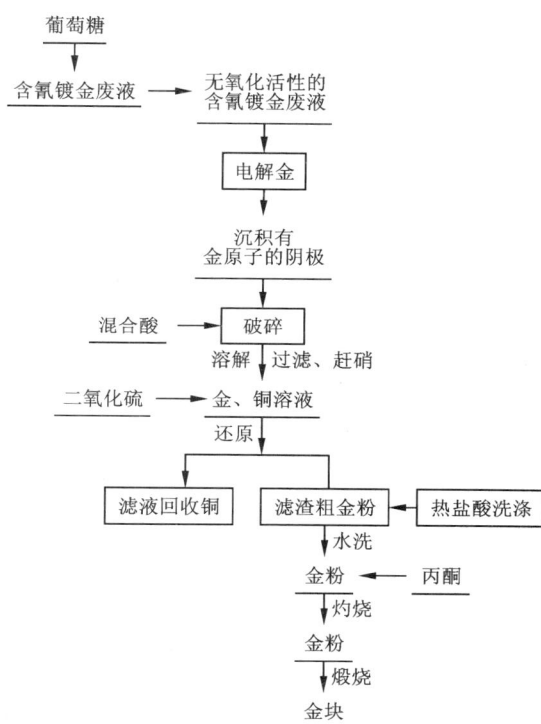

图 13-2　从含氰镀金废液中电解回收金的工艺流程图

大优于钢棉电解槽，化学稳定性好，对金的电解效率高，不污染贵液和金泥，可重复使用数年。此技术经适当调整后，也可用于从废料回收的各种稀溶液中回收金。

2. 置换法

在镀金废液中加入还原剂锌片或锌粉，金被置换生成黑金粉沉入槽底，反应如下式：

$$2KAu(CN)_2 + Zn \xlongequal{\quad\quad} K_2Zn(CN)_4 + 2Au\downarrow$$

为加速置换过程，溶液应适当稀释、适当酸化，控制 pH = 1~2。因酸化易放出气体 HCN，所以应在通风橱中进行作业。置换产物过滤后，用硫酸浸多余的锌，再经洗涤、烘干、浇铸即得粗金。

在碱性介质中，也可用铝置换氰化贵液中的金，置换速度与铝片的表面积、氢氧化钠浓度、温度有关。随着温度和铝用量的增加，置换速度明显上升。但铝用量的增加会引起溶液中银、铜等离子的同时沉淀，影响金的质量。

3. 活性炭吸附法

活性炭对金氰配合物具有较高的吸附能力，用活性炭处理废液时，一般认为废液中 $NaAu(CN)_2$ 被活性炭吸附属于物理吸附过程。活性炭孔隙度大小直接影响其活性的大小，炭的活性愈强对金的吸附能力愈大。常用活性炭的粒度为 +10 ~ -20 目和 +20 ~ -40 目两种。活性炭吸附的作业过程包括吸附、解吸、活性炭的返洗再生和从返洗液中提金等。解吸是用 10%NaCN 与 1%NaOH 混合液于加温加压条件下进行的，然后用去离子水即可将金离子从活性炭上洗下来，活性炭因获再生可重新使用。活性炭对金吸附容量达 29.74 g/kg，金的被吸附率大于 97%。

南非专利认为，先用臭氧、空气或氧处理废氰化液，再用活性炭吸附可取得更好的效果。此外，解吸剂可选用能溶于水的醇类及其水溶液，也可选用能溶于强碱的酮类及其水溶液。这类解吸剂的组成为：H_2O 0 ~ 60%（体积分数）；CH_3OH 或 CH_3CH_2OH 40% ~ 100%，$\rho(NaOH) \geqslant 0.11$ g/L，或者 CH_3OH 75% ~ 100%，水 0 ~ 25%，NaOH 20.1 g/L。

4. 离子交换法

苏联专利提出用树脂从氰化液中离子交换金，再用硫脲盐酸溶液洗提金，使树脂再生。国外曾用沃发基特 L-150（或 L-165 以及安柏利特 IR-4B 弱碱性阴离子交换树脂，AH-17 及 H-O 阴离子交换树脂）从氰化金液中回收金（其中 L-150 最有效）。国内也曾用阴离子树脂（717）从氰化废液中交换金，并用盐酸丙酮溶液洗提金。

5. 溶剂萃取法

多种有机溶剂可用来萃取金，对金的氯配离子可选用乙酸乙酯、醚、二丁基卡必醇等，用甲基异丁基酮（MIBK）也获得了较好的效果。此外，选用磷酸三丁酯（TBP）、三辛基磷氧化物（TOPO）、三辛基甲基胺盐等都可以从含金溶液中萃取金。

13.1.2 从含金废王水中回收金

在晶体电子元件生产中，厚度为 0.04 mm 的金锑片（$AuSb_{0.7}$）常用王水将其腐蚀到 0.03 mm，这类含金废王水可选择以下方法从中回收金：

1. 硫酸亚铁还原法

用硫酸亚铁还原金的反应如下：

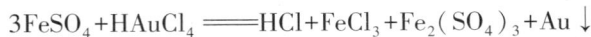

$$3FeSO_4 + HAuCl_4 \Longrightarrow HCl + FeCl_3 + Fe_2(SO_4)_3 + Au\downarrow$$

硫酸亚铁具有较小的还原能力，除贵金属以外的其他金属很难被它还原，因而即使处理含贱金属很多的含金废液，其还原产出的金品位也可达 98% 以上。

但此法作用缓慢，终点不易判断，而且还不易彻底还原，因此尚需锌粉进一步处理尾液。

2. 亚硫酸钠还原法

亚硫酸钠与酸作用容易产生气体二氧化硫，所以用亚硫酸钠还原的实质是用二氧化硫还原或者直接用二氧化硫就可以将金氯配离子还原产出金属金，其反应式如下：

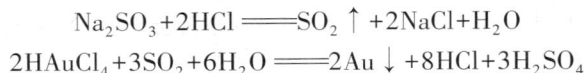

$$Na_2SO_3 + 2HCl \Longrightarrow SO_2\uparrow + 2NaCl + H_2O$$
$$2HAuCl_4 + 3SO_2 + 6H_2O \Longrightarrow 2Au\downarrow + 8HCl + 3H_2SO_4$$

为防止还原产物被王水重溶，要求废王水在还原前加热煮沸，赶尽其中游离硝酸和硝酸根，还原时适当加热溶液，有利于产出大颗粒黄色海绵金。判断反应终点的方法是用滴管移出少量还原后的上清液，置于点滴板内，再向其中加入少许白色 $SnCl_2$ 固体，有金时溶液变成紫红色，则还原未到终点，应继续进行还原作业，直至溶液加入极少许白色 $SnCl_2$ 颗粒不变色为止。美国有人提出向溶液中加入少量聚乙烯醇作絮凝剂，有利于漂浮金粉沉降，聚乙烯醇加入量为 0.3~30 g/L。

3. 锌粉置换法

与置换废镀金液相似，锌也可以将金氯配离子还原。采用锌粉置换法时，要求料液赶硝，以提高金的直收率。置换过程中，控制 pH=1~2，能防止锌盐水解，有利于产物澄清过滤。置换产出的金属沉淀物含有的锌粉，可用酸将其溶解。选用盐酸溶解时，沉淀中应不含有硝酸银，除银、铅、汞外，其余都易被盐酸溶解，粉状产物易水洗；选用硝酸溶解时，能溶解几乎所有普通金属杂质。为防止金重溶，要求沉淀中不含有氯离子，清洗用硝酸溶解的沉淀后，海绵金颜色鲜黄，团聚良好。另外，还可用硫酸来溶解锌及其他杂质，沉淀金不易重溶，但钙、铅离子不能与沉淀分离，产品易呈黑色。黑色粉状产品还需用硝酸处理，清洗后产品金的颜色才恢复正常颜色。

4. 亚硫酸氢钠（$NaHSO_3$）法

此法是美国专利。先用碱金属或碱土金属的氢氧化物（例如质量分数为 25%~60% 的 NaOH 或 KOH）或碳酸盐的溶液调整含金废王水的 pH=2~4，将其加热至 50℃ 并维持一段时间后，添加亚硫酸氢钠以沉淀金。为了加速沉淀物凝聚沉降，还应加入硬脂酸丁酯作凝聚剂，此法特别适于处理含金量少的废王水，因为它不需要进行赶硝处理。

从含金废王水中回收金，还可用草酸或甲酸还原。

各种回收金后的尾液是否回收完全，可用以下方法进行判断：按尾液颜色判断，若尾液无色，则金已沉淀提取完全；用氯化亚锡酸性溶液检查，有金时，由于生成胶体细粒金悬浮在溶液中，使溶液颜色呈紫红色，否则，说明尾液中金已提取完全。

13.2　从合金废料中回收金

合金废料种类繁多，组分各异，回收方法不同，回收前应挑选分类，分别堆放，按类分别处理。从废合金中回收金的工艺，通常包括溶解（造液）、金属分离富集、富集液的净化及金属提取等主要过程。

造液前，原料种类要单一，应除去油污和夹杂物，大块物料需要碎化。这一过程花费的人工较多，但为后继过程的顺利进行创造了良好的条件，同时可以降低生产成本。对含金废合金而言，一般采用王水造液；如果贱金属很多，则不能直接用王水造液，须先用盐酸、硝酸或硫酸等单一酸除去贱金属，分离出不溶物再用王水造液。如果用硝酸溶解银含量高的金银合金，造液结果使金和银分别进入沉淀和溶液，过滤即可实现金、银分离；然后分别处理溶液或含金沉淀，即可得到粗银和粗金。

王水造液后的溶液经过赶硝处理，溶液中一般含有多种金属，根据所含金属的种类和它们的浓度，确定相应的分离和富集工艺流程，将贵、贱金属及贵金属之间进行分离。对于贵、贱金属的分离来说，可以采用置换法或硫化沉淀法。

当用置换法时，可选择锌、铝和镁粉作还原剂。由于所加的还原剂往往过量，过量的还原剂与贵金属的置换物掺合在一起，所得置换物要经酸洗。通常用盐酸来溶解置换物中过量的还原剂，有时还用硫酸高铁来进一步脱铜：

$$Cu + Fe_2(SO_4)_3 \xlongequal{\quad} CuSO_4 + 2FeSO_4$$

置换物经酸溶处理后，贵金属品位可达 90% 以上。

当用硫化沉淀法时，由于硫离子容易与贵金属及铜、镍生成相应的硫化物沉淀，过滤上述黑色硫化物沉淀，并用 6 mol/L 的 HCl 溶液浸煮，贵金属硫化物不被盐酸溶解，而铜、镍等硫化物被溶解生成相应的氯化物进入溶液。此时，铜、镍可除去 80% 以上。贵金属含量可富集提高近 10 倍。

现将几种合金废料回收金的典型工艺介绍如下。

13.2.1　从金银铜合金中回收金

这类合金中含金常达 60% 以上，若含银近三分之一，可用电解法分离金、银。下面介绍另一种回收工艺。通常金、银合金很难造液溶解，若向原料中适当配入银，使金：银 = 3：1，可溶于王水，也可溶于硝酸。用王水溶解时，金生成氯金酸进入溶液，银虽生成氯化银妨碍银的溶解，但不致因银包裹金而妨碍金的溶解。用硝酸溶解上述原料时，因金少而不会阻碍硝酸对银的溶解。造液结果使金、银分别进入溶液和沉淀，过滤即可实现金、银分离，然后分别处理溶液或不溶性沉淀，即可分别产出金属金与银。

13.2.2　从金锑合金中回收金

金锑合金中含金 >99%，可用直接电解精炼的方法回收金（详见金的电解精炼）。也可用王水溶解法回收，如图 13-3 所示。金锑合金中的金用王水溶解后，再用 SO_2 或 Na_2SO_3、$FeSO_4$ 还原。

操作要点：

（1）王水溶金：王水（3 份 HCl + 1 份 HNO_3）的加入量为金属质量的 3 倍，使金完全溶解为止。

（2）蒸发浓缩：加盐酸驱赶游离硝酸，反复蒸发浓缩至不冒 NO_2 或 NO 为止。一般浓缩至原体积的 1/5，将浓缩的原液稀释至含金 50 ~ 100 g/L 左右，静置使悬浮物沉淀。

（3）过滤：如果在滤饼中有 AgCl 沉淀时，可回收其中的银。滤液则通入 SO_2 或 Na_2SO_3、$FeSO_4$ 还原沉淀金，如果用 SO_2 还原，剩余 SO_2 可用稀 NaOH 液吸收。所得金粉经蒸馏水洗涤、烘干，熔铸成金锭。

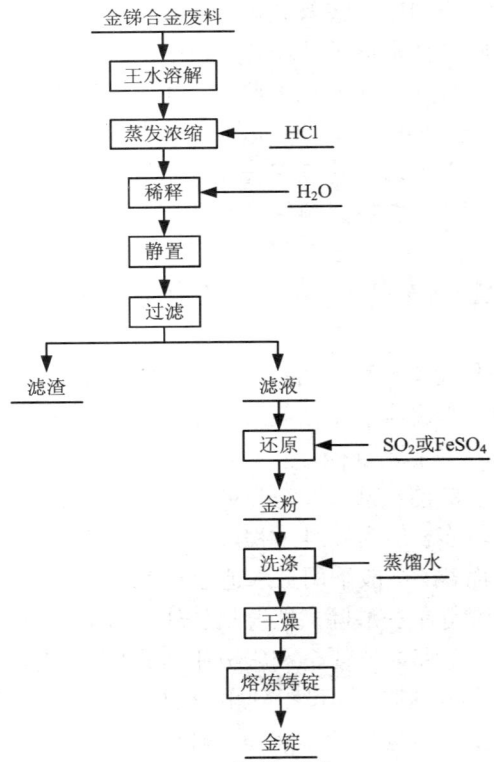

图 13-3　从金锑合金废料回收金的工艺流程

13.2.3　从金铂合金中回收金

将金铂合金废料溶于王水，采用 $FeSO_4$ 还原金-氯化铵沉铂的方法回收金、铂。其工艺流程如图 13-4 所示。

操作要点：

（1）用王水溶解金属。

（2）蒸发赶硝结束后，将溶液冷却，过滤。

（3）滤液和洗液混合均匀后加入氯化铵，过滤，沉淀用 5% 氯化铵洗涤至无色为止。

（4）将滤渣连同滤纸一起放入耐高温器皿中，在还原气氛下煅烧，得到海绵铂。

（5）分离铂后的溶液中金呈三氯化金状态存在，可用还原剂沉淀出金。

（6）将金粉水洗，烘干，熔炼铸锭。

13.3　从镀金废料中回收金

从这类含金物料中回收金的方法很多，如利用试剂溶解的化学退镀法；利用

图 13-4　从金铂合金废料回收金铂的工艺流程

熔融铅熔解贵金属的铅熔退镀法；利用镀层与基体受热膨胀系数不同的热膨胀退镀法等。现介绍退镀工艺如下。

13.3.1　用碘-碘化钾溶液退镀金

与 $HCl+Cl_2$ 对贵金属造液原理相同，元素碘及其化合物组成的溶液也能溶解金，其化学反应如下：

$$Au+I \longrightarrow AuI$$
$$AuI+KI \longrightarrow KAuI_2$$

产物 $KAuI_2$ 能被多种还原剂如铁屑、锌粉、二氧化硫、草酸、甲酸及水合肼等还原，也可用活性炭吸附、有机溶剂萃取、阳离子树脂交换富集等方法从 $KAuI_2$ 溶液中提取金。为便于浸出的溶剂回收再利用，通过比较认为用亚硫酸钠还原的工艺较为合理，此还原后液可在酸性条件下用氧化剂氯酸钠使碘离子氧化生成元素碘，使溶剂碘获得再生（溶蚀效果和新购相同）：

$$6I^-+ClO_3^-+6H^+ \longrightarrow 3I_2+Cl^-+3H_2O$$

氯化再生碘的反应，还防止了因排放废碘液而造成的还原费用增加和生态环境的污染。本工艺方法简单、操作方便、细心操作还可使被镀基体再生。

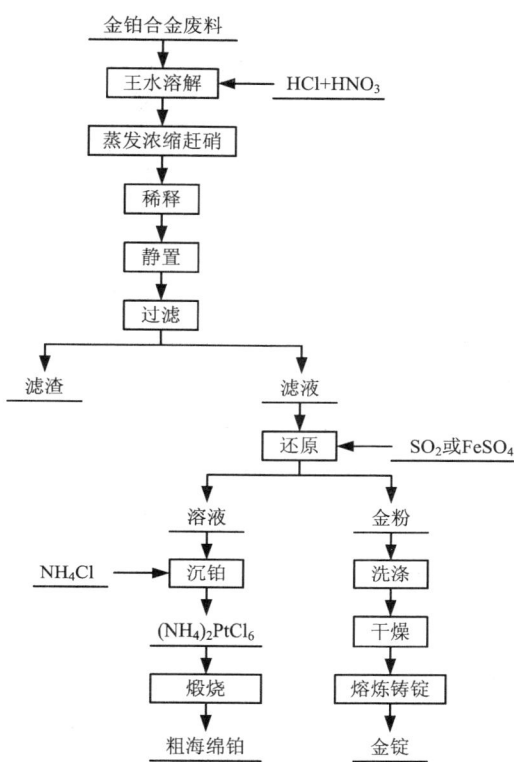

研究人员对工艺条件做了不少研究试验工作，找出最佳条件如下：

浸出液成分：碘 50~80 g/L，碘化钾 200~250 g/L。

溶退时间：视镀层厚度而定，每次为 3~7 min，须进行 3~8 次。

贵液提取：用亚硫酸钠还原。

还原后液再生条件：硫酸用量为后液的 15%（体积比），氯酸钠用量约 20 g/L。

用碘-碘化钾回收金的工艺中，贵液用亚硫酸钠还原提取金的后液，应水解除去部分杂质，才能氧化再生碘，产出的结晶碘须用硫酸共溶纯化后再返回使用。

此工艺具有以下优点：

（1）工艺容易掌握，操作方便，流程简单，便于普及推广。

（2）整个工艺不排出有毒的废气和废液，避免了使用剧毒氰化物的危害。

（3）在生产中，如果能够严格控制操作条件，还可以做到使基底金属不被腐蚀，从而有利于基底元件的再生使用。

此法可应用于从镍基或镀镍底层上各种镀金废器件上回收金，或上述不合格镀层的退镀。

13.3.2　氰化物-间硝基苯磺酸钠退镀金

1. 退镀液的配制

取 NaCN 75 g，间硝基苯磺酸钠 75 g，溶于 1 L 水中，待完全溶解后再使用。

2. 操作方法

将退镀液装入耐酸盆内（或烧杯内），升温至 90℃；将镀金废件放入耐酸盆内的退镀液中，1~2 min 后立即取出，金很快就被退镀而进入溶液中。如果因退镀量过多或退镀液中金饱和而镀金属退不掉时，则应重新配制退镀液。

退镀金的废件，用蒸馏水冲洗三次。留下冲洗水，以备以后冲洗用。往每升退镀液中另加入 5 L 蒸馏水稀释退镀液，并充分搅拌均匀，调节 pH 为 1~2。用盐酸调节时，一定要在通风橱内进行，以防 HCN 气体中毒。

用锌板或锌丝置换退镀液中的金，直至溶液中无黄色为止，再用虹吸法将上层清水吸出。金粉用水洗涤 2~3 次后用硫酸煮沸，以除去锌和其他杂质，并再用水清洗金粉。将金粉烘干后熔炼铸锭得粗金。

用化学法退镀的金溶液亦可采用电解法从中回收金。电解提金后的尾液，经补加一定量的 NaCN 和间硝基苯磺酸钠之后，可再作退镀液使用。电解法的最大优点是氰化物的排出量少或不排出，氰化液可继续在生产中循环使用，也有利于对环境的保护。

13.3.3　铅熔退镀金

本法是将电解铅熔化并略升温（铅的熔点为 327℃），然后将被处理的废料置于铅内，使金渗入铅中。取出退金的废料，将铅铸成贵铅板，再用灰吹法或电解法从贵铅中回收金。

用灰吹法时，将所获得的贵铅，根据含金量补加银，然后吹灰得金银合金，将这种金银合金用水淬法得金银粒，再用硝酸法分金。获得的金粉，熔炼铸锭后得粗金。

13.3.4　热膨胀法退镀金

该法是根据金和管体合金的膨胀系数不同，应用热膨胀法使镀金属和管体之间产生空隙，然后在稀硫酸中煮沸，使金层完全脱落，最后进行溶解和提纯。生产流程如下：取 1 kg 晶体管，在 800℃下加热 1 h，冷却，放入带电阻丝加热器的酸洗槽中，加入 6 L 的 25%硫酸液，煮沸 1 h，使镀金层脱落。同时，有硫酸盐沉淀产生。稍冷后取出退掉金的晶体管。澄清槽中的溶液，抽出上部酸液以备再用。沉淀中含有金粉和硫酸盐类，加水稀释直至硫酸盐全部溶解，沉清后，用倾析法使液固分离。在固体沉淀中，除金粉外还含有硅片和其他杂质，再用王水溶解，经过蒸浓、稀释、过滤等工序后，含金溶液用锌粉置换(或用亚硫酸钠还原)，酸洗，而得纯度 98%的粗金。

第 14 章　银的回收

据国际权威机构(GFMS、UBS)统计,2008 年世界回收废旧银料 5599 t,其中美国再生银量约占全球的 1/3。日本、德国和英国也是三个废旧银料回收中心,2006 年再生银供应分别达 808.68 t、423 t 和 339.02 t。银的最大用户是照相工业,全世界约有 40% 的银消耗在这方面,每年约 4000 t。美国最大的柯达公司,年用银量 7000 万盎司(约 2177 t),其中七分之二靠回收,每年回收银在 600 t 以上。日本每年也有约 1000 t 银用于照相业,其次是电子、电气工业。西方国家年用银量 3000 多吨,除照相工业外,主要做接点及焊料。

14.1　从含银废液中回收银

14.1.1　从废定影液中回收银

目前,用于感光材料的银约占各行业银消耗总量的 50% 以上,彩色洗相中的银 100% 进入废定影液中,黑白洗相中的银 80% 进入废定影液中。废定影液如不加以处理,不仅污染环境,而且还会造成资源浪费。因此,选择经济、有效、简便、可行的废定影液处理工艺和技术对回收银具有现实意义。

从废定影液中回收银的方法很多。早期的方法有:硫化钠沉淀法、金属置换法、次氯酸盐法和电解法等;近期引起人们注意的有硼氢化钠法、连二亚硫酸钠法、生物法及离子交换法等。

废定影液中,银常以 $Ag(S_2O_3)_2^{3-}$、$Ag_2(S_2O_3)_3^{4-}$、$Ag_3(S_2O_3)_4^{5-}$ 存在,含银浓度达 $0.5 \sim 9$ g/L。

1. 硫化钠沉淀法

该法采用向废定影液中加入硫化钠的方法,使银离子生成硫化银沉淀与溶液分离:

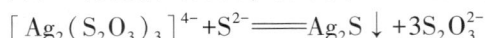

$$[Ag_2(S_2O_3)_3]^{4-} + S^{2-} = Ag_2S \downarrow + 3S_2O_3^{2-}$$

操作时要边加边搅拌,控制硫化钠的加入量和速度,防止产生副反应。确定作业的终点通常是抽取硫化作业后的澄清液 2~3 滴于滤纸上,再向液滴边缘润湿处滴一滴硫化钠液,直至液滴边缘润湿处呈浅黄褐色。从硫化银黑色沉淀中回收银有以下几种方法:

(1)硝酸溶解法。用硝酸将硫化银溶解,产出硝酸银与单体硫,过滤。处理滤液硝酸银容易生成金属银:

$$Ag_2S + 4HNO_3 = 2AgNO_3 + \frac{1}{2}S_2 + 2H_2O + 2NO_2 \uparrow$$

$$2AgNO_3 + Cu = 2Ag + Cu(NO_3)_2$$

(2)焙烧熔炼法。在反射炉中,将硫化银于 700~800℃ 时进行氧化焙烧,使硫氧化成二氧化硫进入炉气,银则生成氧化银。提高炉温至 1000℃ 以上时,氧化银分解生成液体金属银:

$$Ag_2S + 1.5O_2 \xrightarrow{\triangle} Ag_2O + SO_2$$

$$Ag_2O \xrightarrow{\triangle} 2Ag + \frac{1}{2}O_2 \uparrow$$

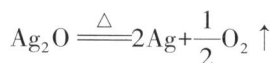

（3）铁屑纯碱熔炼法。硫化银与铁屑、碳酸钠预先进行配料搅拌，其中铁屑为 30%，纯碱为 20%，然后于 1100℃时进行熔炼：

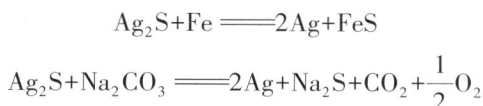

$$Ag_2S + Fe = 2Ag + FeS$$

$$Ag_2S + Na_2CO_3 = 2Ag + Na_2S + CO_2 + \frac{1}{2}O_2$$

上述反应表明，产出金属银的同时，还生成了铜锍（$Na_2S \cdot FeS$）。钠铜锍或 Na_2S、FeS 对银有较大的溶解能力，造成银的分散，降低了银的直收率。所以熔炼中注意配料，创造条件，使钠与铁氧化成氧化物。若渣含银高，此炉渣应单独处理，用硼砂、硝石与 Fe_3O_4 造渣，以回收其中的银。此外，熔炼温度不宜超过 1100℃，高温将增加硫化物对银的溶解能力。渣含银的高低，还可通过浇铸时渣（或铜锍）与银分离状况进行判断，冷却后若渣容易分离，银面又不留渣黏结物，说明渣含银低，反之则渣含银高。

（4）铁置换法。在盐酸溶液中，常温下用铁屑按下式反应将银置换出来：

$$Ag_2S + Fe = 2Ag + FeS$$

硫化沉淀法简单易行，银回收完全，适用于小单位使用，但提银的残液留有过量硫化钠，定影液不能再生。

2. 金属置换法

利用铁粉、锌粉、铝粉作还原剂，使定影液中硫代硫酸银还原成金属银。这种方法效率高，简单易行，但由于用于置换的金属被溶解进入溶液，使得定影液不易再生。如铁置换是在酸性定影液中加入铁片或铁屑、铁粉，银即被置换还原沉淀：

$$2Ag(S_2O_3)_2^{3-} + Fe = 2Ag \downarrow + Fe^{2+} + 4S_2O_3^{2-}$$

置换操作：在搅拌下向定影液中加入浓硫酸至溶液转变为黄绿色为止。不可加入过量的硫酸，因为过量的硫酸会分解定影液，使溶液呈乳白色浑浊状，并使置换出来的银中含硫量增加。但硫酸加得过少，则会使沉淀在铁上的银较难洗下。当定影液放置时间过长，因吸收空气中的二氧化碳，溶液酸化至黄绿色时，可少加或不加硫酸。在静置条件下置换，一般使用薄铁片或铁屑，置换初期，由于铁的溶解并生成硫化物而使溶液发黑，最后溶液呈无色透明。置换过程约需 48 h。置换完成后，置换产物含银粉、铁粉和硫化银等，呈黑色。经进一步提纯，可得粗银粉。

国内某研究院采用金属置换法处理废定影液取得了较好的效果，具体做法是将已除去铁锈的薄铁片投入废定影液中，置换反应的 pH 控制在中性或弱酸性条件，流速小于 4.17×10^{-5} m/s，银在铁片表面析出，不断地将附着于铁片上的银粉清除，落入反应液中，直至不再有银析出，表示反应完毕；取出铁片，过滤银粉，用水洗涤，烘干，得到金属银粉。可使提银后废水中银质量浓度降至 7 mg/L，回收率达到 98%。

日本小西六照相工业公司采用铝镁合金屑从废定影液中回收银。该方法采用一个 18 L 的塑料容器，该容器被孔板隔成上下两层，上层装入铝镁合金屑，合金屑中含铝 94.3%，含镁 5.6%，屑尺寸约 1 mm×3 mm×30 mm。废定影液（含银 6~7 g/L，pH = 4.5）以 135 mL/min 的流速从容器上部引入，上层发生了还原银的反应。反应产物银粉透过隔板小孔而聚集于下层底部。耗尽全部铝镁屑约需 35.9 h。通入废定影液 320 L，能沉淀出银粉

1950 g，其品位达 96%。

3. 次氯酸盐法

该法常用于废定影液的处理。次氯酸盐有分解银配合物的作用。当处理含 6 g/L 银的定影液时，用含 10%~15%NaClO 和 1~1.5 mol/L NaOH 的混合溶液处理，可破坏定影液中的配合物，并析出 AgCl 沉淀。此法的作业，通常是将次氯酸钠加到照相废液中，也有部分企业是将含银废定影液注入盛有过量的次氯酸盐的反应器中，使银能与硫化物有效分离，即溶液中的硫代硫酸盐被氧化，银呈 AgCl 沉淀。

4. 连二亚硫酸钠（$Na_2S_2O_4$）法

该法对废定影液提银是一种简便、有效的提银方法。首先将溶液的 pH 调整到接近中性，可用冰醋酸和 NaOH 调整，也可用氨水，然后将固态或液态的连二亚硫酸钠添加到废定影中加热到 60℃并强烈搅拌，即可达到提银的目的。但是，pH 太低时，连二亚硫酸盐分解产生硫污染银；当温度超过 60℃时，也发生同样现象。此法不仅工艺简单、效率高，而且定影液可再生使用。

5. 硼氢化钠（$NaBH_4$）法

硼氢化钠是一种很强的还原剂。早期广泛用于化学分析领域，后来被应用到贵金属的分离与提纯工艺中，国外有些工厂已用此法取代了传统的锌粉、铁粉置换法和硫化钠沉淀法。在处理小批量、低浓度的废液时更显示出其优点。用硼氢化钠回收废定影液的银，大多是在 pH=6~7 的条件下进行，$NaBH_4$ 的加入量应根据溶液中含银量而定，一般为 Ag : $NaBH_4$ = 1 : 0.45（质量比），发生如下反应：

$$8Ag(S_2O_3)_2^{3-}+NaBH_4+2H_2O =\!=\!=\!=\!= NaBO_2+8H^++16S_2O_3^{2-}+8Ag^0 \downarrow$$

日本一公司从废定影液回收 Ag，根据含银量加入 Vensil 液（由 $NaBH_4$ 12%、NaOH 40% 配制而成）稀释 10 倍，缓缓加入废液中，生成黑色沉淀银。

6. 电解法

电解法回收含银废液和定影废液中的银，在技术上和经济上均显示出许多优越性。各国进行过许多研究、改进，并研制出许多形式的电解槽、电解装置或提银机。

根据设备结构，概括起来可分成两大类，即开槽搅拌式电解提银机和闭槽循环式电解提银机。国外在 20 世纪 40~50 年代，多采用开槽电解提银机。我国上海电影技术厂、北京电影洗印厂即属此类技术。这种工艺出槽方便，但效率低、占地面积大，还有有害气体污染环境。因此，从 60 年代起，国外已淘汰了这种工艺，并已普遍采用密闭机械搅拌电解提银机。

近年来，国外研制出更高效率的提银机。我国结合国内实际，制成一种我国自有的提银机。这种提银机采用石墨阳极、不锈钢阴极，溶液在机内密闭循环。电解的技术条件如下：

槽电压：2~2.2 V；

电流密度：175~193 A/m^2；

液温：20~35℃；

循环速度：4.82 m/s；

电解时间：含银 3~4 g/L 时，需 3~4 h；含银 5~6 g/L 时，需 5~6 h；

尾液含银：原液含银 2.5~9.3 g/L，尾液含银 0.5~0.7 g/L（当尾液不再生时，含银可降至 0.15 g/L）；

电银品位：90%~93%。

7. 生物法

生物法基本原理：利用细菌、真菌以及水生植物的新陈代谢吸附废水中的银。生物吸附法提银是近年来研究的新方法，适用于处理中低质量浓度的含银废水。其优点是无二次污染，缺点是处理成本高。

8. 离子交换法

用重铬酸钠（或铵）先将废定影液中的硫代硫酸银钠配合物转化为简单的可溶性银盐（例如 $AgNO_3$），然后通过离子交换树脂进行离子交换除去溶液中的杂质，溶液经蒸发、浓缩析出银。可用的离子交换树脂有强碱性阴离子交换树脂、弱碱性阴离子交换树脂和阳离子交换树脂，研究较多的是强碱性阴离子交换树脂。离子交换法对处理银质量浓度低于 0.5 g/L 的废定影液有很好的效果，若银离子浓度大于 0.5 g/L，则优先考虑电解法。其优点是操作简便，离子交换树脂可重复使用，可回收高纯度的硝酸银。缺点是树脂再生频繁，解吸再生设备需要较大的投资，同时也需要占地面积较大的生产车间。

14.1.2　从银电镀废液中回收银

电镀废液含银达 10~12 g/L，总氰为 80~100 g/L。处理这类废液时，一定不要在酸性条件下作业，以防止逸出氰化氢。回收银后的尾液，氰浓度降至规定标准以下时才允许排放。

从电镀废液中提银，也有多种方法，如氯化沉淀法、锌粉置换法、活性炭吸附法等，但尾液需另行处理。而电解法可使提银尾液中氰根破坏转化，因此其后液可以正常排放。

电解法可在敞口槽内作业。阴极用不锈钢板，阳极为石墨，通入直流电后，阴极析出银而阳极放出氧气。随着溶液中银离子的减少，槽电压升至 3~5 V，这时阳极除氢氧根放电外，还进行脱氰过程：

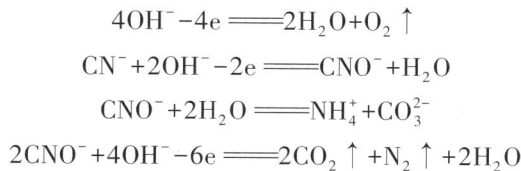

$$4OH^- - 4e = 2H_2O + O_2 \uparrow$$
$$CN^- + 2OH^- - 2e = CNO^- + H_2O$$
$$CNO^- + 2H_2O = NH_4^+ + CO_3^{2-}$$
$$2CNO^- + 4OH^- - 6e = 2CO_2 \uparrow + N_2 \uparrow + 2H_2O$$

阴极反应为：

$$Ag^+ + e = Ag$$
$$2H^+ + 2e = H_2 \uparrow$$

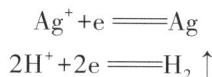

脱银尾液如果仍含有少量 CN^- 时，可加入少量硫酸亚铁生成稳定的亚铁氰化物沉淀，这时尾液即可正常排放。

14.2　从感光胶片、相纸中回收银

含银废胶片类包括：感光胶片的废品、打孔切边、试片之后的废片、在电影发行公司报废的电影片、电影制片厂在电影拍制过程中的各种废片、医院 X 光片、工业底片及照像复制等用后的废底片。

从这些含银废胶片上再生回收银的工艺很多，主要的有：焚烧法、各种化学处理法、微生物法，目前国外都以焚烧法为主，化学法和微生物法则次之。

14.2.1　焚烧法

焚烧法就是把废片、废相纸等直接放在一个特别设计的焚烧炉内焚烧，然后收集残留在炉中的含银灰，再把灰中银分离提取出来。它具有方法简单、价廉、易于操作、回收率较高的优点。其缺点是不能回收片基，造成了银在烟尘中的损失，同时烟气会造成大气污染。

14.2.2　化学法

化学法是许多方法的总称，它的要点是用酸、碱从胶片上把明胶层剥落下来，然后再采用不同的方法进行提银。如澳大利亚的酸腐蚀法：采用硝酸溶解，以食盐沉淀出 AgCl，再使 AgCl 溶解在定影液中，用连二亚硫酸钠还原。但是，目前应用最广泛的是强碱腐蚀法。如美国提出用 10%的苛性钠水溶液，在 70~90℃下腐蚀胶片，可使片基上的卤化银及胶层洗脱，然后将所得脱膜溶液用传统的方法回收银。

我国研制的蛋白酶洗脱法，其工艺流程如图 14-1 所示。工艺流程主要包括：洗脱、沉降、浸出、电解四道工序。

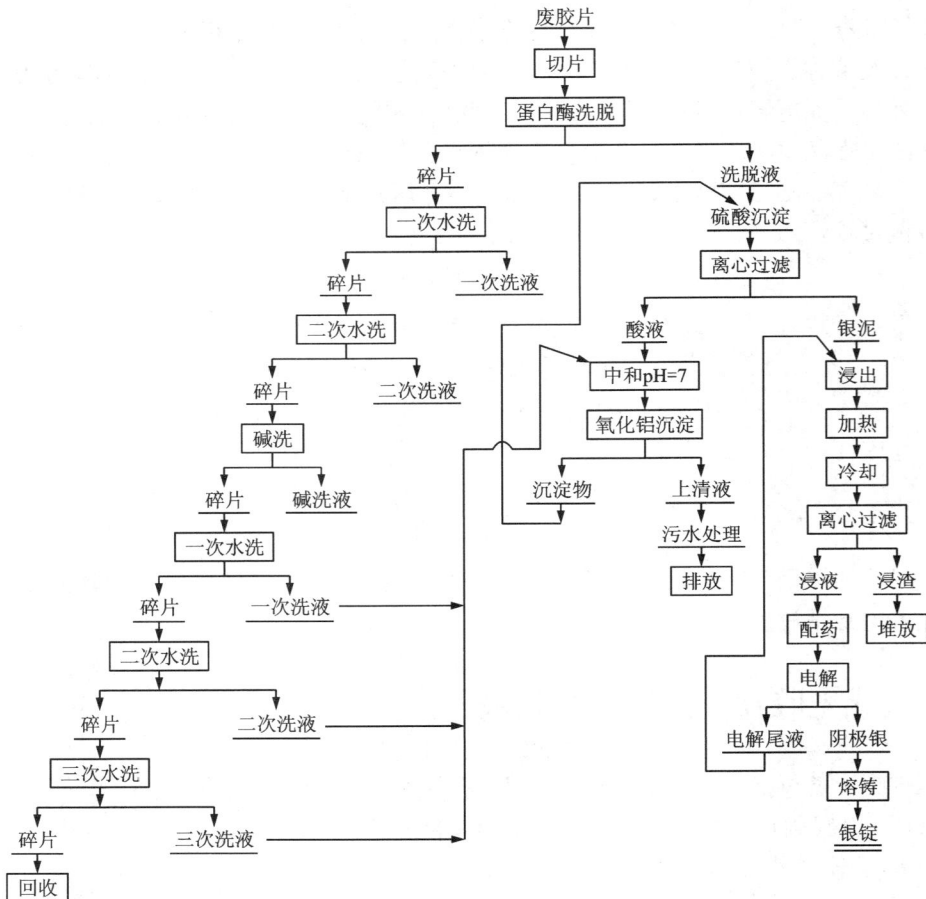

图 14-1　废胶片回收白银的工艺流程图

洗脱：将废胶片上的乳剂层用蛋白酶洗脱下来，然后过滤分离。

沉降：洗脱液用浓硫酸调整酸度沉淀出银泥，废片基先用碱水浸洗，再用洗水洗涤，然后送回片基车间做片基原料用。将洗涤片基的碱水和沉淀银泥分离出的酸性水进行中和处理后，再用氧化铝沉淀，使之达到排放标准。

浸出：过滤分离出的银泥采用硫代硫酸钠溶液将其中的卤化银浸出，再将浸出的泥浆加热至 90℃，然后冷却至室温进行过滤分离。

电解：将含银的硫代硫酸钠溶液注入强化循环电解液的密闭式电解提银机中进行电解。将在阴极上析出的白银剥落下来，熔炼成锭。尾液可以返回浸出工段。

其工艺流程的主要操作技术条件如下：

(1)蛋白酶的洗脱：固液比为 1:10；蛋白酶浓度：1 g/L；洗脱温度：45℃；洗涤次数：1 次。

(2)硫酸沉降：调整酸度，pH = 3 ~ 4；沉降方式为自然沉降。

(3)银泥浸出：浸出液中含 $Na_2S_2O_3$ 200 ~ 300 g/L；Na_2SO_3 25 ~ 35 g/L；HAcO，20 ~ 25 mL/L；浸出时间 30 ~ 60 min；浸出液固比为 2:5；搅拌速度 800 ~ 1200 r/min；浸出率 99.43%；浸出液含银 35.34 g/L。

(4)过滤分离：浸出泥浆加热至 75 ~ 95℃，然后又冷却至室温过滤，渣用 1:1 的水洗一次。

(5)电解提银：滤液为电解液。电解条件是：槽电压 2.0 ~ 2.2 V；电流密度 175 ~ 195 A/m²；电解液循环线速度 4.5 ~ 5.0 m/s；电解时间 6 ~ 8 h，尾液含银 0.5 ~ 1.0 g/L。电解银的回收率 92.92%；电流效率 75.4%。

此外还有一种生产工艺流程是用碱液洗脱乳剂层，再将沉淀收集起来，熔炼得银。其流程如图 14-2 所示。

浸出前，将胶片切碎，装入圆形不锈钢框架的网状容器内，然后将容器浸入浸出液中，约 5 min 后银即完全剥离，用硫酸调整浸出液 pH 使之小于 5，以提高银的沉降速度。煅烧所得银渣，除去夹带的明胶，此时失重约 12%，银渣由黑色变为银灰色。用硝酸溶解银渣，同时鼓入空气，再生硝酸：

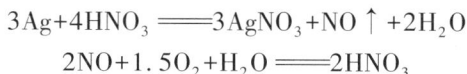

图 14-2　用碱液洗脱法从废胶片中回收银的工艺流程图

$$3Ag + 4HNO_3 = 3AgNO_3 + NO \uparrow + 2H_2O$$

$$2NO + 1.5O_2 + H_2O = 2HNO_3$$

在硝酸银溶液中加入浓硫酸，使之转变为硫酸银，并再生硝酸：

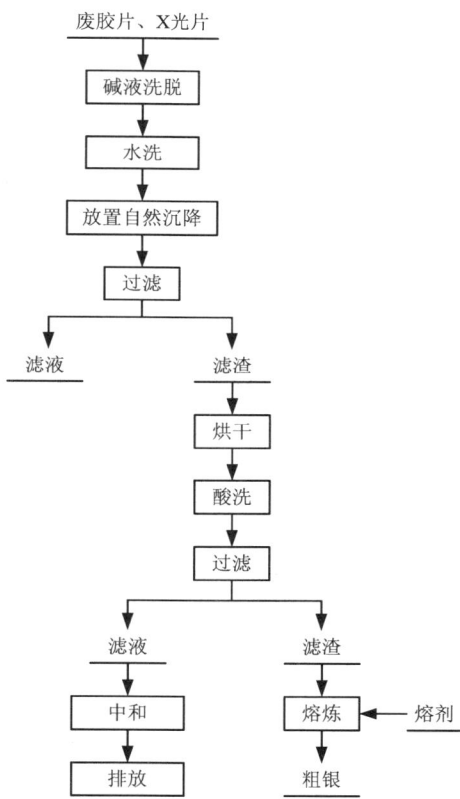

$$2AgNO_3 + H_2SO_4 === Ag_2SO_4 + 2HNO_3$$

当用水稀释时，约有 95% 的银呈硫酸银沉淀析出。然后，用火法在马弗炉内与碳酸钠一同煅烧、分解得银粉：

$$Ag_2SO_4 + Na_2CO_3 === Ag_2CO_3 + Na_2SO_4$$
$$Ag_2CO_3 === Ag_2O + CO_2 \uparrow$$
$$Ag_2O === 2Ag + 0.5O_2 \uparrow$$

为了保证硫酸银的充分转化，碳酸钠用量需按化学计量过量 50%。

14.3 从镀银件中回收银

现代技术中，为节省贵金属，常用镀银件来代替纯银部件，如铜线镀银、表盘镀银、电器镀银等。从这类物料中回收银，可选用如下方法。

1. 浓硫酸-硝酸溶解法

由于镀银的基体常为铜或铜合金，选择浓硫酸作溶剂对银有显著的溶解能力，而常温下硫酸铜在浓硫酸中溶解度小，所以铜不溶于浓硫酸。为促进银镀层的快速溶解，可于溶剂中加入 5% 的硝酸或硝酸钠。其作业条件如下：

溶剂：浓硫酸 95%，硝酸或硝酸钠 5%；

温度：严格控制在 30~40℃ 以下；

时间：5~10 min。

装于带孔料筐中的镀银钉退镀后，快速取出漂洗，可保证基体很少溶解，从而能综合利用基体铜。溶剂多次使用失效后，取出溶液用置换法、氯化沉淀法回收其中的银。

2. 双氧水-乙二胺四乙酸(EDTA)法

对于磷青铜上退镀银，溶剂可按表 14-1 配方制备，它可使镀银层在 5~10 min 内与基体分离。

表 14-1 银退镀液的配方   g/L

配方	H$_2$O$_2$(35%)	EDTA	KCN	NaOH	Na$_2$C$_2$O$_4$
I	1~10	5~10	—	—	—
II	10	20	—	10	—
III	1	50	10	—	—
IV	75	50	—	—	10

3. 四水合酒石酸钾钠溶液(罗谢尔盐)电解法

选用表 14-2 所列两种配方的电解液，用不锈钢为阴极，镀件为阳极，进行电解，几分钟后，即可使厚度达 5 μm 的镀层完全退去。

表 14-2　罗谢尔盐电解液的配方

配方	NaCN	NaOH	Na_2CO_3	罗谢尔盐
I /(g·L^{-1})	44.9	14.9	14.9	37.4
II /(g·L^{-1})	22.4~44.9	11.2~22.4	11.2~22.4	37.4~52.4

14.4　从含银废合金中回收银

含银废合金类废料种类繁多,分布广泛,主要有银铜、银钨、银铁合金等,所以从其中回收银的工艺,应视其合金成分性质不同有所选择。

14.4.1　从银金合金废料中回收银

如果合金中银量大大地高于金量,可直接用来电解银,金则富集于阳极泥中。但是当合金中 $w(Ag):w(Au)<3:1$ 时,造液时银易钝化,不能被硝酸溶解,则应配入一定量的银熔融,形成银金合金,即 $w(Ag):w(Au)≈3:1$。从银金合金中回收银的工艺流程由图 14-3 所示。

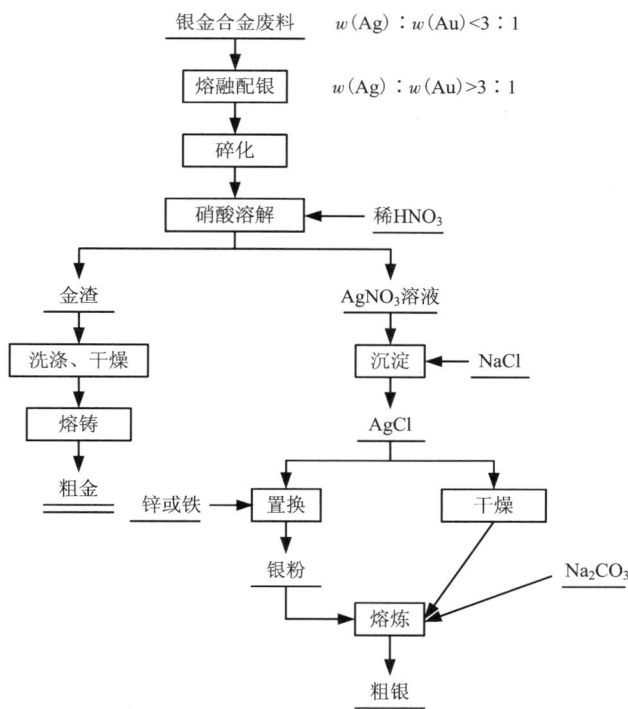

图 14-3　从银金合金废料中回收银的流程

银在硝酸造液时,按以下反应溶解:

在浓硝酸作用下:$Ag+2HNO_3 \Longrightarrow AgNO_3+NO_2\uparrow+H_2O$

在稀硝酸作用下：$6Ag+8HNO_3 \xrightarrow{\quad} 6AgNO_3+2NO\uparrow+4H_2O$

因此选用稀硝酸溶解时，既能防止产生棕红色 NO_2，又可减少溶剂硝酸的消耗。溶解后期适当加热，可促进银的溶解。此外，电解溶解造液，可使过程连续，并更加平稳完全。

氯化银加碳酸钠熔炼生产金属银时，主要反应如下：

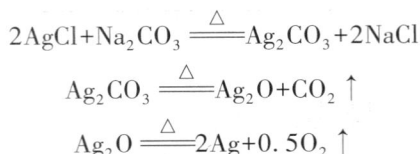

$$2AgCl+Na_2CO_3 \xrightarrow{\triangle} Ag_2CO_3+2NaCl$$

$$Ag_2CO_3 \xrightarrow{\triangle} Ag_2O+CO_2\uparrow$$

$$Ag_2O \xrightarrow{\triangle} 2Ag+0.5O_2\uparrow$$

熔炼作业中，可加入适量硼砂和碎玻璃，以改善炉渣性质，降低渣含银。熔炼作业中，熔化温度不宜过高，时间不宜过长。为减少氯化银的挥发损失，产出的银可铸成阳极板作电解提银用，电银品位可达98%。

14.4.2　从银铜、银铜锌、银镉等合金中回收银

银铜、银铜锌是焊料，前者含银最高达95%，一般也有72%，银铜锌含银仅50%，银镉（或锌氧化镉）是接点材料，含银约85%。属于接点材料的还有银钨、银石墨、银镍等。所有这类合金废料，凡品位高达80%的，都可铸成阳极直接电解，产品电银品位可达99.98%以上。例如，处理银-氧化镉复合材料时，可用氟化钾（100 g/L）和氟化银（20~40 g/L）组成的电解液，在10 A/dm² 的电流密度下进行电解。电解槽由3 mm钛板制成的直径640 mm、高500 mm的阳极室和10 mm厚不锈钢板制成的阴极室组成。在阳极室的壁及底部有许多直径为10 mm的小孔，电解液可以自由通过，此法银的回收率可达98.2%。

含银72%的72银铜也可直接进行电解，可产出品位达99.95%的电银，但电解液含铜迅速增加，则增加了电解液的净化量。采用交换树脂电极隔膜技术，处理银铜获得了成功，此法除产出电银外，还可综合回收铜。

银铜或其他低银合金，可用稀硝酸浸出，盐酸（或NaCl）沉银，用水合肼还原回收其中的银。

14.5　从银-铜复合金属废料中回收银

银的复合材料有银-铜、银-黄铜、银-青铜等。自20世纪80年代开始已试制成功并用于生产电气和电子材料，这些材料既可降低银的用量，又能达到使用条件要求，故发展迅速，用量越来越大。复合材料加工制造各种电气零件过程中产生的大量边角废料和废弃零件中的银都急需回收以便循环使用。银复合材料一般含银2%~12%，其余为有色金属，故回收工艺必须兼顾两者，这对于降低零件成本、增加经济效益十分重要。下面分别介绍两种处理此类物料的湿法冶金方法，重点是回收其中的银、铜。

1. 硝酸法

（1）浸出

Ag易溶于硝酸，呈硝酸银形式进入溶液。Cu在硝酸溶液中亦形成硝酸盐进入溶液：

$$Cu+4HNO_3 \xrightarrow{\quad} Cu(NO_3)_2+2NO_2\uparrow+2H_2O$$

该工艺选择的条件是在室温下用稀硝酸10%~20%浸出，液固比为10~20，浸出率Ag为

98.9%，Cu 为 98.3%。

（2）沉淀

在硝酸银溶液中加入 Cl^- 发生沉淀。因为 AgCl 的溶度积很小（$K_{sp\ AgCl} = 1.56 \times 10^{-10}$），$Ag^+$ 以 AgCl 形式沉淀析出的反应很完全，而 Cu^{2+} 则留在溶液中，可以达到 Ag 与 Cu 良好分离的目的。

该工艺采用 1∶1 HCl 作沉淀剂而不使用 NaCl，这是为避免在体系中引入 Na^+。在室温下进行沉淀，Ag 沉淀品位一般可达 99.8%。但需注意控制 HCl 加入量，否则 Cl^- 过量，Ag^+ 会呈 $AgCl_2^-$ 配离子留在溶液中。

固液分离后，用水将 AgCl 沉淀夹带的 Cu^{2+} 洗干净，否则在下一步还原 AgCl 时，Cu^{2+} 也会被还原进入 Ag 粉中，降低银粉品位。

（3）还原

采用水合肼（$N_2H_4 \cdot H_2O$）还原直接获得高纯度的银粉。

还原工序是将 AgCl 沉淀先用水浆化并加入 NH_4OH，调整 pH>9，加入浓度 40% 或 80% 的水合肼，其加入量约为理论量的 2 倍，即可获得灰白色海绵银。银还原率可达 99.9%。还原后液含有过剩的水合肼，可返回再用。循环到一定时间后，向需部分排放的废液中加少量高锰酸钾氧化后再排放。

（4）铁置换铜

经沉淀 AgCl 后的含铜浸出液，用铁置换回收铜。置换前，酸浸出液可用石灰中和，使 pH<2.5～3.0，可减少铁量。置换用的铁可以是铁屑。海绵铜中含有的铁，用 HCl 处理除掉。

2. 选择性溶解法

采用硝硫混酸（即 19 份浓硫酸+1 份浓硝酸），可快速溶解复合材料中的银而铜基本不溶解，该法回收成本低，流程短，工艺稳定。

3. 电解法

此法应根据原料和料液的性质选择适宜的电解工艺参数，如含银小于 3% 的银铜合金，选用硫酸或硫酸铜电解铜，从阳极泥中回收银。而含银约 25% 的合金，以硫酸为电解液可得纯度为 99.9% 的电解铜，银以骨架形式留在阳极上，纯度可达 92%～96%。为提高铜质量，电解液中可加入少量氯化物以沉淀进入溶液中的微量银。

含银 5%～30%、含铜 2%～15% 的不锈钢焊料合金，可在硝酸或硝酸银溶液中电解，在槽电压 0.1～0.5 V、电流密度 30 A/m^2 的条件下，可产出纯度达 95%～99% 的银。

含银 8%～10%、含铜 5% 的金基合金，可先在盐酸介质中电解金，再从阳极泥中回收银。

第五篇　贵金属的精炼

　　从各种含贵金属的原料(矿石、有色冶金过程产出的中间产品、废料等)提取得到的贵金属富集物可以是：单个或几个贵金属共存的粗金属、贵金属精矿、富贵金属溶液等。各种提取过程尽管可以获得单个粗金属，但其纯度一般不能满足现代工业技术的需要，而必须进一步处理，以获得符合各种不同纯度和要求的单一贵金属，此过程即称为精炼。

　　贵金属精炼一般可包括分离和提纯两个过程。金银的精炼方法，通常有火法、氯化法、化学法、电解法及萃取法。其中火法精炼在古代曾广泛应用，而现在一般不予采用。其主要原因是火法精炼的产品纯度难以达到要求；氯化法也应属于火法精炼的范畴，可一次除去多种杂质，流程短、速度快，但产品纯度不高，往往需要进一步电解精炼。化学法包括硝酸分离法、硫酸分离法、王水分离法和氯化法等。随着近二十年来湿法处理阳极泥工艺的广为应用，化学法占据了较为重要的地位。电解法是金、银精炼最重要的方法，这是由于电解法分离提纯金银操作简便、原材料消耗少，生产效率高，产品纯度高而稳定，能节约大量的劳动力，劳动强度小并能回收其中的少量铂族金属等。金银的萃取精炼，是现代产生和发展的，特点是可处理低品位物料、操作条件好、直收率高，规模可大可小，具有良好的应用前景。

　　对各种精炼工艺直接进行技术比较是困难的，因为工艺选择应考虑的因素很多，各种因素又因地、因时而异，但一般有以下几个方面：

　　原料：组成、形状或形式、可变性。这是最重要的因素，如果原料的特性是不变的，在较宽的金/银含量范围内几种工艺均可考虑。如果要求工艺适用性强，通常是将氯化法和电解法联合使用，因此大多数大、中型精炼厂仍继续使用这两种方法或其中的一种。

　　生产费用：劳动力、消耗品、设备折旧及各种运营费用。

　　投资费用：厂房、设备及其他固定资产投资。

　　环境因素：工艺对环境影响程度，所需废气清洗、废液处理、副产品处理的投资及运营费用。

　　批次完整性：质量控制、存量控制。主要考虑对各批次产品质量稳定性、生产过程中物料积存数量及积压资金多少的影响。

　　其他因素：现有设备、公司特性(如公司业务范围及与其他部门的相关性)。

　　根据主要因素，可将金精炼工艺简要比较如下：

工艺名称	原料成分	物理形式	滞留时间	产品纯度	物料积存	适用规模	环境问题
氯化法	金>20%，对银无限制	不限制	1~2 天	不高	较少	大、中型	氯气污染，需大的气体净化设备
电解精炼法	金>85%	熔铸阳极	3~4 天以上	高	多	大、中型	使用最少量的溶液，对环境影响不大
溶解/还原沉淀法	银<15%，分散颗粒	表面积大	2~3 天	高	较少	不限	气体净化，使用一次溶液
浸出/溶剂萃取法	银<15%，分散颗粒	表面积大	2~4 天	高	较少	不限	气体净化，使用一次溶液，有机污染

第 15 章　金的精炼

15.1　金的化学法精炼

金的化学法精炼是基于金不溶于硝酸或煮沸的浓硫酸，而银及其他金属可溶解，用酸浸煮后，合金中的银及铜等贱金属溶解，而金仍留在渣中，以达到金与其他金属分离的目的。

15.1.1　硫酸浸煮法

用硫酸分离时，合金中金的质量分数不应大于 33%，否则银难溶解；铅的质量分数应尽可能低（不大于 0.25%），否则产出的金中含有铅等杂质，还需进一步处理。此法的浓硫酸消耗量约为合金质量的 3~5 倍。

浸煮时，先将合金熔化并水淬成粒状或铸（或压制）成薄片。置于铸铁锅中，分次加入浓硫酸，在 160~180℃ 下搅拌浸出 4~6 h 或更长时间。浸煮中，银及铜等杂质便转化成硫酸盐。浸煮完成后，冷却，倾入衬铅槽中，加热水 2~3 倍稀释后过滤，并用热水洗净除去银、铜等硫酸盐，再加入新的浓硫酸进行加温浸出，经反复浸出洗涤 3~4 次，最后产出的金粉经洗净烘干，金的品位可达 95% 以上，烘干后加熔剂熔炼，产出的金纯度为 99.6%~99.8%，产出的硫酸盐液和洗液，用铜置换银（如合金中有钯时，被溶解的钯也和银一道被还原）后，再用铁置换铜。余液经蒸发浓缩除去杂质后回收粗硫酸。

15.1.2　硝酸浸出法

硝酸浸出银的速度快，溶液含银饱和浓度高，一般可在自热条件下进行（不需加热或在后期加热以加速溶解），故被广泛采用，通常采用 1:2 的稀硝酸溶解银。

为提高银的溶解速度，硝酸浸银前也要求将合金水淬成粒状或压制成薄片，并控制合金中金质量分数不大于 33%，否则合金中的银难以溶出。

硝酸浸银作业，可在带搅拌的不锈钢或耐酸搪瓷反应釜中进行，加入水淬合金后，先加少量水润湿，再分批加入硝酸。加入硝酸后，反应剧烈进行，放出大量的二氧化氮，硝酸加入速度不宜过快，以防冒槽。应预备冷水，随时准备冷却体系防止冒槽。在一般情况下，当加完硝酸，反应逐渐缓慢后，抽出硝酸银溶液，加入另一批硝酸溶液溶解。经 2~3 次反复溶解，残渣经洗涤烘干后，转入坩埚并加硝石，进行熔化铸锭，可获得纯度为 99.5% 以上的金锭。

溶液中的银，用铜置换回收。如合金中含有铂钯，在溶解过程中进入溶液，用铜置换时，铂钯与银一道被还原。

15.1.3　王水浸金法

王水浸金法，一般用来精炼含银<8%的粗金合金。在此过程中，金溶解进入溶液，而银则成为 AgCl 沉淀留在渣中，实现金与银的分离，并在溶液中分离和回收可能存在的铂族金属。用王水浸金，合金中的银含量不能过高，否则在溶解过程中产生的氯化银沉淀包裹在物料表面，阻碍金和铂族金属的溶解。因此对含银高的合金，用此法处理时，必须先经除银处理。

王水溶金(包括铂族金属)过程中，在硝酸的作用下，氯离子与金、铂反应，形成氯配合物进入溶液。其总反应式为：

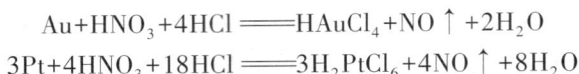

$$Au+HNO_3+4HCl \Longrightarrow HAuCl_4+NO\uparrow+2H_2O$$

$$3Pt+4HNO_3+18HCl \Longrightarrow 3H_2PtCl_6+4NO\uparrow+8H_2O$$

工业中使用的王水，是由一份工业纯硝酸加 3~4 份工业纯盐酸制成。配制王水时，在搅拌下缓慢地将硝酸加至盐酸中。随着反应的进行，溶液颜色逐渐变成橘红色。一般在耐热耐酸的容器中进行，如用纯钛焊制成的钛桶，也可用耐酸耐热的瓷缸。在整个配制溶液过程中，有大量的反应热释放，应特别注意安全。

王水分金时，将不纯粗金属水淬成粒状或轧成薄片，置于耐热耐酸容器中进行，按每份金分次加 3~4 份王水，在自热或后期加热下进行溶解，溶解完后静置、过滤，再浓缩赶硝，然后用硫酸亚铁、亚硫酸钠或草酸进行还原，得到海绵金，海绵金经洗净(几乎无 Cl⁻)、稀硝酸处理除杂、洗涤、烘干、铸锭，可产出 99.9%或更高品位的纯金。余液含有残余金及铂族金属，加入锌粉或锌块置换至溶液澄清后，过滤，滤液弃去，滤渣经洗涤烘干得到铂精矿，送去分离提纯铂族金属。产出的 AgCl 可用铁屑或锌粉置换回收银。

15.2　金的氯化精炼

氯化精炼是往金熔体中通入氯气，使重金属杂质及银生成氯化物浮在熔融金的表面而被除去。此法在澳大利亚及南非兰德精炼厂仍在使用，我国成都印钞公司 1994 年从澳大利亚引进该项技术用于合质金精炼。

氯化精炼是基于各种金属与氯作用的化学亲和力不同，而选择性地将杂质金属从金熔体氯化除去。各种金属氯化的顺序，可用金属与氯气作用生成 1 mol 相应的氯化物的反应自由能变化大小来判断。有关氯化物的标准生成自由能变化如表 15-1 所示。

由表 15-1 可以看出，金熔体中各种金属氯化由易到难的顺序为：Zn，Pb，Cu，Ag，Bi，Au。通过控制一定的条件，可以选择性地使杂质和银氯化而金不被氯化。

各种金属氯化物的熔点和沸点如表 15-2 所示。

由表 15-2 可以看出，$AuCl_3$ 的熔点、沸点都很低，但在有其他金属杂质存在时，金不易氯化，所以氯化过程很容易防止 $AuCl_3$ 的形成。银虽较铋易于氯化，但 AgCl 的沸点很高，可以控制温度，不让它气化。其他金属易于氯化，生成的氯化物不仅熔点低，沸点也很低，均可用控制温度的方法使它们的氯化物气化除去。

表 15-1　金属氯化反应的自由能变化

氯化反应	$\Delta G/(\text{kJ} \cdot \text{mol}^{-1})$
$Au+\dfrac{3}{2}Cl_2 =\!=\!= AuCl_3$	-32.34
$Au+\dfrac{1}{2}Cl_2 =\!=\!= AuCl$	-35.15
$Bi+\dfrac{3}{2}Cl_2 =\!=\!= BiCl_3$	-212.84
$Ag+\dfrac{1}{2}Cl_2 =\!=\!= AgCl$	-219.41
$Cu+\dfrac{1}{2}Cl_2 =\!=\!= CuCl$	-236.0
$Pb+Cl_2 =\!=\!= PbCl_2$	-314.0
$Zn+Cl_2 =\!=\!= ZnCl_2$	-369.28

表 15-2　各种金属氯化物的熔点和沸点

氯化物	熔点/℃	沸点/℃	氯化物	熔点/℃	沸点/℃
$AuCl_3$	288	407	$CuCl$	429	1212
$BiCl_3$	233	439	$PbCl_2$	498	954
$AgCl$	455	1550	$ZnCl_2$	317	732

氯化精炼有下面几个主要过程：①粗金熔化；②氯化；③从氯化的金熔体表面上分离氯化物；④再熔化金；⑤从氯化物精炼渣中回收金；⑥从氯化物渣中提取银；⑦再熔化金属银。

用氯气精炼时，采用黏土坩埚，并套装在石墨坩埚中。氯化精炼在黏土坩埚中进行，目的是防止坩埚损坏造成金损失。石墨坩埚和黏土坩埚之间的空隙用石墨粉填充。将氯气通入金熔体的瓷管或石英管前须先预热，以防管子破裂。黏土坩埚中应加入石英石或石英砂，以防瓷管或石英管在通氯气过程中熔蚀。氯化时间根据杂质含量和处理量来决定，例如，精炼 20 kg 质量分数为 90%的金需要 1 h，12 kg 质量分数 60%的金需要 3 h。精炼时，在黏土坩埚中覆盖一层 30~40 mm 的硼砂，将金、银熔化，然后往熔体中通入氯气，并控制温度不超过 1250℃，则 Zn、Pb、Cu、Bi 等均可氯化挥发除去，而银以 AgCl 熔体覆盖在金熔体表面。将 AgCl 熔体倒入模中，从坩埚中倒出金熔体，将所得金块投入 $FeCl_3$ 溶液中浸泡除去表面氯化物后再熔化铸锭。金的品位可达 99%以上。AgCl 渣可用铁置换法提取金属银。

此法比较简便，可快速除去种类和数量较多的杂质，适合于大规模的金精炼。但是在氯化过程中有少量的金挥发造成损失，此外，产出的金或银纯度还不够高，需进一步精炼提纯。如原料中含有铂族金属，氯化法也不便回收，加之氯气的毒性与环保的要求，氯化过程须在专门的通风柜中进行。

15.3　金的电解精炼

用于金电解的原料一般含金在 90%以上。如氯化法得到的品位大于 99%的粗金、铜铅阳极泥经银电解处理得到的二次黑金粉、金矿经金银分离所得之粗金粉以及其他废料经处理后所得之粗金等。将粗金配以硝石、硼砂熔铸成阳极，经电解得到纯金。

金电解的电解液，可用金的氯配合物水溶液，也可以用氰配合物水溶液，但前者较安全，为各厂广泛使用。

15.3.1　金电解的基本原理

金电解精炼，以粗金作阳极，纯金片作阴极，金的氯配合物和盐酸的混合液作电解液。电解过程可以用下列电化学体系来表示：

$$\text{阴极} \qquad\qquad \text{电解液} \qquad\qquad \text{阳极}$$
$$\text{Au(纯)} \quad |\ \text{HCl, HAuCl}_4\text{, H}_2\text{O}\ |\quad \text{Au(粗)}$$

1. 阳极反应

在阳极，金发生电化学溶解：

$$\text{Au} + 4\text{Cl}^- - 3e \Longrightarrow \text{AuCl}_4^- \qquad \varphi^\ominus = +1.0\ \text{V}$$

由于氯、氧的标准电位比金正：

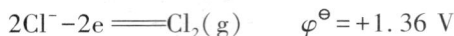

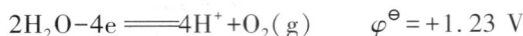

$$2\text{Cl}^- - 2e \Longrightarrow \text{Cl}_2(g) \qquad \varphi^\ominus = +1.36\ \text{V}$$

$$2\text{H}_2\text{O} - 4e \Longrightarrow 4\text{H}^+ + \text{O}_2(g) \qquad \varphi^\ominus = +1.23\ \text{V}$$

所以在正常条件下它们不会析出。但是，金电解时阳极往往钝化。当金转入钝化状态时，阳极溶解中断，电位升高并达到氯可以析出的电位值(由于 O_2 在金上的超电压高于 Cl_2，故先析出 Cl_2)。

钝化现象是不希望的。阳极析出 Cl_2 导致电解液中金的贫化以及车间环境恶化。为了避免氯气析出，电解液必须要有足够高的酸度和温度，而且阳极电流密度越大，电解液的酸度和温度越高。提高盐酸的浓度和温度，不但可消除金的钝化，而且可提高电解液的导电率。

2. 阴极反应

在阴极，AuCl_4^- 被还原，其主要反应为：

$$\text{AuCl}_4^- + 3e \Longrightarrow \text{Au} + 4\text{Cl}^-$$

3. 杂质行为

金电解过程中，阳极上的杂质金属，凡比金更负电性的，如银、铜、铅、锌及铂族金属，都发生电化学溶解而进入电解液中，只有铂族金属中的铑、钌、锇、铱等不溶而进入阳极泥中。

铅锌等虽进入电解液中，但因浓度不高，一般也不易在阴极上析出；PbCl_2 在电解液中因溶解度低而沉淀到阳极泥中。

铜的浓度一般较高，有可能在阴极析出，影响电金的质量，故阳极中的铜宜控制不超过 2%。

铂、钯进入电解液后，积累到一定程度就应处理加以回收，电解液中铂、钯最大允许浓度分别为 50 g/L 和 15 g/L。

阳极中最有害的成分是银。银有比金更负的电位，易于在阳极发生电化学溶解，并与盐酸作用生成 AgCl，附着在阳极表面，使阳极钝化，使电解精炼难以进行。

为了解决银的危害，电解精炼时，往电解槽中输入直流电的同时，也输入交流电，形成非对称的脉动电流。脉动电流强度的变化如图 15-1 所示。一般要求交流电强度($I_{交}$)应比直流电($I_{直}$)大，其比值为 1.1~1.5，这样得到的脉动电流随着时间而变化，时而具有正值，时而具有负值。当其达到峰值时，阳极上瞬时电流密度突增。此时，阳极上有大量气体析出，AgCl 薄膜即被气泡所冲击，变疏松而脱落；当电流为负值时，电极的极性也发生瞬时的变化，阳极变成阴极，则 AgCl 的形成将受到抑制。使用脉动电流，不仅可以克服 AgCl 的危害，提高电流密度，从而减少金粉的形成，还可以提高电解液的温度。

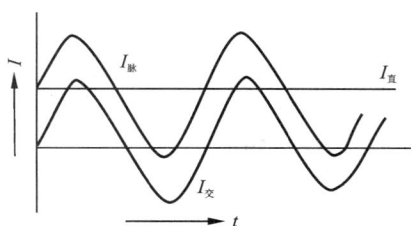

图 15-1　金电解时脉动电流变化图

15.3.2　金电解精炼的实践

1. 阴极片的制作

阴极片的制作可用轧制法，即将纯金轧制成片，再剪切成阴极片。也可以用电积法，即以银片作阴极，其表面涂层薄蜡，边缘涂层厚蜡，采用低电流密度电积；当金电积层厚达 0.3~0.5 mm 时，即可取出阴极，剥下金片，再剪切制成阴极。

2. 电解液的制备

制取电解液有两种方法，一种是王水溶解法；另一种是隔膜电解法。

王水溶解法：将纯金片和王水置于容器中加热至沸将金溶解，然后加盐酸赶硝后按要求配成电解液。

隔膜电解法：以粗金作阳极，纯金作阴极，稀盐酸作电解液进行电解。电解装置如图 15-2 所示。

电解槽为陶瓷或塑料槽，阴极用素烧陶瓷坩埚作隔膜，槽中电解液按 HCl：H_2O＝2：1 配成。坩埚中电解液按 HCl：H_2O＝1：1 配成。坩埚内液面高于电解槽液面 5~10 mm。通入脉动电流，阳极金溶解，金以 $AuCl_4^-$ 进入阳极电解液（即电解槽中的电解液），由于受到坩埚隔膜的阻碍，$AuCl_4^-$ 不能进入阴极电解液（素烧坩埚内的电解液）中，而 H^+、Cl^- 可以自由通过。因此，阴极上不会析出金，而只析出氢气，$AuCl_4^-$ 便在阳极液中积累。

电解造液的条件：

电流密度：2200~2300 A/m^2；

槽电压：3.5~4.5 V；

交流电强度为直流电的 2.2~2.5 倍；

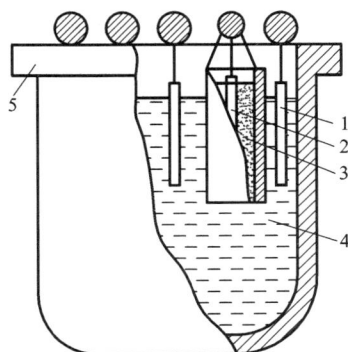

1—阳极；2—阴极；3—隔膜；
4—电解液；5—电解槽。

图 15-2　电解造液的隔膜电解装置

同极距：100~120 mm；

交流电压：5~7 V；

液温：40~60℃。

电解造液时，阴极析出氢气，经过 44~48 h 电解，最终阳极液为含金 300~400 g/L、含盐酸 250~300 g/L、密度为 1.38~1.42 g/cm³ 的溶液。可利用此溶液配制成金电解精炼的电解液。

3. 电解槽

金电解精炼用的电解槽，可用耐酸陶瓷方槽，也可用 10~20 mm 厚的塑料板焊成的方槽。为了防止电解槽漏损，在电解槽外再加保护套槽。槽子尺寸如图 15-3 所示。阳极板的吊钩用纯金制造，导电棒和导电排一般用纯银制成。

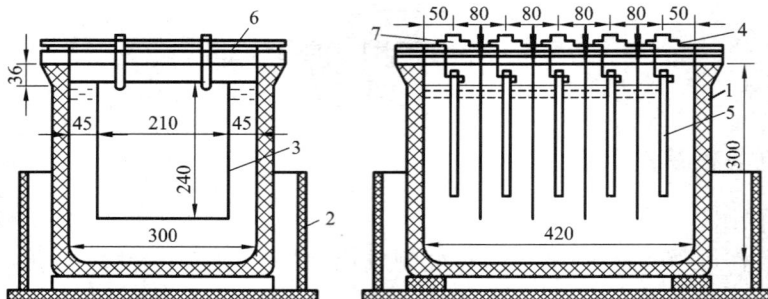

1—耐酸槽；2—塑料保护槽；3—阴极；4—阳极吊钩；5—粗金阳极；6—阴极导电棒；7—阳极导电棒。

图 15-3　金电解槽

4. 电解操作

在电解槽中，先注入配好的电解液，然后把套好布袋的阳极垂直挂入槽中，再依次相间挂入阴极片。槽内的两极并联，槽与槽之间串联。电极挂好后，再调整电解液，使液面略低于阳极挂钩。送电后检查电路是否畅通，有无短路、断路现象，测量槽电压是否正常。待阴极析出金到一定厚度后，可取出换新的阴极片，电金用水冲洗后铸锭。阳极溶解到残缺不能再用时，应取出更换新阳极，残极返回重铸后复用。阳极袋中的阳极泥，精心加以收集，进一步回收其中的金银及铂族金属。

15.3.3　金电解精炼的工艺操作条件

金电解精炼电解液，一般含 Au 250~350 g/L、HCl 200~300 g/L；在高电流密度作业时，含金宜高些；电解液中含铂不宜超过 50~55 g/L，含钯不宜超过 15 g/L。电解液的温度，一般约为 50℃，如采用高电流密度时，液温可高达 70℃，电解液不必加热，只靠电解时产出的热量即可达到上述温度。

电流密度应尽量大些，一般为 700 A/m²，国外厂也有的高达 1300~1700 A/m²。如采用高电流密度，宜提高阳极品位及电解液中金、盐酸的浓度。电流效率主要指直流电的电流效率，因电金的析出是靠直流电的作用，一般工厂的阴极电流效率可达 95%。

槽电压与阳极品位、电解液成分和温度、极间距、电流密度等有关,一般为 0.3~0.4 V。电能消耗也是指直流电的单耗,即每生产一千克电金所消耗的直流电量。

表 15-3 列出了某些工厂金电解精炼的主要技术经济指标。

表 15-3　某些工厂金电解精炼的主要技术经济指标

项目	厂别		
	1	2	3
阳极含金	90	>88	96~98
电解液 $\rho(Au)/(g \cdot L^{-1})$	250~300	250~350	250~350
$\rho(HCl)/(g \cdot L^{-1})$	250~300	150~200	200~300
电解液温度/℃	30~50	50~70	50~70
阴极电流密度/$(A \cdot m^{-2})$	200~250	500~700	450~500
极间距/mm	80~90	120	90
电流效率/%	95	—	>98
槽电压/V	0.2~0.3	0.1~0.8	0.4~0.6
残极率/%	20	—	15~20
阴极金品位/%	99.96	99.95	99.99

15.3.4　金电解精炼的产品及处理

1. 电金

出槽后的阴极金,称为电金,应先用净水冲洗,去掉表面的电解液,洗液不能弃去。电金送去铸锭。熔铸在坩埚炉中进行,熔化温度为 1300℃。熔化后金液表面宜用火硝覆盖(勿用炭覆盖)。铸模宜预热,熏上一层烟灰,以利脱模。浇注应特别小心,防止金液外溅。铸成的金锭脱模后,要用稀盐酸淬洗,并用洁净纱布蘸上酒精,擦拭金锭表面,使之发亮。

2. 残极

电解一定时间后,阳极溶解到残缺不全,称为残极。残极取出后,要精心洗刷,收集其表面的阳极泥,然后送去与二次黑金粉一起熔铸成新的阳极。

3. 阳极泥

金电解精炼的阳极泥产出率为阳极质量的 20%~25%,其主要成分为金、银,也有少量铂族金属。一般送去与一次黑金粉或二次黑金粉一道熔铸。

4. 电解废液

金电解精炼的电解液,含铂、钯量超过 50~60 g/L 时,宜送去回收铂、钯。但电解液中仍含有金 250~300 g/L,所以回收铂、钯之前,应先将金回收。回收的办法有加锌置换法和加试剂还原法。多数工厂用后一种方法,所用的还原剂为硫酸亚铁或二氧化硫。

15.3.5　金电解精炼的缺点

从银精炼后剩余的不溶阳极中回收金和铂族金属,可用在浓硫酸中煮沸阳极泥以溶解银的工艺来首先把银与金分离,或用氯化法处理阳极泥产生含金溶液,再用化学还原法从溶液中以粗金形式回收金。粗金产品铸成阳极，在氯金酸和盐酸溶液中电解精炼，叫作沃耳韦耳法。尽管这种工艺可产生含金 99.99% 的纯金，但是它有两个主要缺点：

（1）工艺中存金的代价是昂贵的。必须总有用于电解精炼的经常含金超过 100 g/L 的电解液；除溶液外，金阳极和阴极也大大地增加了工艺存金的费用。

（2）金阳极中存在铂族金属溶解并进入溶液，它们的浓度逐渐增加直到开始污染金阴极为止。到那时，为回收铂族金属，必须处理电解液。铂族金属的回收必须等到电解液累积到它们可以回收的浓度。这又产生了工艺中存铂族金属的另一个问题。

15.4　金的萃取精炼

贵金属的溶剂萃取技术，是基于贵金属能与许多有机试剂形成稳定的萃合物而将金属萃取进入有机相。在工业应用中，萃取技术的关键是选择能与欲分离的金属离子或配离子形成萃合物的有机试剂作为萃取剂，且萃取剂在有机相中要有较大的溶解度。

金萃取精炼的料液目前主要为氯化物溶液，能从氯化物溶液中有效萃取金的萃取剂较多，如磷酸三丁酯、二丁基卡必醇、甲基异丁基酮、醇类、亚砜、硫醚、醚类等。根据其着重点的不同，有分离和精炼之分，在工业上已获得应用的有二丁基卡必醇、二异辛基硫醚、甲基异丁基酮、仲辛醇等。

我国长沙矿冶研究院首创用烧碱代替金属钠工业合成二丁基卡必醇，降低了萃取成本，1983 年 10 月二丁基卡必醇从金川贵金属原液中萃取金的新工艺投入生产，其工艺流程如图 15-4 所示。

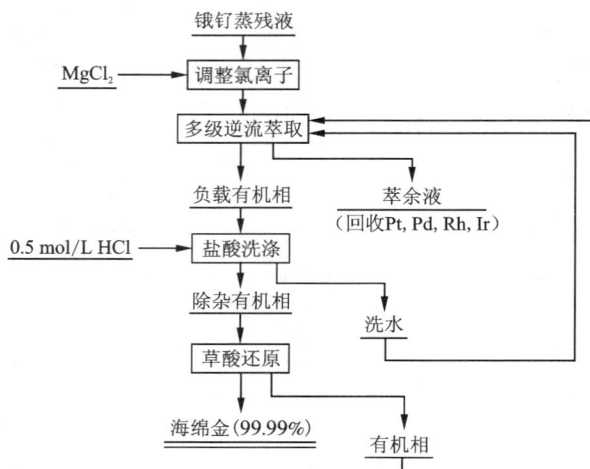

图 15-4　金川铂族金属生产中萃取金的流程

料液组成（g/L）：Au 0.78~33.9；Pt 3.5~15.8；Pd 1.7~9.4；Rh 0.25~2.5；Ir 0.14~0.75；Cu 1.0~32.4；Ni 1.4~15.3；H^+（mol/L）1.2~5.64。

1993 年 6~8 月，实际投入料液金浓度为 0.94~2.0 g/L，萃余液金浓度为 0.0025~0.0058 g/L，萃取率为 99.49%~99.74%。

操作条件：

萃取：相比 1∶1，级数 1，温度为室温，混合澄清时间各 5 min，料液酸度 2.5 mol/L HCl。

洗涤：洗涤剂 0.5 mol/L HCl，相比 1∶1，级数 3，温度为室温，混合澄清时间各 5 min。萃取洗涤均在箱式萃取器中进行。

还原：还原剂 5% 草酸溶液，用量为理论量的 1.5~2 倍，温度 70~85℃，搅拌 2~3 h。

结果：金萃取率大于 99%，金回收率 98.7%，金产品纯度 99.99%。

国际镍公司阿克统生产流程与设备如图 15-5、15-6 所示。料液组成为（g/L）：Au 4~6，Pt、Pd 各 25，Os、Ir、Ru 微量，Cu、Ni、Pb、As、Sb、Bi、Fe、Te 等总量不超过 20%，盐酸浓度 3 mol/L，Cl⁻ 总浓度 6 mol/L，相比 1∶1。萃取混合器容积 200 L，QVF 玻璃制成，配有 QVF 玻璃高速涡轮搅拌器。萃取澄清后，从底部排出水相，有机相留于萃取器内，再进行新液萃取。一般在有机相含金达 25 g/L 时即为终点。载金有机相用 1.5 mol/L 盐酸洗涤三次除杂后，送还原器还原。

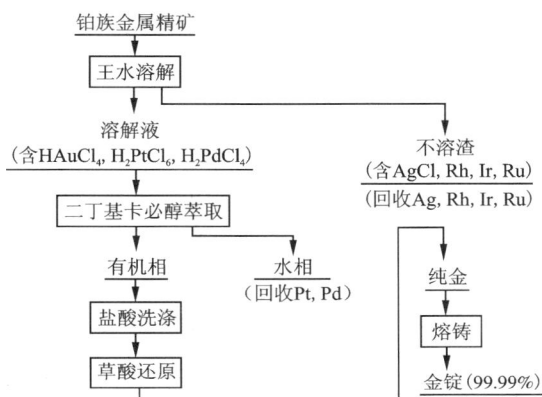

图 15-5　阿克统精炼厂萃金流程

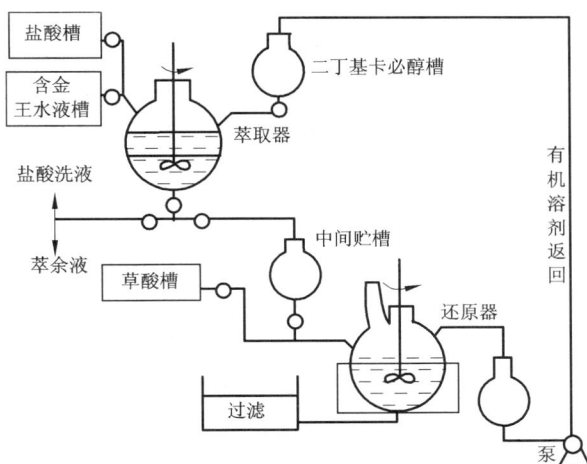

图 15-6　二丁基卡必醇萃取金的过程及设备

还原反应器外部以电阻丝加热，并带有搅拌桨与排气装置，还原温度不小于 90℃。反应结束后，经冷却、澄清将有机相虹吸排出返回使用，再过滤分离金粉。产出的金粉先用稀盐酸洗涤除杂，再用甲酸洗涤吸附的有机相，最后熔融、水淬成金粒，其品位达 99.99%。

实践证明，上述流程较过去采用的硫酸亚铁还原-电解流程周期短、成本低。但有机相在萃取过程损失率高达 4%，在生产成本上占有很大比重。

第 16 章　银的精炼

16.1　银的化学法精炼

16.1.1　水合肼还原法

在金银湿法冶金中，常会碰到纯度不同的 AgCl 中间产品。如水溶液氯化法处理铜阳极泥或氰化金泥后的氯化渣，氧化钠沉淀法或盐酸酸化法处理各类硝酸银溶液的沉淀渣以及用次氯酸钠自废氰化银电镀液中得到的沉淀，其中银均呈 AgCl 沉出。采用水合肼还原法既可用于银的提取，也可进行银的精炼。

1. 氨浸–水合肼还原

根据氯化银极易溶于氨水而生成银氨配合物的原理，将氯化银沉淀物用氨水浸出，其条件是：工业氨水（含 NH_3 一般 12.5% 左右），常温，液固比氯化银渣含银品位，控制浸出液含 Ag 不大于 40 g/L，机械搅拌，浸出 2 h，浸出率可达 99% 以上。因氨易挥发，浸出需在密闭设备中进行。

氨浸液用水合肼（$N_2H_4 \cdot H_2O$）还原即可得到海绵银。其反应为：

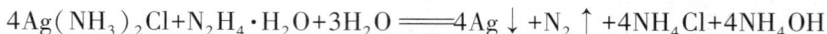

$$4Ag(NH_3)_2Cl+N_2H_4 \cdot H_2O+3H_2O =\!=\!= 4Ag \downarrow +N_2 \uparrow +4NH_4Cl+4NH_4OH$$

水合肼还原条件：温度为 50℃，水合肼用量为理论量的 2~3 倍，人工或机械搅拌下缓缓加入水合肼，30 min 左右即可，还原率可达 99% 以上。

2. 氨–肼还原

氨–肼还原法是将氨浸–水合肼还原两个过程同时进行，简化了工艺流程。其反应式可写为：

$$4AgCl+N_2H_4 \cdot H_2O+4NH_4OH =\!=\!= 4Ag \downarrow +N_2 \uparrow +4NH_4Cl+5H_2O$$

把氨浸–水合肼还原反应与该反应式对比可见，两种方法效果相同，而氨–肼还原法却整整降低一半氨消耗，但只适用于纯氯化银的处理。

我国某厂对含 Cu、Ni、Pb 较高的硝酸银废电解液，采用氨–肼还原法提取海绵银，其工艺流程如图 16-1 所示。

将硝酸电解液加热至 50℃，加入饱和 NaCl 溶液，得到 AgCl 沉淀，用热水洗至无色。再将水合肼、氨水、水按 1:3:8 的比例混匀，加热至 50~60℃，缓缓加入调成浆状的 AgCl，加料完毕后待反应缓慢升温煮沸 30 min，然后过滤、洗涤、烘干、铸锭。

该法处理硝酸银废电解液，银直收率 97%，总收率 99%，产品海绵银品位大于 99.9%，沉银母液与还原后液含银小于 0.001 g/L，沉每千克银水合肼耗量为 0.3~0.4 kg，氨水 1.2~1.6 kg。

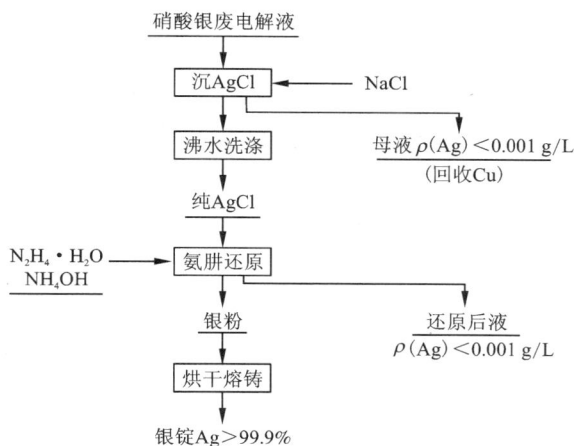

图 16-1　从硝酸银废电解液中精制银流程

16.1.2　蚁酸还原法

从废银中提取纯银可用蚁酸还原法。此法是向干燥的废银中加入王水，以溶解铅、汞及其他杂质，用玻璃纤维过滤后产出氯化银渣，并洗净除去可溶性物质。然后，用少量的相对密度为 0.92 的浓氨水溶解氯化银，过滤除去不溶物，仔细向滤液中加入 6 mol/L 盐酸，在充分搅拌下洗净 AgCl，如此反复数次。过滤，再次于盐酸液中用锌棒还原金属银。将上面还原出来的金属银，用 7.5 mol/L 硝酸溶解，生成硝酸银。又将经稍过量氨水中和过的 85% 的蚁酸，滴加于热硝酸银中，发生还原反应，获得纯银：

$$2AgNO_3 + 2HCOONH_4 = 2Ag\downarrow + 2NH_4NO_3 + HCOOH + CO_2\uparrow$$

还原过程中蚁酸的用量，一般为理论量的 1.2 倍。得到的粒状银沉淀，用热水洗涤后，进行抽气干燥即得纯银产品。

16.2　银的电解精炼

用于银电解的原料，有处理铜、铅阳极泥所得到的金银合金(含银 90% 以上)，氰化金泥经火法熔炼得到的合质金，配入适量银粉铸成的金银合金(含银 70%～75%)，其他含银废料经处理后得到的粗银。

16.2.1　银电解的基本原理

电解精炼银是为了制取纯度较高的银。电解时用阳极泥熔炼所得的金银合金或银合金作阳极，以银片、不锈钢片或钛片作阴极，以硝酸、硝酸银的水溶液作电解液，在电解槽中通以直流电，进行电解。

银电解精炼的电解过程，可视为下列电化学系统中所发生的过程：

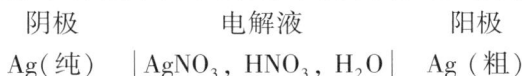

阴极　　　　　电解液　　　　　阳极

Ag(纯)　｜AgNO_3, HNO_3, H_2O｜　Ag (粗)

在直流电作用下,阳极发生银的电化学溶解:

$$Ag-e === Ag^+$$

在阴极,银离子获得电子,析出金属银:

$$Ag^+ + e === Ag$$

此外,阳极板中的其他金属杂质,如铜等贱金属,同时也被溶解进入溶液。银、铜金属在阳极上除了电化学溶解外,当硝酸浓度较高时,还有银、铜的化学溶解:

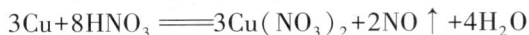

$$3Ag+4HNO_3 === 3AgNO_3 + NO\uparrow + 2H_2O$$

$$3Cu+8HNO_3 === 3Cu(NO_3)_2 + 2NO\uparrow + 4H_2O$$

阴极上除发生析出银的反应外,也可能发生消耗电能和硝酸的下列有害反应:

$$2H^+ + 2e === H_2\uparrow$$

$$NO_3^- + 2H^+ + e === NO_2\uparrow + H_2O$$

$$NO_3^- + 3H^+ + 2e === HNO_2 + H_2O$$

$$NO_3^- + 4H^+ + 3e === NO\uparrow + 2H_2O$$

由于这些副反应的发生,常需要往电解液中补加硝酸。

银电解过程中,阳极上各金属元素的行为,与它们的电极电势和在电解液中的浓度有关。表16-1列出了与银电解有关的一些金属的标准电极电势。

表 16-1   25℃时金属的标准电极电势

元素	电极反应	电势/V	元素	电极反应	电势/V
锌	Zn^{2+}/Zn	−0.76	砷	$HAsO_2/As$	+0.25
铁	Fe^{2+}/Fe	−0.44	铜	Cu^{2+}/Cu	+0.34
镍	Ni^{2+}/Ni	−0.25	铜	Cu^{2+}/Cu	+0.52
锡	Sn^{2+}/Sn	−0.14	银	Ag^+/Ag	+0.80
铅	Pb^{2+}/Pb	−0.126	钯	Pd^{2+}/Pd	+0.82
氢	H^+/H_2	0	铂	Pt^{2+}/Pt	+1.20
锑	SbO^+/Sb	+0.21	金	Au^{3+}/Au	+1.50
铋	BiO^+/Bi	+0.32			

银电解过程中,按照各元素的性质和行为的不同,可将它们分为:

(1)电性比银负的锌、铁、镍、锡、铅、砷,其中:锌、铁、镍、砷含量极微,对电解过程影响不大。在电解过程中,它们全部以硝酸盐的形态进入电解液中,并逐渐积累使电解液遭受污染,且消耗硝酸。但是在一般情况下,它们不会影响电解银的质量。锡则呈锡酸进入阳极泥中。铅一部分进入溶液,另一部分被氧化成PbO_2进入阳极泥中,少数PbO_2则黏附于阳极板表面,较难脱落,因而当PbO_2较多时,会影响阳极的溶解。

(2)电性比银正的金和铂族金属。这些金属一般都不溶解而进入阳极泥中。当其含量很高时,会滞留于阳极表面,而阻碍阳极银的溶解,甚至引起阳极的钝化,使银的电极电位升高,影响电解的正常进行。实际上,也有一部分铂、钯进入电解液中。部分钯进入电解液,是由于钯在阳极被氧化为$PdO_2 \cdot nH_2O$,新生成的这种氧化物易溶于HNO_3,铂亦有相似行为,特别是当采用较高的硝酸浓度、过高的电解液温度和大的电流密度时,钯和铂进入溶液的量便会增多。由于钯电位(0.82 V)与银(0.8 V)相近,当钯在溶液中的浓度增大(有人认为15~50 g/L)时,会与银一起于阴极析出。

(3)不会发生电化学反应的化合物。这类化合物通常有 Ag_2Se、Ag_2Te、Cu_2Se、Cu_2Te 等。由于它们的电化学活性很小,电解时不发生变化,随着阳极的溶解而脱落进入阳极泥中。但当阳极中存有金属硒时,在弱酸性电解质中,可与银一道溶解并于阴极析出。但在高酸度(保持在 1.5% 左右)溶液中,阳极中的硒不进入溶液。

(4)电位与银接近的铜、铋、锑。这些金属对电解的危害最大。

铋在电解过程中,一部分生成碱式盐[$Bi(OH)_2NO_3$]进入阳极泥中;另一部分呈硝酸铋进入溶液,在溶液中积累到一定量后,便在阴极上析出,使电解银质量变坏。当在低酸条件下电解时,溶液中的硝酸铋会水解生成碱式盐沉淀,而影响电解银粉的质量。

铜在阳极中的含量通常是最多的,常达 2% 或更多。电解过程中,铜呈硝酸铜进入溶液,使电解液颜色变蓝。由于铜的电位比银低一半以上,在硝酸溶液中铜能在阴极析出,且浓度高,但在正常电解情况下,铜于阴极析出的可能性不大。当出现浓差极化,或因电解液搅拌循环不良,银离子剧烈下沉,造成电解液中银、铜含量之比为 2:1 时,铜会在阴极的上部析出,影响电银的质量。铜还会破坏银从阳极上溶解、在阴极上析出和在电解液中的平衡。这种关系如图 16-2 所示。当阳极含铜 5% 时,阴极析出的银有 84% 来自阳极溶解,其余来自电解液中的银

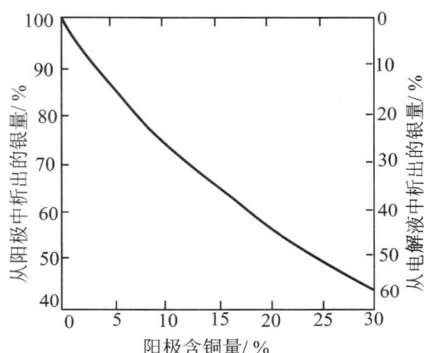

图 16-2　阳极铜对电解液含铜的影响

离子,从而引起电解液中银离子浓度的降低。铜在阳极上发生电化学溶解,以 Cu^{2+} 形态进入电解液中,并可能有如下反应:

$$Cu^{2+} + e === Cu^+$$

一价铜离子的出现,不仅消耗电能,还可能产出铜粉:

$$2Cu^+ === Cu^{2+} + Cu$$

铜粉既可污染阳极泥,又降低电银质量。特别是当电解含铜高的阳极时,由于阴极只析出银,而阳极每溶解 1 g 铜,阴极便相应析出 3.4 g 的银,这就很容易造成电解液中银离子浓度的急剧下降,这时阴极就有析出铜的危险。故电解含铜高的阳极时,应经常抽出部分含铜高的电解液,而补入部分浓度高的硝酸银溶液。但应指出,在银电解的电解液中保持一定浓度的铜也是有利的,因为铜能增大电解液密度,降低银离子的沉降速度。

16.2.2　硝酸银电解液的组成及制备

银电解精炼的电解液,由 $AgNO_3$、HNO_3 的水溶液组成。电解液含 Ag 30~150 g/L,含 HNO_3 2~15 g/L,含 Cu 40 g/L。

游离硝酸的作用,在于改善电解液的导电性,但含量不能过高,因为过高会促使阴极析出银的化学溶解,放出 NO_2,并使[H^+]增高而放电。为了防止上述现象发生,又使电解液导电性良好,需往电解液中加入适量的 KNO_3、$NaNO_3$。

电解液中银离子浓度的高低，视电流密度及阳极品位而定。电流密度大，银离子浓度宜高些，以保证阴极区应有的银离子浓度；阳极品位低，即杂质多，银离子浓度宜高些，以抑制杂质离子在阴极析出。

配制硝酸银电解液，一般是使用含银99.86%～99.88%的电解银粉。将银粉置于耐酸瓷缸（或搪瓷釜）中，先加适量水润湿后，再分次加入硝酸和水，在自然条件下使其溶解而制得。某厂生产中，每批造液使用银粉40 kg，配入工业纯硝酸40～45 kg，水25～30 kg。由于硝酸的强烈氧化，而会放出大量的氧化氮和热，为避免氧化过分强烈而造成溶液的外溢，硝酸采用小流量连续加入或间断小批量加入的办法。当可能出现外溢时，便加入适量自来水冷却。待加完硝酸和水，反应逐渐缓慢后，用不锈钢插入缸内，直接通蒸汽加热并搅拌以加速溶解。银粉完全溶解后，继续通入蒸汽以赶除过量的硝酸。一次造液过程需4～4.5 h。最后加水补充至60 L，溶液含银600～700 g/L，硝酸少于50 g/L。再加水稀释至所需浓度供作电解液用，或直接按浓度计算量补充到电解过程中。

造液作业通常在硬塑料制成的通风柜中进行，产出的大量氧化氮气体，经洗涤吸收后通过塑料烟囱排出。

国内外的一些工厂，也有用含银较低的银粉或者粗银合金板及各种不纯原料造液的。

16.2.3　银电解精炼的工艺条件、设备及操作

银的电解广泛使用直立式电极电解槽。国外有一些工厂为避免处理直立式电解的残极，而用卧式电解。卧式电解是间断操作最简单的槽子。其主要特点如下：①无运动部分；②电极是平放的；③采用石墨阴极。卧式电解槽虽有将阳极溶液净化的优点，但也存在许多缺点，现多已不采用。

银的电解条件、设备及操作，各工厂大同小异，但也有的差别较大。某厂采用如下的电解工艺：电流密度250～300 A/m²，槽电压1.5～3.5 V，液温自热35～50℃。电解液含：Ag 80～100 g/L；HNO₃ 2～5 g/L；Cu 少于50 g/L。电解液循环速度0.8～11 L/min，搅拌棒搅拌往复速度20～22次/min。阴极为0.7 m×0.35 m、厚3 mm的纯银板。阳极金银质量分数之和在97%以上，其中金不多于33%。阳极周期34～38 h，同极距135～140 mm，电解银粉含银 99.86%～99.88%。

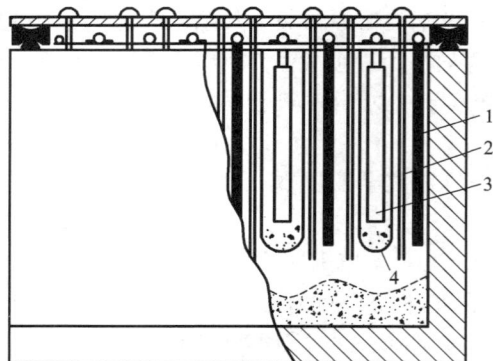

1—阴极；2—搅拌棒；3—阳极；4—隔膜袋。

图16-3　直立式银电解槽

采用的直立式电解槽如图16-3所示。

电解槽的结构一般用钢筋混凝土或木槽，内衬塑料。槽的规格为770 mm×960 mm×750 mm，每槽有阴极片6片（370 mm×700 mm）。集液槽和高位槽为钢板槽，内衬塑料。电解液循环形式为下进上出。使用小型立式不锈钢泵抽送液体。

电解槽串联组合。阳极上钻孔用银钩悬挂装于两层布袋中，阴极纯银板用吊耳挂于紫铜棒或银棒上。电解时，阴极电银生长迅速，除被搅拌棒搅拌碰断外，8 h内还需用塑料刮刀将

阴极上的电解银刮落 2~3 次，以防短路。当电解 20 h 后，由于阳极不断溶解而缩小，且两极间距离逐渐增大，阳极电流密度也逐渐升高，引起槽电压上升。当槽电压逐渐增高到 3.5 V 时，说明阳极基本溶解完毕，此时应予出槽。取出电解银粉置于滤槽中用热水洗至溶液无绿色，烘干送铸锭。隔膜袋内的残极(残极率为 4%~6%)和阳极泥(常称一次黑金粉)洗净烘干后熔铸成二次板再进行银电解，得到二次电解阳极泥(常称二次黑金粉)。二次黑金粉洗净烘干后，熔铸成粗金阳极板送金电解工段提金。该厂银电解工艺流程如图 16-4 所示。

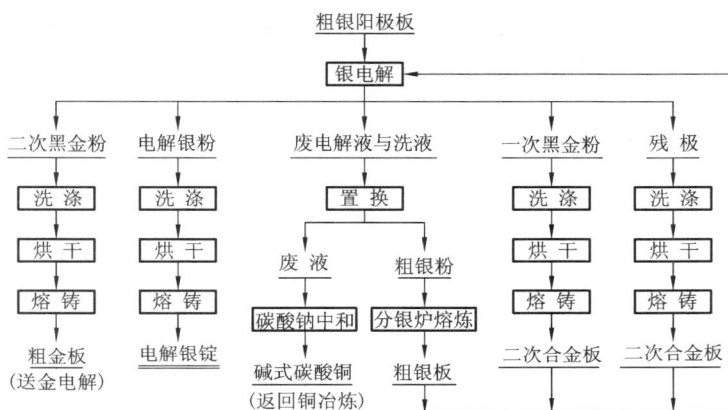

图 16-4　银电解工艺流程

某厂为了克服手工出电解银粉的困难，将串联的一列电解槽下部连通，于槽底安装涤纶布无级输送带，随着输送带的转动，不断将降落在带上的电解银粉运送到槽外的不锈钢料斗中。

16.2.4　电解废液和洗液的处理

银电解液使用一段时间，杂质积累到一定程度后，需进行处理，处理电解废液和洗液的方法很多，现将几种在实际中获得应用的电解废液处理方法介绍如下。

1. 硫酸净化法

对被铅、铋、锑污染的电解液可采用硫酸净化法处理。根据含铅量，往银电解液中加入生成硫酸铅所需的硫酸(不要过量)。经过搅拌静置，铅生成硫酸铅沉淀，再调节溶液的 pH，铋水解生成碱式盐沉淀，锑亦水解生成沉淀。将沉淀过滤，滤液便可返回银电解。

2. 铜置换法

将银电解液和车间各种洗液置于槽中，挂入铜片(或铜残极)，用蒸汽直接加热至 80℃ 左右进行置换，银即被还原，置换作业一直进行到用氯离子检验不产生氯化银为止。产出含银在 80% 以上的粗银粉，再熔炼成阳极板进行电解精炼。置换后的废液放入中和槽，热态下加入碳酸钠，搅拌中和至 pH 7~8，产出碱式碳酸铜送铜冶炼。

3. 加热分解法

此法是依据铜、银的硝酸盐分解温度的差异而制定的。硝酸铜在 170℃ 时开始分解，200℃ 时剧烈分解，250℃ 分解完全；而硝酸银在 440℃ 时才开始分解。利用这两种盐热分解温度的差异，将废电解液和洗液置于不锈钢罐中，加热浓缩结晶至糊状并冒气泡后，在 220~250℃ 恒温，使硝酸铜分解成氧化铜（电解液含有钯时，它也会分解）。当渣完全变黑和不再放出 NO_2 的黄烟时，分解过程即结束。产出的渣，加适量水于 100℃ 下浸出，使硝酸银结晶溶解。浸出进行两次，第一次得到含银 300~400 g/L 的浸出液，第二次得到含银 150 g/L 左右的浸出液，均返回作电解液用。浸出渣约含 60% 铜、1%~10% 银、0.2% 钯，进一步分离银钯。

4. 沉淀法

向废电解液和洗水中加入氯化钠，使银呈氯化银沉淀。经加热后，氯化银凝聚成粗粒或块状，便于过滤回收。残液中的铜加铁屑置换，但铜的回收率通常不高。

16.2.5　银电解操作及主要技术经济指标

阳极板在入槽前打平，去掉飞边毛刺，钻孔挂钩，套上布袋，然后放入槽内。阴极也要平整，表面光滑。装完电极后，注入电解液，接通电路进行电解，定期开动搅拌设备。待电解析出一定数量电解银粉后，开动皮带将银粉运出槽外。

电解银粉用无 Cl^- 水洗涤、烘干后，送去熔化铸锭。阳极溶解至残缺不全后，取出更换新板，阳极袋中的阳极泥，定期取出，精心收集，洗涤、干燥后，再作处理。

我国及日本一些厂家银电解精炼的技术条件及经济指标如表 16-2 和表 16-3 所示。

表 16-2　银电解精炼的主要技术条件

技术条件		单位	厂　别				
			1	2	3	4	5
阳　极 成　分	Au+Ag	%	≥97	≥97	≥96	≥96	≥98
	Cu		<2	<2	—	2.5~3.5	<0.5
电解液 成　分	Ag^+		80~100	100~150	60~80	60~80	120~200
	HNO_3	g/L	2~5	2~8	3~5	3~5	3~6
	Cu^{2+}		<50	<60	<40	<50	<60
电解液温度		℃	35~50	35~50	38~45	35~45	常温
阴极电流密度		A/m²	250~300	270~450	200~290	260~300	300~320
电解液循环量		L/(min·槽)	0.8~1.0	不定期	1~2	0.5~0.7	—
同极距		mm	160	150	100~125	100~110	120
电解周期		h	36	48	72	72	48

表 16-3　日本某些工厂的银电解技术经济指标

技术经济指标	单位	工　厂					
		小板	日立	日光	竹原	新居浜	佐贺关
银阳极板总重	kg	10211	6576	7115	14996	7939	8688
单块阳极板重	kg	13.4	9.0	46.0	44.0	20.6	22.5
电解银产量	kg	8848	6110	5642	13803	6713	8283

技术经济指标		单位	工　厂					
			小板	日立	日光	竹原	新居浜	佐贺关
每吨电银消耗	硝酸	kg	279	75	105	153	500	170
	人工	人	11	8	7	6	16	13
	电	kW·h	513	435	505	340	790	865
残极率		%	6.5	7.1	12.5	—	5.6	7.0
电解条件	电解液组分 Ag		35	50	78.3	100	80.0	55
	HNO₃	g/L	15.0	6.55	8.9	10	2.5	6.0
	Cu		4.6	9.7	16.4	—	2.5	10.0
	Pb		2.6	0.04	—	—	1.8	0.3
	Bi		0.01	—	—	—	0.2	—
	液温 最高	℃	46	48	55	45	45	50
	平均	℃	34	24	40	41	25	40
	电流强度	A	530	264	700	530	310	390
	槽电压	V	1.9	3.0	1.8	3.4	2.2	4.0
	电流密度 母线	A/mm²	2.32	2.03	1.15	0.08	0.75	1.30
	阳极	A/m²	341	489	259	303	397	198
	阴极	A/m²	273	371	251	253	392	444
	同极距	mm	120	75	100	140	75	90
	电流效率	%	94.9	95.75	87.01	95.0	92.0	96.10

银电解精炼的电流密度应尽量大些,以提高产量,减少贵金属的积压。但电流密度过大,也会降低析出银的质量。当阳极质量较大时,可采用较大的电流密度。

同极距一般应大一些,以防止短路;但同极距过大,会使槽压升高,增加电能消耗。

我国某厂的电流效率为 96%,槽电压为 1.5~2.5 V,直流电耗为 510 kW·h/t-Ag。

电解精炼产出的电解银粉,含银量在 99.9% 以上,出槽后用热水洗涤干净、烘干,送去熔铸。

电流效率是指通过一定电流,实际析出金属量与理论析出金属量之比。计算电流效率的公式为:

$$\eta = \frac{G}{qIt} \times 100\%$$

式中:η——阴极电流效率,%;

G——实际析出的金属量,g;

q——电化当量,g/(A·h);

I——电流强度,A;

t——通电时间,h。

一些金属的电化当量,如表 16-4 所示。

表 16-4 一些金属的电化当量

元素	Au	Au	Ag	Cu
原子价	1	3	1	2
电化当量	7.361	2.454	4.025	1.186

生产中力求提高电流效率。因此,要保证电路畅通,无漏电、短路、断路,减少析出银的返溶,防止半价银离子的产生,尽量减少阳极、电解液中的杂质含量,都有助于提高电流效率。

槽电压是指同一个电解槽中,相邻的阴极和阳极间的电压降。槽电压与极间距、电解液的导电率、阳极的成分等因素有关。缩短极间距,改善电解液的导电率,适当降低阳极的含金量,均有助于槽电压的降低。

电能消耗是一个很重要的技术经济指标,是指生产一吨金属的电能消耗,可用下式计算:

$$W = \frac{U \times 10^3}{q\eta}$$

式中: W——电能消耗,kW·h/t;

  U——槽电压,V;

  q——电化当量,g/(A·h);

  η——阴极电流效率,%。

由该式可知,电能消耗与槽电压成正比,与电流效率成反比。

我国某厂的电流效率为96%,槽电压为 1.5~2.5 V,吨银直流电耗为 510 kW·h。

电解精炼产出的电银,含银在 99.9% 以上,出槽后用热水洗涤干净、烘干,送去熔铸。熔铸所用的炉子为烧煤气或重油的坩埚炉。大企业多采用中频感应电炉。坩埚为石墨坩埚。

16.2.6 银电解阳极泥的处理

银电解精炼产出的阳极泥,占阳极质量的 8% 左右,一般含金 50%~70%,含银 30%~40%,还有少量杂质。

此种阳极泥含银过高,不能直接熔铸成阳极进行电解提金,应进一步除去过多的银,提高金的品位。方法有两种,一种是用硝酸分离;另一种是进行第二次电解提银。

硝酸分离法是把阳极泥加入硝酸中,银溶解而金不被溶解。液固分离后,液体送去回收银,固体含金品位提高,可达 90% 以上,则送去熔铸成电解提金的阳极板。此法虽比较简单,但耗酸多,银的回收麻烦,一般已不使用。

第二次电解提银,是把第一次电解的阳极泥熔铸成阳极板,再进行一次电解提银,电银仍是合格的,而阳极泥的含金量却大大提高了,约为 90%。二次电解提银不必另设一套设备,可在一次电解的电解槽中,放进一部分由一次电解的阳极泥铸成的阳极板即可,非常简便易行。为了防止这种阳极板中含金过高而影响阳极溶解,熔铸时可掺进一部分银粉以降低含金百分数。工厂中为了区别,把第一次电解提银产出的阳极泥,称为一次阳极泥;第二次产出的,称为二次阳极泥。阳极泥色黑,含金多,故又称黑金粉,第一次电解产出的阳极泥称一次黑金粉,第二次产出的,称二次黑金粉。

二次黑金粉产出率一般为二次阳极重的 35%，含金在 90% 以上，含银为 6%~8%，其余为铜等杂质。将二次黑金粉熔铸成阳极板，送去进行金的电解精炼。

16.2.7　银电解精炼的不足

银电解精炼虽然能得到高质量的银（99.95%Ag），但是存在如下缺点：

（1）电解液净化。电解精炼的电解液需要经常净化，这包括电解液中银以氯化银或元素银形式的沉淀和有关的硝酸铜或硝酸的处理。

（2）工艺中存银。银电解精炼作业要求保持元素银以粗银锭形式和纯银阴极形式存在工艺中。

（3）银中存金。通常比存银更昂贵的是有关存金问题，因为常规的金锭精炼方法仅在精炼银以后才回收金，直到回收银以前，金也存在其中。通常在银精炼工艺中存金的价值超过存银的价值。

16.3　银的萃取精炼

银只在硝酸溶液中溶解度较大，而硝酸为强氧化剂，因此要求萃取剂的抗氧化性要好。一般萃取剂在强氧化剂的作用下容易老化或破坏，萃银的有效试剂不多。

银为亲硫元素，可以用含硫萃取剂进行精炼。较有效的萃取剂有二异辛基硫醚、石油硫醚等，其中二异辛基硫醚的抗氧化性能好，可以从硝酸介质中萃取银。我国已将二异辛基硫醚萃取银用于小规模工业生产，其工艺流程如图 16-5 所示。

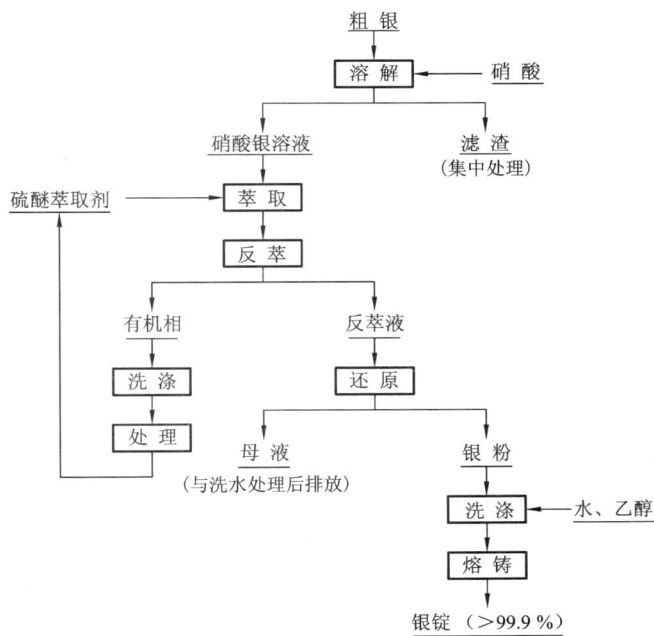

图 16-5　二异辛基硫醚萃取银的流程

　　萃取：以二异辛基硫醚为萃取剂，磺化煤油为稀释剂，萃取剂浓度应大于 30%，一般以 40%~60% 为宜。料液酸度在较宽的范围内都可以得到很好的萃取效果，一般以 0.2~0.5 mol/L HNO_3 为宜。水相一般以含银 60~150 g/L 为宜，温度为室温。

　　采用离心萃取器进行 5 级萃取，有机相：水相=（1~2）:1，有机相萃取容量为 70 g/L，萃取率可达 99.99% 以上。

　　反萃：反萃剂为 1~2 mol/L 的氨水，相比为 1:1，三级反萃，两级洗涤，反萃率可达 99.75%。反萃与洗涤均在混合澄清槽中进行。

　　还原：银经萃取、反萃已经得到提纯，再经水合肼还原即可得到纯银粉。还原温度为 50~60℃，经过滤、洗涤、烘干、铸锭，银的纯度大于 99.9%，萃取精炼银的直收率大于 9%，总回收率大于 99.9%。

第 17 章　铂族金属的精炼

当铂族金属离子呈高价态时，与氯化铵反应，都生成难溶的氯铂酸铵沉淀，当铂族金属离子呈低价态时，则生成可溶性的氯亚铂酸铵盐，利用这一特性，可使铂族金属与普通金属分离，亦可使四价铂与其他低价贵金属杂质分离。

17.1　铂的精炼

铂的精炼方法主要有氯铂酸铵反复沉淀法、氧化水解法、载体水解法、载体水解-离子交换法等。

这些方法主要利用铂化合物的两个特殊性质：①酸性氯化铵介质中生成难溶的氯铂酸铵 $[(NH_4)_2PtCl_6]$ 沉淀，与不产生沉淀的贱金属及其他铂族金属的低价可溶性氯配离子分离；②碱性介质中生成可溶性的六羟基铂酸钠 $[Na_2Pt(OH)_6]$，与其他贵、贱金属的水解沉淀分离。

17.1.1　氯铂酸铵反复沉淀法

这是最古老的经典方法，具有操作简单、效果好等优点。其作业工艺主要有溶解造液、氧化、沉淀、还原等。

1. 溶解造液

若精炼的原料为粗铂时，可用王水或 HCl/Cl_2 溶解造液。如用王水造液，溶解完后需加入浓盐酸反复蒸发赶硝 3 次，最后用 1% 左右的盐酸稀释，并控制铂浓度在 100 g/L 左右。

若精炼原料为粗氯铂酸铵时，可用王水直接煮沸重溶：

$$(NH_4)_2PtCl_6+4HNO_3+6HCl \Longrightarrow H_2PtCl_6+4NO\uparrow+N_2\uparrow+3Cl_2\uparrow+8H_2O$$

采用王水溶解还得赶硝，且在下一步还需加入 NH_4Cl，再次使氯铂酸氨沉淀。为了省去浓缩赶硝过程，也可用还原溶解法，即用适当的还原条件，使 $(NH_4)_2PtCl_6$ 还原为可溶性的 $(NH_4)_2PtCl_4$，使用的还原剂有 SO_2、草酸或水合肼。

$$(NH_4)_2PtCl_6+2H_2O+SO_2 \Longrightarrow (NH_4)_2PtCl_4+H_2SO_4+2HCl$$
$$(NH_4)_2PtCl_6+H_2C_2O_4 \Longrightarrow (NH_4)_2PtCl_4+2CO_2\uparrow+2HCl$$
$$(NH_4)_2PtCl_6+2N_2H_4 \Longrightarrow (NH_4)_2PtCl_4+2NH_4Cl+N_2\uparrow$$

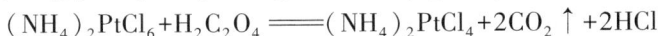

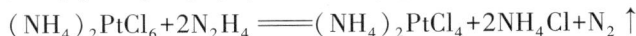

溶解完毕，铂以氯亚铂酸铵的状态溶解于溶液，过滤除去非铂的铵盐不溶物，滤液为暗红色。

2. 氧化

制得的含铂氯化液，在氯化氨存在的条件下，通入 Cl_2 或加入 H_2O_2 到溶液中，低价铂被氧化成高价，并生成黄色的氯铂酸氨沉淀，反应如下：

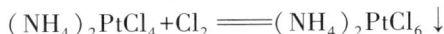

$$(NH_4)_2PtCl_4+Cl_2 \Longrightarrow (NH_4)_2PtCl_6\downarrow$$

$$(NH_4)_2PtCl_4 + H_2O_2 + 2HCl === (NH_4)_2PtCl_6 \downarrow + 2H_2O$$
$$H_2PtCl_4 + 2NH_4Cl + Cl_2 === (NH_4)_2PtCl_6 \downarrow + 2HCl$$

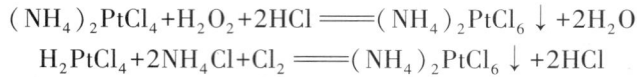

不易氧化的钯等贵金属和残余的贱金属仍留在溶液中，使铂得到进一步提纯。

3. 反复沉淀

把得到的氯铂酸氨反复溶解–沉淀(一般需经 3 次左右)，即可获得纯净的 $(NH_4)_2PtCl_6$。

4. 煅烧

将上述过程中获得的黄色的氯铂酸氨沉淀抽干后放入洁净的专用瓷坩埚，加盖后置于马弗炉内缓慢升温，先除去水分，在 350℃恒温 2~3 h，此时铵盐开始分解：

$$3(NH_4)_2PtCl_6 === 3Pt + 16HCl \uparrow + 2NH_4Cl \uparrow + 2N_2 \uparrow$$

当白烟减少后，升温至 450℃恒温 2 h 后，再升温至 750~800℃恒温 1~3 h，生成浅灰色的海绵铂。

煅烧温度不宜过高，否则容易引起海绵铂烧结成块。煅烧时升温也不能太快，因为分解反应产生大量的气体，易造成喷溅损失，严重时可引起容器炸裂。

17.1.2 载体水解法

存在于水溶液的各种铂族金属的氯配离子，当 pH 升高时，均会水解生成氢氧化物沉淀。且高价的氯配离子总是比低价的氯配离子更容易水解沉淀，其中，$Pt(OH)_4$ 为两性氢氧化物，可进一步与 OH^- 反应生成可溶性的 $Pt(OH)_6^{2-}$ 配离子，在 pH 8~9 时，$Pt(OH)_4$ 可完全溶解。其他铂族金属的氯配离子，随着 pH 的升高，也陆续生成氢氧化物沉淀，也可能形成羟基配离子溶解，但所需的 pH 较高，所以可利用这一性质使铂与其他铂族金属分离。

铂的氯化液中杂质含量不高时，杂质离子的水解沉淀量很少，很难彻底分离，因此需要加一定量的铁($FeCl_3$)作为载体，增加水解沉淀的量，并携带溶液中的贵贱金属杂质一起水解沉淀，提高杂质的分离效果。但增加水解沉淀量必然增加沉淀对铂溶液的吸附和夹带损失，因此，此法只适合允许直收率较低的高纯铂的制备。

水解作业时，在溶液中加入铂量 0.6 倍的氯化钠，煮沸、浓缩至浆状，加水溶解后过滤分离不溶物，溶液中的铂转化为 Na_2PtCl_6，调整铂浓度为 50~80 g/L，按 1 kg 铂加 100 mL 过氧化氢氧化、煮沸，使贵贱金属杂质都氧化成高价态，搅拌下用 10%的氢氧化钠溶液中和到 pH 7.5~8，生成的氢氧化铁沉淀聚集并强化其他杂质元素的水解沉淀。迅速冷却后过滤，沉淀用 2%的 NaCl 溶液洗涤，橘红色的含铂滤液和洗水合并，加入盐酸酸化到 pH 1~1.5，再加氯化铵沉淀出氯铂酸铵。氯化铵的纯度直接影响铂产品的纯度，若无高纯的氯化铵试剂，则水解纯化的铂溶液用 HCl 酸化至 pH 1，直接通入氨气沉淀出氯铂酸铵：

$$Na_2PtCl_6 + 2HCl + 2NH_3 === (NH_4)_2PtCl_6 \downarrow + 2NaCl$$

氯铂酸铵经煅烧后可得高纯海绵铂。

17.1.3 电解精炼法

以粗铂作阳极，纯铂作阴极，以含游离盐酸的氯铂酸作电解液，电解液成分为：HCl，200~300 g/L；H_2PtCl_6，50~100 g/L。电解温度为 60℃，通入重叠有交流电的直流电，电流密度为 2~3 A/dm^2，槽电压 1~1.5 V，则阴极上析出金属铂，其纯度可达 99.98%。

电解精炼铂工艺过程复杂、操作麻烦，除金效果差，大规模生产受到限制。

17.2　钯的精炼

钯的精炼通常有二氯二氨配亚钯沉淀法、氯钯酸铵反复沉淀法等。与氯铂酸铵反复沉淀法相似,氯钯酸铵反复沉淀法是从钯中除去普通金属杂质的有效方法,但铂族金属杂质较难除净。二氯二钯配亚钯沉淀法能有效地除去各类贵金属杂质。精炼中要根据原料的成分、杂质的种类和数量、产品要求等选用合适的方法。

17.2.1　氯钯酸铵反复沉淀法

高价铂族金属氯配离子都能与氯化铵作用生成相应的铵盐沉淀,与氯铂酸铵反复沉淀精炼铂的原理相似,氯钯酸铵沉淀法同样可以对钯盐进行精制。

1. 粗钯的造液

钯精炼的原料一般为粗钯、钯合金、含钯的氯配酸溶液、硝酸钯溶液或溶剂萃取分离的钯反萃液。粗钯或钯合金废料在精炼前必须造液溶解。

铂族金属中,钯容易被多种酸造液溶解。凡是铂造液的各种方法,都能有效地溶解钯。各种造液方法都要求金属原料(尤其是废合金)在造液前除去杂物,进行碎化,除去油污,以利于原料钯的溶解。现将钯造液的各种方法介绍如下:

(1)硝酸溶解法

钯很容易溶于硝酸,在浓硝酸作用下,进行如下反应:

$$Pd+4HNO_3 =\!=\!= Pd(NO_3)_2+2NO_2\uparrow+2H_2O$$

在稀硝酸作用下,反应如下:

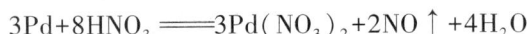

$$3Pd+8HNO_3 =\!=\!= 3Pd(NO_3)_2+2NO\uparrow+4H_2O$$

用硝酸造液时,贵金属杂质多为硝酸不溶物而进入残渣,这有利于贵金属的分离和综合回收。但溶液中的硝酸根及游离硝酸对后续的精炼过程极为有害,须专设赶硝过程。赶硝后的溶液呈透明的红棕色。

(2)王水溶解法

钯在王水中将按下式反应:

$$3Pd+4HNO_3+18HCl =\!=\!= 3H_2PdCl_6+8H_2O+4NO\uparrow$$

生成的氯钯酸在煮沸时自行转化为氯亚钯酸,形成稳定的低价亚钯氯配离子。

钯料中的银与铱,因不被王水溶解而进入残渣,其他贵金属和普通金属均能溶于王水,分别以贵金属氯配离子及普通金属氯化物形态进入溶液。

王水造液后,过滤除去不溶物并回收其中的银、铱等。滤液与洗液合并进行赶硝。

(3)水溶液氯化造液

钯容易被王水、硝酸所氧化,与配合剂结合溶于水中。同理,氯气、次氯酸、氯酸钠、双氧水等,尤其是当有配合剂氯离子存在时,也能有效地氧化钯,使钯以氯配离子形态溶解进入溶液。

(4)电化学造液法

以置于布袋中的粗钯作阳极,以套有阴离子隔膜的纯钯作阴极,在直流电的作用下,阳极粗钯失去电子被溶解,电极电位较正的金属杂质不会溶解而进入阳极泥,溶解下来的金属阳离子不能穿过阴离子隔膜而在电解液中不断积累完成造液。造液时的电解液以硝酸为宜。

2. 除银、赶硝

造液后的含钯溶液，需首先进行除银作业。因为银与钯在精炼的作业过程中，具有相似的行为，若不除尽，银将全部进入产品，影响钯产品的质量。

除银可采用氯化沉淀–氨配合的方法。该方法要求原液适当稀释后，搅拌加入氯化钠饱和溶液，银以氯化银状态沉淀出来，至溶液不再生成白色沉淀时，静置澄清、过滤，滤液中银需除至规定水平以下。

滤饼氯化银经洗涤后，应为白色沉淀，但因洗涤稀释过程中，体系的 pH 增大，部分钠盐水解，沉淀夹裹了部分钯盐，使氯化银由白色变为黄色。为使沉淀中钯与氯化银分离，可将该沉淀浆化并加入氨水，控制 pH 8~9，再加热至沸，此时钯盐被氨水配合溶解而与沉淀分离。

氨水除能配合溶解钯盐外，也能将部分氯化银进行配合，生成银氨配盐：

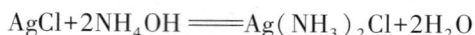

$$AgCl + 2NH_4OH \Longrightarrow Ag(NH_3)_2Cl + 2H_2O$$

所以氨水配合溶解的钯溶液中，也含有大量的银氨配离子，此溶液可加入适量盐酸，严格控制 pH 5~6，则银氨配离子被破坏，银仍以氯化银形式从溶液中分离沉淀出来。沉银后的溶液并入主流程溶液，一道进行钯的精炼。白色氯化银沉淀干燥后送去提银。

3. 氧化、沉淀

控制造液后的含钯溶液中钯质量浓度为 100 g/L 左右，在有氧化剂并缓慢加热的条件下，每升料液加入 200~250 g 固体氯化铵，按下式反应生成红色的氯钯酸铵沉淀：

$$H_2PdCl_4 + Cl_2 + 2NH_4Cl \Longrightarrow (NH_4)_2PdCl_6 \downarrow + 2HCl$$
$$Na_2PdCl_4 + Cl_2 + 2NH_4Cl \Longrightarrow (NH_4)_2PdCl_6 \downarrow + 2NaCl$$

若原料中含有其他铂族金属氯配离子，也会生成铵盐，并与氯钯酸铵共存，溶液颜色则变成赤褐色或黄褐色。

4. 还原溶解再沉淀

四价钯的氯钯酸铵很不稳定，在长时间加热或还原剂存在的条件下，它将分解或还原成氯亚钯酸铵，溶液呈暗红色。

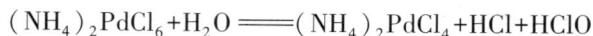

$$(NH_4)_2PdCl_6 + H_2O \Longrightarrow (NH_4)_2PdCl_4 + HCl + HClO$$

5. 煅烧与氢还原

将所得沉淀烘干后进行高温煅烧，使其分解氧化生成氧化钯，再将氧化钯进行高温氢还原，最后产出粉状金属钯，通称海绵钯。

与铂的煅烧一样，钯的煅烧也在马弗炉中进行，为防止瓷坩埚炸裂和避免物料被突发性气流喷出造成钯损失，煅烧初期应在 200℃ 下恒温数小时，然后缓慢升温至 600℃，待逸出白烟显著减少后，停电自然冷却。

黑色的氧化亚钯取出后，用热水洗涤，洗净其中的氯离子，然后在如图 17–1 所示的装置中进行氢还原。

装有黑色氧化亚钯的石英管，在管状电炉中加热至 500℃，首先通入二氧化碳气体（或其他惰性气体）15 min，以赶走管内空气，在通入保护气体的过程中，才能将石英管另一端用装有导气管的胶塞堵住。接着通入经洗涤干燥的氢气，炉料在高温下与氢气作用，按下式反应生成金属钯：

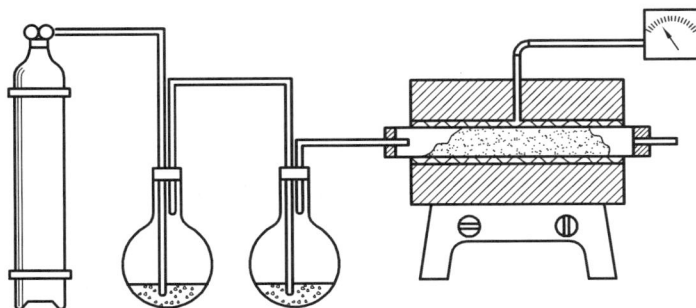

图 17-1　氧化亚钯氢还原装置

$$PdO+H_2 =\!=\!= Pd+H_2O$$

通入氢气过程中，炉内保持 500~600℃恒温，在后期可适当加大氢气通入量，打开石英管排气胶塞一次，以赶尽管内水蒸气。炉料由黑色明显变成灰色，时间为 1~1.5 h。然后快速降温至 100℃，改通 CO_2 气体至常温，即获得产品海绵钯，产品可稳定在钯 99.99%以上。

17.2.2　二氯二氨配亚钯沉淀法

二氯二氨配亚钯沉淀法是基于钯的氯配合物能与氨水配合生成肉红色沉淀，继续加入氨水时沉淀溶解，而钯盐中的其他铂族金属元素、金和某些贱金属杂质，在碱性氨溶液中都形成氢氧化物沉淀。滤去沉淀所得到的钯氨配合物溶液用盐酸中和生成二氯二氨配亚钯沉淀，进一步与溶液中的其他杂质分离，将反复溶解沉淀后所得钯盐煅烧和氢还原即可得纯度在 99.99%以上的海绵钯。

1. 氨水配合

向钯的氯化物溶液中加入氨水进行配合，控制 pH 8~9，溶液中多数杂质金属离子生成相应的氢氧化物沉淀或碱式盐沉淀进入配合渣中，而氯亚钯酸则发生如下反应：

$$2H_2PdCl_4+4NH_4OH =\!=\!= Pd(NH_3)_4 \cdot PdCl_4 \downarrow +4HCl+4H_2O$$
$$2Na_2PdCl_4+4NH_4OH =\!=\!= Pd(NH_3)_4 \cdot PdCl_4 \downarrow +4NaCl+4H_2O$$

式中产物 $Pd(NH_3)_4 \cdot PdCl_4$ 称为氯亚钯酸四氨配亚钯，又称沃凯连盐，为肉红色沉淀。继续加入氨水至 pH8~9，并将溶液加热至 80℃时，肉红色沉淀就会消失，并按下式反应生成浅色二氯四氨配亚钯溶液：

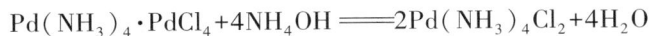

$$Pd(NH_3)_4 \cdot PdCl_4+4NH_4OH =\!=\!= 2Pd(NH_3)_4Cl_2+4H_2O$$

若溶液中有杂质，颜色由浅色变为绿蓝色，杂质含量越多，溶液颜色越深。

氨配合产物经静置澄清，过滤配合渣并用稀氨水洗涤数次，积累至一定数量后送综合回收其他有价金属。滤液和洗液合并，送酸化沉钯。

2. 酸化沉钯

前述氯配合液中还溶解了部分铑、铱，以及少量的银、镉、铜、镍、锌等氨配离子，须进一步净化除去。酸化沉钯即是在酸性条件下，氯化四氨合亚钯转化为二氯二氨合亚钯 $Pd(NH_3)_4Cl_2$ 黄色沉淀，各种杂质离子仍留在溶液中，从而实现钯与上述杂质的进一步分离。

$$Pd(NH_3)_4Cl_2+2HCl \Longrightarrow Pd(NH_3)_2Cl_2 \downarrow +2NH_4Cl$$

过滤二氯二氨合亚钯沉淀，并用稀盐酸溶液洗涤，杂质金属离子主要存在于滤液中。滤液与洗液合并，其中的钯有时可高达 1 g/L 以上，可用锌置换或硫化沉淀法进行富集后，再进行造液回收。

3. 煅烧与氢还原

将所得的二氯二氨合亚钯沉淀烘干，经煅烧与氢还原后可得纯度在 99.99% 以上的海绵钯。

17.3　铑的精炼

铑的精炼主要有亚硝酸钠配合法、氨配合法、亚硝酸氨配合法等。

17.3.1　亚硝酸钠配合法

1. 铑的造液

铑、铱不仅提纯比铂、钯困难得多，溶解也困难得多，因此，精炼得到的溶液或金属盐类，在没有确认其纯度达到要求时，不能轻易地转变成金属。

如造液原料为铑锭，需先期进行碎化处理。碎化时，先用铑质量 5~8 倍的锌量与铑共熔铸成分散态的片状合金，再用盐酸溶去片状合金中的锌，这时便产出不溶于盐酸的粉状铑。此粉状铑可用热浓王水溶解，铑以氯配酸形态进入溶液。

王水溶解铑粉时，仍有部分铑不溶。在 300~400℃ 的条件下用硫酸氢钠在刚玉坩埚中进行熔融处理不溶物，使铑转变为可溶性的硫酸铑，再用热水溶出硫酸铑。如此反复数次，直到铑几乎全部溶出为止。用氢氧化钠中和水溶性硫酸铑的浸出液，使铑呈氢氧化铑从溶液中沉淀析出，过滤洗涤直至洗净硫酸根。用盐酸溶解氢氧化铑沉淀，则生成氯铑酸(H_3RhCl_6)溶液。

2. 亚硝酸钠配合

亚硝酸钠($NaNO_2$)与铂族金属配合，可生成稳定的可溶性亚硝酸钠配合物，调整 pH，可使普通金属水解沉淀，也是分离铑中普通金属杂质的最有效方法。

控制配合用料液中的铑浓度在 50 g/L 左右，加热至 80~90℃，用 20% 的 NaOH 溶液调整料液至 pH 1.5，往料液中边搅拌边加入固体亚硝酸钠或浓度为 50% 的 $NaNO_2$ 溶液，pH 升至 6 左右，生成 $Na_3Rh(NO_2)_6$，溶液由玫瑰红色转变为稻草黄色：

$$H_3RhCl_6+6NaNO_2 \Longrightarrow Na_3Rh(NO_2)_6+3NaCl+3HCl$$

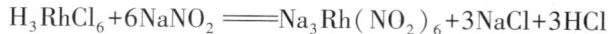

煮沸 0.5 h，继续用 20% 的 NaOH 溶液调整料液至 pH 9~10，溶液中的其他杂质水解沉淀与铑分离。

3. 硫化沉淀除杂

为了最大限度地除去贵贱金属杂质，配合后还可加入硫化铵或硫化钠，使杂质金属形成金属硫化物而除去。

在室温下硫化时，形成 MeS 的能力由大到小的顺序为：普通金属，Au，Pd，Cu，Pt，Rh，Ir。在 80℃ 以上硫化时，铂、铱比铑易硫化，而普通金属反而较难硫化沉淀。故含普通金属杂质多时，宜于低温硫化沉淀，而含贵金属杂质多时，宜于高温硫化沉淀。为使生成的细粒悬浮硫化物沉淀下来，可加入适量的 $FeCl_3$ 作载体。

4. 氯化铵沉淀

向除去杂质后的铑液中加入氯化铵，使铑以难溶于水的六亚硝基合铑酸钠铵 $[(NH_4)_2NaRh(NO_2)_6]$ 的形式沉淀下来：

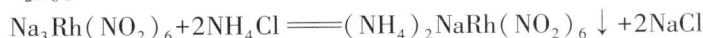

$$Na_3Rh(NO_2)_6+2NH_4Cl \rightleftharpoons (NH_4)_2NaRh(NO_2)_6\downarrow +2NaCl$$

用氯化铵沉淀时，需将料液冷却至18℃以下，用醋酸酸化至微酸性，每升溶液加固体氯化铵 $100\sim150$ g，产出的六亚硝基合铑酸钠铵为白色沉淀。

5. 溶解、还原

六亚硝基合铑酸钠铵白色沉淀用5%的氯化铵溶液洗涤，立即过滤，沉淀重新用盐酸溶解，溶解液浓缩、赶硝后再用1%的稀盐酸溶解，得到氯铑酸钠溶液。

纯化后的氯铑酸钠溶液，用20%的 NaOH 溶液调至 pH $7\sim8$，使铑水解，然后按 1 g 铑加入 1.4 mL 甲酸进行还原：

$$2Na_3RhCl_6+3HCOOH+9NaOH \rightleftharpoons 2Rh+3NaHCO_3+12NaCl+6H_2O$$

甲酸加完后，加适量的氨水继续保持微沸 1 h，铑完全被还原为铑黑，冷却后，滤出铑黑并用纯水煮洗彻底除去钠盐，经烘干、氢还原得到99%以上的纯铑粉。

17.4　铱的精炼

铱的精炼方法主要有亚硝酸钠配合法、硫化法等。

17.4.1　亚硝酸钠配合法

1. 铱的造液

铱是铂族金属里最难溶的金属。金属铱溶解造液时，除高温氯化造液外，还可采用与碱金属盐类混合熔融的方法，即用硝石、苛性钾、过氧化钠等混合盐（或单用过氧化钠）与铱熔融，使铱转化为可溶盐。

2. 亚硝酸钠配合

亚硝酸钠（$NaNO_2$）与铱的氯化物溶液配合，可从含铱溶液中分离贱金属。

配合用料液中以20%的 NaOH 溶液调整料液至 pH 1.5 左右，往料液中边搅拌边加入固体亚硝酸钠或浓度为50%的 $NaNO_2$ 溶液，煮沸后，生成浅黄色的 $Na_3Ir(NO_2)_6$，反应为：

$$H_3IrCl_6+6NaNO_2 \rightleftharpoons Na_3Ir(NO_2)_6+3NaCl+3HCl$$

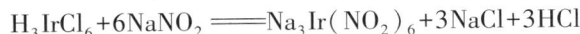

煮沸 0.5 h，继续用稀碱液中和并调整料液至 pH 6 左右，溶液中的其他杂质水解沉淀与铱分离。为了深度除去贱金属杂质，也可以根据贱金属杂质含量加入硫化钠沉淀贱金属。

3. 赶硝、转化

将硫化除杂后的溶液冷却、过滤分离贱金属杂质沉淀，向铱溶液中加入浓盐酸煮沸，破坏铱的硝基配合物并使之重新转化为 Na_3IrCl_6，反应为：

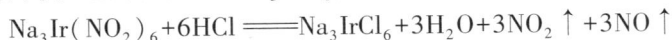

$$Na_3Ir(NO_2)_6+6HCl \rightleftharpoons Na_3IrCl_6+3H_2O+3NO_2\uparrow +3NO\uparrow$$

反复配合多次分离贱金属杂质，达到要求纯度后，将溶液浓缩至含铱 $60\sim80$ g/L。

4. 氧化、沉淀

用氯气（或硝酸、过氧化氢）将氯亚铱酸钠（Na_3IrCl_6）氧化为氯铱酸钠（Na_2IrCl_6）：

$$2Na_3IrCl_6+Cl_2 =\!=\!= 2Na_2IrCl_6+2NaCl$$

往含 Na_2IrCl_6 的溶液中加入氯化铵,生成黑色的氯铱酸铵沉淀:

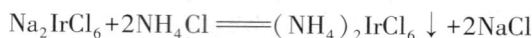

$$Na_2IrCl_6+2NH_4Cl =\!=\!= (NH_4)_2IrCl_6\downarrow +2NaCl$$

5. 煅烧、氢还原

精制的黑色氯铱酸铵沉淀,用 12% 的 NH_4Cl 溶液洗涤、烘干后,移入管状电炉中加热,先在 200℃、500℃、600℃ 各恒温 2 h,煅烧生成三氯化铱和氧化铱的黑色混合物。600℃ 先通二氧化碳赶尽空气,再改通氢气,升温至 900℃ 时还原 2 h。然后降温,降至 500℃ 以下后又改通二氧化碳,等温度降至 150℃ 以下后才出炉,即得灰色海绵铱。将此海绵铱用王水煮洗半小时,再用无离子水洗至中性后烘干。成品海绵铱品位可达 99.9%~99.99%。

17.5 锇的精炼

最有效分离锇的方法是氧化蒸馏法,挥发出来的 OsO_4 多用氢氧化钠溶液吸收,也可用饱和了 SO_2 的 1:1 的盐酸溶液吸收。根据溶液中锇的浓度、吸收体系的不同,锇精炼方法有氯化铵沉淀法、硫化沉淀法、锇酸钾法、甲酸法等。

17.5.1 氢氧化钠溶液吸收-氯化铵沉淀法

1. 氯化铵沉淀

用氧化蒸馏法精炼锇时,锇氧化成 OsO_4 后用含乙醇的氢氧化钠溶液吸收,形成 Na_2OsO_4 溶液。将锇的吸收液放置 24~48 h 后,在冷态和搅拌下,往锇的碱性吸收液中加入固体氯化铵,发生如下反应:

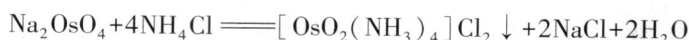

$$Na_2OsO_4+4NH_4Cl =\!=\!= [OsO_2(NH_3)_4]Cl_2\downarrow +2NaCl+2H_2O$$

析出的二氯化四氨锇酐 $[OsO_2(NH_3)_4]Cl_2$ 沉淀(俗称弗式盐),视碱性吸收液中锇的浓度和放置时间,其颜色为蛋黄色或黑色。由于吸收液为碱性,NH_4Cl 可与 $NaOH$ 发生如下反应:

$$NH_4Cl+NaOH =\!=\!= NH_3\uparrow +H_2O+NaCl$$

生成的氨又能将 $[OsO_2(NH_3)_4]Cl_2$ 转化为可溶性的氨化物,因此沉淀 $[OsO_2(NH_3)_4]Cl_2$ 时氯化铵不能过量。沉淀完毕后,立即将沉淀物过滤,沉淀在 70~80℃ 干燥后进行氢还原。

但是,锇的碱性吸收液用氯化铵沉淀时,锇的沉淀率不高,相当一部分锇仍留在溶液中,沉锇后液需进行硫化处理,将锇沉淀为二硫化锇,即往沉锇后液中加入浓度为 10% 的硫化钠溶液,再用盐酸将溶液的 pH 调至 4~5,煮沸,生成的 OsO_2 容易过滤。二硫化锇沉淀物用水洗涤除去氯化钠等杂质,再进行氧化蒸馏。

2. 氢还原

制得的纯净的二氯化四氨锇酐,可用高温氢还原制取金属锇。将物料装入石英烧舟,推入管式炉中,先用惰性气体(N_2、CO_2、Ar)赶尽管内的空气后,通入氢气并开始升温。当温度升至 300~400℃ 时冒出大量的白烟,此时应注意防止管式炉的气体出口堵塞。当白烟减小时,再将温度升至 500℃,直至无白烟逸出,或用润湿的 pH 试纸检测出口气体不显酸性后,将温度升至 800~850℃,并保温 2~3 h。

$$[OsO_2(NH_3)_4]Cl_2+3H_2 \Longrightarrow Os+2H_2O+2NH_4Cl+2NH_3$$
$$(NH_4)_2OsCl_6+2H_2 \Longrightarrow Os+2NH_4Cl+4HCl$$

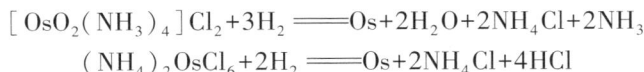

然后停止加热，在氢气流中冷却，当温度降至 400℃时，改通氩气冷却至室温。

3. 锇粉的洗涤与干燥

高温氢还原所得的锇粉，不可避免地存在一些可溶性的物质，如钠、硅等，因此，要通过洗涤除去。还原后的锇粉先用蒸馏水在 80℃下洗涤 3 次，然后用 6 mol/L 的盐酸溶液煮洗，硅含量高时，用 HF 溶液处理一次，最后用蒸馏水洗涤至中性。洗涤好的锇粉在氢气流中于 600℃下干燥 0.5~1.5 h，在氩气流中冷却至室温，即得成品锇粉。

应特别注意的是，氢还原及锇粉洗涤后的氢气干燥过程中，其冷却不能在 CO₂ 气流中进行，因为锇能与 CO₂ 发生反应：

$$Os+4CO_2 \Longrightarrow OsO_4+4CO$$

冷却过程甚至不能在氢气流中进行，在氢气流中冷却到室温后，当锇粉与空气接触时，可发生自燃氧化现象。最佳的冷却保护气体是氩气。成品锇粉也不能与空气长时间地接触，应进行真空包装防止空气的氧化。因为锇粉极易在空气中氧化，而它的化合物相对较稳定，因此应以锇的化合物形式保存(如弗式盐、锇酸钾)，等需要时再将其转化为金属锇。

17.5.2　含 SO₂ 的盐酸溶液吸收-氯化铵沉淀法

这种方法主要适合于粗锇或二硫化锇再精制、提纯，因为处理这类物料时，通常采用通氧(或空气)氧化挥发 OsO₄。而在水溶液体系中氧化蒸馏锇，采用强氧化剂，在与 OsO₄ 一同挥发的气体中不可避免地存在诸如 Cl₂、Br₂ 等氧化性气体。Cl₂、Br₂ 可与盐酸吸收液中的 SO₂ 反应，使其失去还原作用。

1. 粗锇的氧化挥发

粗锇的通氧(空气)氧化挥发在管式炉中进行，管式炉的排气口与锇吸收系统相连接，通氧(空气)氧化的温度控制在 500~550℃。锇的吸收液是被 SO₂ 饱和后的 6 mol/L 的盐酸溶液，OsO₄ 被吸收时发生如下反应：

$$OsO_4+2SO_2+6HCl \Longrightarrow H_2OsCl_6+2H_2SO_4$$

2. 氯化铵沉淀

锇的盐酸吸收液放置 24 h，然后小心浓缩至含锇 20~30 g/L，再加入氯化铵，生成氯锇酸铵的沉淀：

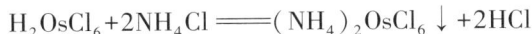

$$H_2OsCl_6+2NH_4Cl \Longrightarrow (NH_4)_2OsCl_6\downarrow+2HCl$$

过滤并洗涤氯锇酸铵，经烘干后，送氢还原。

氢还原及锇粉的洗涤与干燥与锇粉的洗涤与干燥相同(17.5.1)。

17.5.3　富集-二次蒸馏-锇酸钾沉淀法

当用碱吸收的锇溶液浓度较低时，可将溶液中的锇再富集一次，将富集物重新蒸馏，用碱液吸收。

1. 锇的再富集

富集的方法有硫化沉淀法，即用硫化钠将溶液中的锇沉淀为 OsS₂，过滤后用水洗涤沉淀中的杂质，再用 H₂SO₄-NaClO₃ 体系蒸馏；或将 OsS₂ 在管式炉中用氢气在 700℃下还原，生成粗锇再进行通氧(空气)氧化挥发;挥发出来的OsO_4均用碱液吸收。

另外,也可将低浓度的Na_2OsO_4溶液,用硫酸中和至pH 8~9,再通入SO_2调至pH 6,以沉淀锇,沉淀过程温度控制在70℃左右,静置24 h,沉淀出褐色的锇钠盐:

$$Na_2OsO_4+4NaOH+4SO_2+3H_2O \Longrightarrow (Na_2O)_3OsO_3(SO_2)_4 \cdot 5H_2O$$

2. 二次蒸馏

将锇钠盐过滤、洗涤,在硫酸介质中用氯酸钠再进行蒸馏,挥发出来的OsO_4仍用20%氢氧化钠溶液进行多级吸收。吸收液中若有微量钌,可加入甲醇使钌沉淀为$Ru(OH)_4$除去。

3. 氢氧化钾沉锇

除钌后的含锇溶液在冷态下缓慢加入固体氢氧化钾,生成紫红色的锇酸钾沉淀:

$$Na_2OsO_4+2KOH \Longrightarrow K_2OsO_4 \downarrow +2NaOH$$

沉淀完毕后,静置,过滤,并用无水乙醇洗涤沉淀。所得的锇酸钾送高压氢还原。

4. 高压氢还原

将纯化后的锇酸钾沉淀物用盐酸溶液浆化,置于高压釜中,升温至125℃,通入氢气(氢气压力为0.3~0.4 MPa)还原1~2 h,即获得金属锇:

$$K_2OsO_4+2HCl+3H_2 \Longrightarrow Os+2KCl+4H_2O$$

冷却后通入氮气排出高压釜中的氢气,及时滤出金属锇粉,用乙醇洗涤后迅速置入管式炉中,在氢气或氮气流中干燥后,缓慢升温至800~850℃下用氢气还原1 h,冷却至400℃,然后在氩气流中冷却至室温。

17.5.4　还原沉淀法

1. 还原沉淀

纯净的锇碱性吸收液用盐酸中和至pH 6~7,在80℃下加入甲醛或水合肼,使Na_2OsO_4还原为$OsO_2 \cdot nH_2O$,有关的反应如下:

$$Na_2OsO_4+HCOOH \Longrightarrow OsO_2 \cdot H_2O \downarrow +Na_2CO_3$$
$$2Na_2OsO_4+N_2H_2+2H_2O \Longrightarrow 2OsO_2 \cdot H_2O \downarrow +N_2+4NaOH$$

还原产物经洗涤、阴干后,送氢还原。

2. 氢还原

将沉淀$OsO_2 \cdot nH_2O$置于管式炉中,先在氢气流中进行低温干燥,再升温至800~850℃进行氢还原:

$$OsO_2 \cdot nH_2O \Longrightarrow OsO_2+nH_2O$$
$$OsO_2+2H_2 \Longrightarrow Os+2H_2O$$

在氢气流中冷却至400℃后,通氩气冷却至室温。

17.6　钌的精炼

如同锇的分离、提纯一样,钌的分离与纯化的最有效的方法是氧化蒸馏-盐酸溶液吸收法。含钌的物料进行氧化蒸馏时,挥发出来的RuO_4都用盐酸溶液吸收为H_2RuCl_6:

$$2RuO_4+20HCl \Longrightarrow 2H_2RuCl_6+8H_2O+4Cl_2$$

因此钌的精炼多是以钌的盐酸吸收液为原料,其中主要是要有效地分离锇。

17.6.1　浓缩赶锇-氯化铵沉淀法

1. 浓缩赶锇

钌的盐酸吸收液装入蒸馏器中，排气管与装有 20%NaOH 和 3%乙醇溶液的锇吸收系统连起来，并与真空系统相连。将钌的吸收液加热至沸，使钌吸收液中的 OsO_4 挥发出来被碱性吸收液吸收，用浸有硫脲酸性溶液的试纸或棉球检查逸出的气体，不变色时，加入一定的氧化剂(H_2O_2、Cl_2 或 HNO_3)使 OsO_4 彻底挥发。

2. 氯化铵沉淀

除去锇后的溶液继续浓缩，使溶液中钌的浓度为 30 g/L 左右，在热态下加入固体氯化铵，产生下列反应：

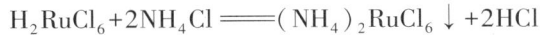

$$H_2RuCl_6 + 2NH_4Cl = (NH_4)_2RuCl_6 \downarrow + 2HCl$$

注意保持溶液中的钌为 Ru(Ⅳ)，否则难以沉淀完全。沉淀完全后，冷却、过滤，用无水乙醇洗涤至洗液无色，沉淀出的($NH_4)_2RuCl_6$ 为褐色或黑色，烘干后送煅烧-氢还原。

3. 氢还原

在空气中，钌的挥发性比锇要差得多，纯化后的氯钌酸铵可先进行煅烧后，再用氢气还原。将纯化后干燥的氯钌酸铵装入专用的带盖瓷坩埚，送进马弗炉缓慢升温至 300~400℃，煅烧 1~2 h。煅烧后产物在管式炉中用氢气还原，温度为 750~850℃，时间为 2~4 h。还原结束后，停电降温。当炉温降至 400℃时，改通氩气或氮气继续冷却至室温，得到海绵钌粉。海绵钌用 6 mol/L 的盐酸溶液煮洗一次，再用蒸馏水洗涤至中性，烘干即为成品钌粉。

17.6.2　钌吸收液重蒸馏-浓缩-氯化氨沉淀法

如果钌的吸收液中含杂质较高时，可用重蒸馏进行纯化，方法有两种：

(1)含钌的盐酸溶液浓缩至近干后，加水溶解，用稀碱溶液调整至 pH 为 1 左右，转移至蒸馏器中，连接好钌的盐酸吸收系统，往蒸馏器中加入 20%的氢氧化钠溶液，使 pH 升高，同时滴入 20%的 $NaBrO_3$ 或 $NaClO_3$ 溶液，加温使 RuO_4 氧化挥发。当 RuO_4 大量逸出时，停止加入氢氧化钠溶液，只继续加入 $NaBrO_3$ 或 $NaClO_3$ 溶液，直至检查逸出的气体不含钌为止。所得的氯钌酸溶液再经赶锇、浓缩，最后用氯化铵沉淀出纯净的氯钌酸铵。

(2)含钌的盐酸溶液用氢氧化钠中和沉淀出 Ru(OH)$_3$，过滤后沉淀物用纯水浆化后转入蒸馏器中，连接好钌的盐酸吸收系统，往蒸馏器中滴加硫酸，同时加入 20%的 $NaBrO_3$ 或 $NaClO_3$ 溶液，加温蒸馏出 RuO_4，直至钌蒸馏完毕。重蒸馏的钌吸收液经赶锇、浓缩后，用氯化铵沉淀出氯钌酸铵。

在重蒸馏时，因物料中钌的品位高，应通过控制氧化剂的加入速度来控制 RuO_4 的挥发速度，RuO_4 的挥发不宜太快。因为 RuO_4 热稳定性差，挥发时如气相中 RuO_4 浓度过高、温度过高或遇还原剂时，RuO_4 会分解为 RuO_2 和 O_2，甚至引起爆炸。

将氯钌酸铵在马弗炉中煅烧，煅烧产物用氢还原，可得海绵钌粉，经洗涤、烘干后即为成品钌粉。

主要参考文献

[1] 卢宜源, 宾万达. 贵金属冶金学[M]. 长沙: 中南大学出版社, 2004

[2] 杨天足. 贵金属冶金及其产品深加工[M]. 长沙: 中南大学出版社, 2005

[3] 黎鼎鑫, 王永录. 贵金属提取与精炼[M]. 2版. 长沙: 中南大学出版社, 2008

[4] 孙戬. 金银冶金[M]. 2版. 北京: 冶金工业出版社, 2001

[5] 宋文代. 金银精炼技术和质量监督手册[M]. 北京: 冶金工业出版社, 2003

[6] 王俊, 张全祯. 炭浆法提金工艺与实践[M]. 北京: 冶金工业出版社, 2000

[7] 张明朴. 氰化炭浆法提金生产技术[M]. 北京: 冶金工业出版社, 1994

[8] 王小龙, 张昕红. 铜阳极泥处理工艺的探讨[J]. 矿冶, 2005, 14(4): 46-48

[9] 汪蓓. 铜阳极泥预处理富集金银新工艺研究[D]. 中南大学, 2009

[10] 杨勇, 陈鹤群. 铜阳极泥选冶联合流程的特点与展望[J]. 昆明理工大学学报, 2002, 27(1): 31-34

[11] 王吉坤, 张博亚. 铜阳极泥现代综合利用技术[M]. 北京: 冶金工业出版社, 2008

[12] 王全亮. 硫铁矿烧渣综合利用研究[D]. 昆明理工大学, 2007

[13] 马涌, 路殿坤, 金哲男, 等. 硫酸烧渣的综合利用研究[J]. 有色矿冶, 2010, 26(1): 24-27

[14] 王瑞祥, 唐谟堂, 唐朝波, 等. 从高酸浸出锌渣中回收银研究[J]. 黄金, 2008, 29(9): 32-35

[15] 曹大义, 崔瑞柏. 铜铅阳极泥处理[M]. 北京: 中国工业出版社, 1962

[16] 夏兆泉, 章广. 湿法-火法联合工艺回收银锌渣中有价金属[J]. 矿产保护与利用, 2000(5): 40-44

[17] 周一康, 李关芳. 我国贵金属二次资源回收技术现状[J]. 稀有金属, 1998, 22(1): 63-66

[18] 蔡玲. 伴生金银综合回收[M]. 北京: 中国工业出版社, 1999